2023

MSA · eBBR

Original-Prüfungen und Training

Berlin · Brandenburg

Mathematik

LÖSUNGEN

STARK

Bildnachweis

S. 72: © Sergey Peterman/Dreamstime.com

18. neu bearbeitete und ergänzte Auflage
www.stark-verlag.de

Inhalt

Sobald die Original-Prüfungsaufgaben 2022 freigegeben sind, kannst du sie als PDF auf der Plattform MyStark herunterladen. Den benötigten Code findest du auf der Umschlaginnenseite.

Vorwort

Liebe Schülerin, lieber Schüler,

dies ist das Lösungsheft zu dem Band **Training MSA/eBBR 2023** (Best.-Nr.: C11100) mit **interaktivem Prüfungstraining**. Es enthält zu allen Aufgaben von unserem Autorenteam ausgearbeitete Lösungen, die jeden Rechenschritt ausführlich erklären. Dabei wird besonderer Wert auf die Lösungsansätze und Vorüberlegungen gelegt. Zur Veranschaulichung und dem besseren Verständnis der Lösungen helfen dir zahlreiche Skizzen.

Versuche stets, jede Aufgabe zunächst selbstständig zu lösen, und dann deine Lösung mit den Lösungen im Buch zu vergleichen. Nur was du dir selbst erarbeitet hast, bleibt im Gedächtnis und du lernst dazu. Halte dich deswegen konsequent daran, jede Aufgabe zunächst selbst zu rechnen. Hast du eine Aufgabe nicht richtig gelöst, ist es ganz wichtig, diese zu einem späteren Zeitpunkt noch einmal durchzurechnen.

Durch das Üben wirst du dich sicher fühlen und kannst beruhigt in die Prüfung gehen.

Wir wünschen dir viel Erfolg!

Autorinnen und Autor:
Heike Ohrt, Doris Cremer, Dietmar Steiner

Training Grundwissen

1 Wiederholung Grundlagen

1 a) $3x-7$

b) $4x+18$

c) $\frac{x}{2}-6$ oder $0{,}5x-6$

---

2 a) $x\cdot(x+4)$

b) $(x+4)+x+(x+4)+x=4x+8$

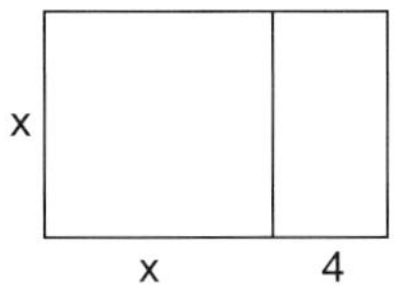

---

3 Ganzer Kreis: $\pi\cdot r^2$

Viertelkreis: $\frac{\pi\cdot r^2}{4}$ oder $\frac{1}{4}\cdot\pi\cdot r^2$

---

4 a) $\frac{3{,}2\cdot 2^2}{0{,}2\cdot 4{,}1}=\frac{12{,}8}{0{,}82}=15{,}609\ldots$ Gerundet auf Hundertstel: 15,61

b) $10+5{,}25-30{,}5=-15{,}25$ Punkt- vor Strichrechnung

---

5 Fläche des rechtwinkligen Dreiecks + Fläche des Rechtecks:

$\frac{a\cdot h}{2}+x\cdot h$

---

6 a) $14-28x-54+x-2=-28x+x+14-54-2=-27x-42$

b) $-a+b+46+44a-15b-7=-a+44a+b-15b+46-7=43a-14b+39$

c) $-16+1{,}6x+8{,}2-1{,}5x-6{,}4=1{,}6x-1{,}5x-16+8{,}2-6{,}4=0{,}1x-14{,}2$

d) $\frac{1}{4}x+2\frac{1}{4}-2\frac{1}{4}x=\frac{1}{4}x-2\frac{1}{4}x+2\frac{1}{4}=-2x+2\frac{1}{4}$

---

7 a) $a+a+a=3a$

b) $1+x+2x+2+2x+1+2+x=6x+6$

---

8 a) $-3x-(4x+2)+(3-5x)=-3x-4x-2+3-5x=-12x+1$

b) $-(4{,}5a-3{,}5b)-(3{,}5b+4{,}5a)=-4{,}5a+3{,}5b-3{,}5b-4{,}5a=-9a$

c) $(4x+2{,}5)-(1-x)-(x+1)=4x+2{,}5-1+x-x-1=4x+0{,}5$

---

9 a) $16+3a-(15+2a)=16+3a-15-2a=a+1$

b) $-(16+3a-15)+2a=-16-3a+15+2a=-a-1$

c) $-16-(-3a-15+2a)=-16+3a+15-2a=a-1$

d) $-(16-3a)+(15-2a)=-16+3a+15-2a=a-1$

Nur die Terme c und d sind gleich.

10 Rechne bequem! Löse zuerst die Klammern auf und fasse zusammen:
$-2x-(7,4y-6x+10)+(4x-2,6y)=-2x-7,4y+6x-10+4x-2,6y=8x-10y-10$

Setze dann die Werte $x=2$ und $y=-1,5$ ein:
$8\cdot 2-10\cdot(-1,5)-10=16+15-10=21$

11
a) $(4-2x)+5(x-3)=4-2x+5x-15=3x-11$
b) $3(4a-5)-3a-6(a-2)=12a-15-3a-6a+12=3a-3$
c) $5x-(3+4x)\cdot 2=5x-6-8x=-3x-6$
d) $(4x+5)(4x-5)-2x(8x-10)=16x^2-25-16x^2+20x=20x-25$

---

12 Löse die Klammern auf und fasse zusammen:

$(x-10)^2+x(x-20)$	$(x+10)^2-x(x+20)$	$(x+10)^2-x(x-20)$
$=x^2-20x+100+x^2-20x$	$=x^2+20x+100-x^2-20x$	$=x^2+20x+100-x^2+20x$
$=2x^2-40x+100$	$=100$	$=40x+100$
☐ $(x-10)^2+x(x-20)$	☒ $(x+10)^2-x(x+20)$	☐ $(x+10)^2-x(x-20)$

13
a) $14x^2-8x=2x\cdot(7x-4)$
b) $10a+20b+30=10\cdot(a+2b+3)$
c) $9x^2-25=(3x+5)\cdot(3x-5)$ (3. binomische Formel)
d) $2,5a+3,5b+5=5\cdot(0,5a+0,7b+1)$ **oder** $0,5\cdot(5a+7b+10)$

14
a) $28x+49y=\mathbf{7}(4x+7y)$
b) $22xy+33x^2=\mathbf{11x}(2y+3x)$
c) $a^2+16a+64=(\mathbf{a}+\mathbf{8})^2$
d) $25-75a=\mathbf{25}(1-\mathbf{3a})$
e) $-12x^2+24xy-60x=\mathbf{-6x}(2x-4y+10)$
f) $81x^2-\mathbf{36x}+\mathbf{4}=(\mathbf{9x}-2)^2$

15
a) HN: $24x^2$

$$\frac{6x(1-3x^2)}{24x^2}-\frac{12(x^2-6)}{24x^2}+\frac{3x^2(7+6x)}{24x^2}-\frac{8\cdot 9}{24x^2}$$
$$=\frac{6x-18x^3-12x^2+72+21x^2+18x^3-72}{24x^2}$$
$$=\frac{9x^2+6x}{24x^2}=\frac{3x(3x+2)}{3\cdot 8\cdot x^2}=\frac{3x+2}{8x}$$

b) HN: $36a^4$

$$\frac{9(1-a^2)a}{36a^4}-\frac{a^3(9-2a)}{36a^4}+\frac{4a^2(3+a^2)}{36a^4}-\frac{3a(4a+3)}{36a^4}$$
$$=\frac{9a-9a^3-9a^3+2a^4+12a^2+4a^4-12a^2-9a}{36a^4}$$
$$=\frac{6a^4-18a^3}{36a^4}=\frac{6a^3(a-3)}{6\cdot 6\cdot a^3\cdot a}=\frac{a-3}{6a}$$

16

a) $\frac{a(a+1)}{a(a-1)} = \frac{a+1}{a-1}$

b) $\frac{3(6a+b)}{3(5a+b)} = \frac{6a+b}{5a+b}$

c) $\frac{5(3x-5y)}{8(3x-5y)} = \frac{5}{8}$

d) $\frac{a(a-b)}{a \cdot a} = \frac{a-b}{a}$

e) $\frac{a^2(2a+1)}{a^2(3a-4a^2)} = \frac{2a+1}{3a-4a^2}$

f) $\frac{2(a+2b-3c)}{3(a+2b-3c)} = \frac{2}{3}$

17

a) $\frac{3x^2 \cdot y \cdot 4 \cdot a \cdot b}{2 \cdot a \cdot b^2 \cdot 5 \cdot x \cdot y} = \frac{12x}{10b} = \frac{6x}{5b}$

b) $-\frac{18 \cdot a^3 \cdot b \cdot 121 \cdot a}{11 \cdot c^2 \cdot 54 \cdot b} = -\frac{11a^4}{3c^2}$

c) $+\frac{2 \cdot x \cdot 6 \cdot y \cdot z}{3 \cdot y \cdot 5 \cdot x} = \frac{4z}{5} = \frac{4}{5}z$

d) $\frac{15a}{8b} \cdot \frac{10b}{9a^2} = \frac{15a \cdot 10b}{8b \cdot 9a^2} = \frac{5 \cdot 5}{4 \cdot 3a} = \frac{25}{12a}$

e) $\frac{18x^2}{5y} \cdot \frac{20y^2}{27x} = \frac{18x^2 \cdot 20y^2}{5y \cdot 27x} = \frac{2x \cdot 4y}{3} = \frac{8xy}{3}$

18

$\frac{(5x+3)^2}{5x(5x+6)} \cdot \frac{2x+x}{6x} = \frac{25x^2+30x+9}{25x^2+30x} \cdot \frac{3x}{6x}$

ist korrekt. Dann folgt der Fehler, aus einer Summe darf man nicht kürzen!
Die richtige Lösung lautet:

$\frac{(25x^2+30x+9)}{(25x^2+30x)} \cdot \frac{1}{2} = \frac{25x^2+30x+9}{(25x^2+30x) \cdot 2} = \frac{25x^2+30x+9}{50x^2+60x}$

19

a)
$$\begin{aligned} 4x+5 &= 9x-5 && \mid -5 \\ 4x &= 9x-10 && \mid -9x \\ -5x &= -10 && \mid :(-5) \\ x &= 2 \end{aligned}$$

b)
$$\begin{aligned} 10x-12+x &= 24-x && \mid +12 \\ 11x &= 36-x && \mid +x \\ 12x &= 36 && \mid :12 \\ x &= 3 \end{aligned}$$

c)
$$\begin{aligned} 4-(8x+18) &= 10 \\ 4-8x-18 &= 10 \\ -8x-14 &= 10 && \mid +14 \\ -8x &= 24 && \mid :(-8) \\ x &= -3 \end{aligned}$$

d)
$$\begin{aligned} 5(2x+3) &= 4(x+3) \\ 10x+15 &= 4x+12 && \mid -15 \\ 10x &= 4x-3 && \mid -4x \\ 6x &= -3 && \mid :6 \\ x &= -0{,}5 \end{aligned}$$

e)
$$\begin{aligned} 6(2x-3)-9(x-5) &= 0 \\ 12x-18-9x+45 &= 0 \\ 3x+27 &= 0 && \mid -27 \\ 3x &= -27 && \mid :3 \\ x &= -9 \end{aligned}$$

f)
$$\begin{aligned} \frac{3}{4}x &= \frac{15}{8} && \mid :\frac{3}{4} \text{ oder } \cdot\frac{4}{3} \\ x &= \frac{15 \cdot 4}{8 \cdot 3} \\ x &= \frac{5}{2} \end{aligned}$$

g)
$$\begin{aligned} (1-x)(3-x) &= (x-1)(x+1) \\ 3-x-3x+x^2 &= x^2-1 && \mid -x^2 \\ 3-4x &= -1 && \mid -3 \\ -4x &= -4 && \mid :(-4) \\ x &= 1 \end{aligned}$$

20 Lösen der vorgegebenen Gleichungen:

$3y-5=13 \quad |+5$
$3y=18 \quad |:3$
$y=6$

$-12=4-2y \quad |-4$
$-16=-2y \quad |:(-2)$
$y=8$

$10-2y=4-y \quad |+y-10$
$-y=-6 \quad |:(-1)$
$y=6$

$4y+12=-12 \quad |-12$
$4y=-24 \quad |:4$
$y=-6$

Damit gilt:

☐ $3y-5=13$ ☐ $-12=4-2y$ ☐ $10-2y=4-y$ ☒ $4y+12=-12$

---

21 Hiescham sollte die Gleichung lösen.

$15-3(8x+6)=2(4-12x) \quad |$ Klammern auflösen
$15-24x-18=8-24x$
$-24x-3=8-24x \quad |+24x$
$-3 \neq 8$

Es gibt keine Zahl, die diese Gleichung erfüllt.

---

22 Zerlegen der Fläche in zwei rechteckige Teilflächen:

$A = A_I + A_{II}$

$\left.\begin{array}{l} A = 60\text{ cm}^2 \\ A_I = 8\text{ cm} \cdot x \\ A_{II} = 4\text{ cm} \cdot x \end{array}\right\}$ In die obige Gleichung einsetzen:

$60 = 8 \cdot x + 4 \cdot x$ Zusammenfassen
$60 = (8+4) \cdot x$
$60 = 12 \cdot x \quad |:12$
$5 = x$

Die Seite x ist 5 cm lang.

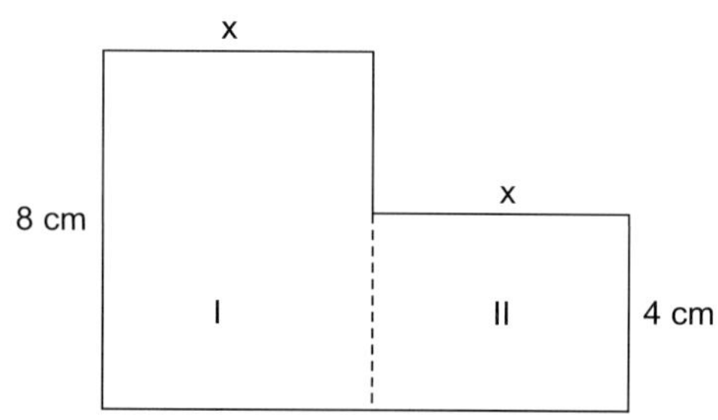

---

23 a) $14+12x > 10x+36 \quad |-14$
$12x > 10x+22 \quad |-10x$
$2x > 22 \quad |:2$
$x > 11$

b) $3-(9x+18) > -13x+(10x+9)$
$3-9x-18 > -13x+10x+9$
$-9x-15 > -3x+9 \quad |+3x+15$
$-6x > 24 \quad |:(-6)$
$x < -4$

c) $2{,}2x-(0{,}2x-0{,}8)+(9{,}2-3x)-13{,}5 < 0$
$2{,}2x-0{,}2x+0{,}8+9{,}2-3x-13{,}5 < 0$
$-x-3{,}5 < 0 \quad |+3{,}5$
$-x < 3{,}5 \quad |:(-1)$
$x > -3{,}5$

d) $(3x+5)^2 \leq 9x(x+3)-5$
$9x^2+30x+25 \leq 9x^2+27x-5 \quad |-9x^2$
$30x+25 \leq 27x-5 \quad |-27x-25$
$3x \leq -30 \quad |:3$
$x \leq -10$

---

24 $3(6x-12) < -6(5-4x)$
$18x-36 < -30+24x \quad |-24x$
$-6x-36 < -30 \quad |+36$
$-6x < 6 \quad |:(-6)$
$x > -1$

Das bedeutet, dass alle Zahlen, die größer als –1 sind, die Ungleichung erfüllen:

☐ $x=-3$ ☐ $x=-1$ ☒ $x=0$ ☒ $x=4$

25 Gesuchte Zahl: x
Zahl multipliziert mit 6: $6x$
Doppelte der Zahl: $2x$

Gleichung:
$6x + 24 = 2x$

Damit gilt:
☐ $(6+x) \cdot 24 = 2x$ ☐ $6x + 24 = 2 \cdot 6x$ ☒ $6x + 24 = 2x$ ☐ $6(x + 24) = 2x$

---

26 Länge der mittleren Seite: x
Länge der längsten Seite: $x + 3{,}2$
Länge der kürzesten Seite: $x - 2{,}9$

Gleichung:

$$\begin{aligned} x + x + 3{,}2 + x - 2{,}9 &= 28{,}5 && \mid \text{Zusammenfassen} \\ 3x + 0{,}3 &= 28{,}5 && \mid -0{,}3 \\ 3x &= 28{,}2 && \mid :3 \\ x &= 9{,}4 \end{aligned}$$

Probe am Text:
Länge der mittleren Seite: 9,4
Länge der längsten Seite: $9{,}4 + 3{,}2 = 12{,}6$
Länge der kürzesten Seite: $9{,}4 - 2{,}9 = 6{,}5$
Umfang: $9{,}4\text{ cm} + 12{,}6\text{ cm} + 6{,}5\text{ cm} = 28{,}5\text{ cm}$

Antwort:
Die mittlere Seite hat eine Länge von 9,4 cm.

---

27 Größte zweistellige Zahl: 99
Kleinste Zahl: x
Auf x folgende Zahl: $x + 1$
Auf (x + 1) folgende Zahl: $x + 1 + 1$

Gleichung:

$$\begin{aligned} 99 + x + (x+1) + (x+1+1) &= 57 \\ 3x + 102 &= 57 && \mid -102 \\ 3x &= -45 && \mid :3 \\ x &= -15 \end{aligned}$$

Probe am Text:
Die drei Zahlen sind –15, –14 und –13. Ihre Summe ist $-15 - 14 - 13 = -42$. –42 addiert mit 99 ergibt 57.

Antwort:
Die Zahlen heißen –15, –14 und –13.

---

28 Gesuchte Zahl: x

Gleichung:

$$\begin{aligned} 4x - 22 &= 5x + 4 && \mid -5x + 22 \\ -x &= 26 && \mid :(-1) \\ x &= -26 \end{aligned}$$

Probe am Text:
4-mal (–26) ergibt –104, um 22 vermindert ergibt –126.
5-mal (–26) ergibt –130, um 4 vermehrt ergibt –126.

Antwort:
Die unbekannte Zahl heißt –26.

---

29 a) Preis einer Nelke: x

Preis einer Tulpe: $2x$ (Eine Tulpe kostet doppelt so viel wie eine Nelke.)

Preis einer Rose: $3x$ (Eine Rose kostet dreimal so viel wie eine Nelke.)

Gleichung: $10 \cdot 3x + 5 \cdot 2x + 5 \cdot x = 27$ (10 Rosen + 5 Tulpen + 5 Nelken kosten 27 €.)

$$30x + 10x + 5x = 27$$

b) Lösen der Gleichung:

$$30x + 10x + 5x = 27$$

$$45x = 27 \quad |:45$$

$$x = 0{,}6$$

Eine Nelke kostet 0,60 €, eine Rose 3-mal so viel, also 1,80 €.

Probe am Text:

Eine Rose kostet 1,80 €, 10 Rosen 18 €. Eine Nelke kostet 0,60 €, 5 Nelken kosten dann 3 €. Eine Tulpe kostet doppelt so viel wie eine Nelke, also 1,20 €, 5 Tulpen kosten dann 6 €.

18 € + 6 € + 3 € = 27 €

Antwort:

Eine Rose kostet 1,80 €.

---

30 Größe des Grundstücks: x

Anteil für Familie Anders: $\frac{1}{3}x$

Anteil für Familie Bertold: $\frac{3}{8}x$

Anteil für Familie Cramer: 262,5

Gleichung:

$$\frac{1}{3}x + \frac{3}{8}x + 262{,}5 = x \quad | \cdot 24 \quad \text{Hauptnenner: 24 (Brüche beseitigen)}$$

$$8x + 9x + 6\,300 = 24x$$

$$17x + 6\,300 = 24x \quad |-17x$$

$$6\,300 = 7x \quad |:7$$

$$x = 900$$

Probe am Text:

Ein Drittel von 900 m^2 sind 300 m^2 (Familie Anders), ein Achtel von 900 m^2 sind 112,5 m^2, also sind drei Achtel 337,5 m^2 (Familie Bertold), 300 m^2 + 337,5 m^2 + 262,5 m^2 ergibt 900 m^2.

Antwort:

Das Grundstück ist 900 m^2 groß.

---

31 a) Ausgefüllte Tabelle:

Zuordnung	p	a	k	Begründung
1 kg Kartoffeln kostet 1,99 €.	☒	☐	☐	Die doppelte, dreifache, … Kartoffelmenge kostet das Doppelte, Dreifache …
1 Kugel Eis für 1,30 €, 3 Kugeln Eis für 3,50 €.	☐	☐	☒	Dreimal so viele Kugeln Eis kosten nicht das Dreifache/ein Drittel von 1,30 €.
In jedem Glas Erdbeermarmelade stecken 150 g frische Erdbeeren.	☒	☐	☐	Die doppelte, dreifache, … Marmeladenmenge enthält doppelt, dreimal, … so viele Erdbeeren.
24 Stückchen Schokolade werden auf x Kinder verteilt.	☐	☒	☐	Bei doppelt, dreimal, … so vielen Kindern erhält jedes die Hälfte, ein Drittel … der Schokolade (24 Stückchen für 1 Kind, 12 für 2 , 8 für 3, …).
Flächeninhalt eines Quadrats in Abhängigkeit von seiner Seitenlänge.	☐	☐	☒	Die Verdopplung, Verdreifachung … der Seitenlänge ergibt nicht das Doppelte, Dreifache, … / die Hälfte, ein Drittel, … des Flächeninhalts.

b) Beim Umtausch von Währungen handelt es sich um eine proportionale Zuordnung, weil für das Doppelte, Dreifache, … der einen Währung auch das Doppelte, Dreifache, … der anderen Währung ausgezahlt wird.

Umtausch von 10 € in PLN:

Lösen mit der Quotientengleichung:

$$\frac{x}{10} = \frac{4{,}64}{1} \quad |\cdot 10$$
$$x = 4{,}64 \cdot 10$$
$$x = 46{,}40$$

oder

Lösen mit dem Dreisatz:

$$\cdot 10 \left(\begin{array}{l} 1\,€ \mathrel{\hat{=}} 4{,}64\ \text{PLN} \\ 10\,€ \mathrel{\hat{=}} 4{,}64\ \text{PLN} \cdot 10 \end{array} \right) \cdot 10$$
$$= 46{,}40\ \text{PLN}$$

Umtausch von 45 € in PLN:

Lösen mit der Quotientengleichung:

$$\frac{x}{45} = \frac{4{,}64}{1} \quad |\cdot 45$$
$$x = 4{,}64 \cdot 45$$
$$x = 208{,}80$$

oder

Lösen mit dem Dreisatz:

$$\cdot 45 \left(\begin{array}{l} 1\,€ \mathrel{\hat{=}} 4{,}64\ \text{PLN} \\ 45\,€ \mathrel{\hat{=}} 4{,}64\ \text{PLN} \cdot 45 \end{array} \right) \cdot 45$$
$$= 208{,}80\ \text{PLN}$$

Umtausch von 400 PLN in €:

Lösen mit der Quotientengleichung:

$$\frac{x}{400} = \frac{1}{4{,}64} \quad |\cdot 400$$
$$x = \frac{1 \cdot 400}{4{,}64}$$
$$x \approx 86{,}21$$

oder

Lösen mit dem Dreisatz:

$$:4{,}64 \left(\begin{array}{l} 4{,}64\ \text{PLN} \mathrel{\hat{=}} 1\,€ \\ 1\ \text{PLN} \mathrel{\hat{=}} \frac{1}{4{,}64}\,€ \end{array} \right) :4{,}64$$
$$\cdot 400 \left(\begin{array}{l} 1\ \text{PLN} \mathrel{\hat{=}} \frac{1}{4{,}64}\,€ \\ 400\ \text{PLN} \mathrel{\hat{=}} \frac{1 \cdot 400}{4{,}64}\,€ \end{array} \right) \cdot 400$$
$$\approx 86{,}21\,€$$

Ausgefüllte Tabelle:

EUR	1	10	45	**86,21**
PLN	4,64	**46,40**	**208,80**	400

---

32 Bei den Gefäßen b und e steigt der Wasserstand proportional zur Füllmenge.

Begründung:

Füllt man 100 $m\ell$ ein, hat man eine bestimmte Wasserhöhe erreicht. Füllt man 200 $m\ell$ ein, verdoppelt sich auch die Wasserhöhe. Zum Doppelten, Dreifachen, … der Wassermenge gehört das Doppelte, Dreifache, … der Höhe.

oder

Die Gefäße b und e sind Prismen. Die Volumenformel für Prismen lautet:

$V = G \cdot h$

Vervielfacht sich die Höhe, dann vervielfacht sich auch das Volumen.

$V \cdot \mathbf{k} = G \cdot h \cdot \mathbf{k}$

oder

Nur die Graphen von b und e der Zuordnung „Füllmenge – Wasserstand“ sind Geraden.

---

33 Es handelt sich um eine antiproportionale Zuordnung, da sich mit der Vergrößerung des Zeilenabstandes die Anzahl der Zeilen verringert.

Lösen mit der Produktgleichung:

Zeilen	x	56
Zeilenabstand	1,4	1

Produktgleichung: $x \cdot 1{,}4 = 56 \cdot 1 \quad |:1{,}4$

$$x = \frac{56}{1{,}4}$$
$$x = 40$$

Es passen dann 40 Zeilen auf eine DIN-A4-Seite.

oder

Lösen mit dem umgekehrten Dreisatz:

$$\cdot 1{,}4 \left(\begin{array}{l} \text{Abstand } 1 \mathrel{\hat{=}} 56\ \text{Zeilen} \\ \text{Abstand } 1{,}4 \mathrel{\hat{=}} \frac{56}{1{,}4}\ \text{Zeilen} \end{array} \right) :1{,}4$$
$$= 40\ \text{Zeilen}$$

34 Fahrt von Magdeburg nach Dessau:
Diese Zuordnung ist proportional, da die benötigte Zeit mit der Fahrstrecke gleichmäßig wächst (doppelte Fahrstrecke, doppelte Zeit).

Lösen mit der Quotientengleichung:

Std.	x	1
km	84	12

Quotientengleichung: $\frac{x}{84} = \frac{1}{12} \quad | \cdot 84$

$x = \frac{1 \cdot 84}{12}$

$x = 7$

oder

Lösen mit dem Dreisatz:

$: 12 \;(\;12 \text{ km} \mathrel{\hat{=}} 1 \text{ Std.}\;) : 12$

$1 \text{ km} \mathrel{\hat{=}} \frac{1}{12} \text{ Std.}$

$\cdot 84 \;(\;84 \text{ km} \mathrel{\hat{=}} \frac{1 \cdot 84}{12} \text{ Std.}\;) \cdot 84$

$= 7 \text{ Std.}$

Die Fahrt von Magdeburg nach Dessau dauert 7 Stunden. Das Lastschiff wird Dessau um 14:00 Uhr erreichen.

---

35 a) Die Zuordnung ist antiproportional, denn je größer die Füllmenge einer Flasche ist, desto weniger Flaschen werden benötigt (doppelte Füllmenge, halb so viele Flaschen).

Lösen mit der Produktgleichung:

Flaschen	x	10 000
Füllmenge in ℓ	0,9	1

Produktgleichung: $x \cdot 0{,}9 = 10\,000 \cdot 1 \quad |: 0{,}9$

$x = \frac{10\,000}{0{,}9}$

$x \approx 11\,111$

oder

Lösen mit dem umgekehrten Dreisatz:

$\cdot 0{,}9 \;(\;1\,\ell \mathrel{\hat{=}} 10\,000 \text{ Flaschen}\;) : 0{,}9$

$0{,}9\,\ell \mathrel{\hat{=}} \frac{10\,000}{0{,}9} \text{ Flaschen}$

$\approx 11\,111 \text{ Flaschen}$

Nach der Umstellung der Füllmenge werden 11 111 Flaschen gefüllt.

b) Die versteckte Preiserhöhung besteht darin, dass der Inhalt einer Flasche weniger geworden ist, der Preis aber gleich geblieben ist. Bei einem „fairen Preis" wäre der Preis proportional an die gesenkte Füllmenge angepasst worden.

Berechnung des „fairen Preises":
Lösen mit der Quotientengleichung:

Preis in €	x	2,99
Füllmenge in ℓ	0,9	1

Quotientengleichung: $\frac{x}{0{,}9} = \frac{2{,}99}{1} \quad | \cdot 0{,}9$

$x = 2{,}99 \cdot 0{,}9$

$x \approx 2{,}69$

oder

Lösen mit dem Dreisatz:

$\cdot 0{,}9 \;(\;1\,\ell \mathrel{\hat{=}} 2{,}99 \text{ €}\;) \cdot 0{,}9$

$0{,}9\,\ell \mathrel{\hat{=}} 2{,}99 \cdot 0{,}9 \text{ €}$

$\approx 2{,}69 \text{ €}$

Differenz:
$2{,}99 \text{ €} - 2{,}69 \text{ €} = 0{,}3 \text{ €}$

Die versteckte Preiserhöhung beträgt 0,30 € pro Flasche.

---

36 Es gilt:

☐ $38{,}6 \frac{\text{km}}{\text{h}}$ ☐ $42 \frac{\text{km}}{\text{h}}$ ☒ $44{,}5 \frac{\text{km}}{\text{h}}$

Begründung:
Die angegebenen Geschwindigkeiten besagen, dass entweder 38,6 km oder 42 km oder 44,5 km in einer Stunde zurückgelegt wurden. Da der Inlineskater mehr als 42 km in 56,83 Minuten, also in weniger als einer Stunde, zurückgelegt hat, kommt nur die dritte Antwortmöglichkeit infrage.

oder

Da es sich um die durchschnittliche Geschwindigkeit handelt, ist die Zuordnung proportional. Verdoppelt, verdreifacht, … sich die zurückgelegte Laufstrecke, verdoppelt, verdreifacht, … sich auch die benötigte Laufzeit.

Lösen mit der Quotientengleichung:

km	x	42,195
min	60	56,83

Quotientengleichung: $\frac{x}{60} = \frac{42,195}{56,83} \quad | \cdot 60$

$x = \frac{42,195 \cdot 60}{56,83}$

$x \approx 44,5$

oder

Lösen mit dem Dreisatz:

$56,83 \text{ min} \triangleq 42,195 \text{ km}$

$:56,83 \; (\quad 1 \text{ min} \triangleq \frac{42,195}{56,83} \text{ km} \quad) :56,83$

$\cdot 60 \; (\quad 60 \text{ min} \triangleq \frac{42,195 \cdot 60}{56,83} \text{ km} \quad) \cdot 60$

$\approx 44,5 \text{ km}$

---

37 a) 2 von 6 gleich großen Anteilen sind markiert.

$\frac{2}{6} \overset{\text{mit 2 kürzen}}{=} \frac{1}{3} \approx 33\,\%$ **oder** $2:6 = 0,\overline{33} \approx 33\,\%$

b) 9 von 20 Anteilen sind markiert.

$\frac{9}{20} \overset{\text{mit 5 erweitern}}{=} \frac{45}{100} = 45\,\%$ **oder** $9:20 = 0,45 = 45\,\%$

---

38 a) Emma bekommt von ihrem Opa 10 % von 240 € geschenkt. Sie erhält also **24 €**.

Rechnung: 10 % von 240 € sind **24 €**.

b) 12 von 48 Erdbeeren aus der Schale waren verdorben, das entspricht **25** %.

Rechnung: 12 von 48 $= \frac{12}{48} \overset{\text{mit 12 kürzen}}{=} \frac{1}{4} = \mathbf{25\,\%}$

c) Bei einer Verkehrszählung fuhren 30 Fahrzeuge noch bei Gelb über die Kreuzung, das waren 20 % aller **150** gezählten Fahrzeuge.

Rechnung:

$\cdot 5 \; (\quad 20\,\% \triangleq 30 \text{ Fahrzeuge}$

$100\,\% \triangleq \mathbf{150 \text{ Fahrzeuge}} \quad) \cdot 5$

---

39 Es gilt:

$60\,\% = \frac{60}{100} = 60:100 = 0,6 = \frac{6}{10} \overset{\text{mit 2 kürzen}}{=} \frac{3}{5}$

$\frac{15}{100} = 15\,\% = 15:100 = 0,15 = \frac{15}{100} \overset{\text{mit 5 kürzen}}{=} \frac{3}{20}$

$0,07 = 7\,\% = \frac{7}{100} \overset{\text{kürzen nicht möglich}}{=} \frac{7}{100}$

$\frac{1}{8} = 1:8 = 0,125 = 12,5\,\% = \frac{12,5}{100}$

Damit ergibt sich:

Prozentsatz in %	Bruch mit Nenner 100	Dezimalzahl	gekürzter Bruch
60 %	$\mathbf{\frac{60}{100}}$	**0,6**	$\mathbf{\frac{3}{5}}$
15 %	$\frac{15}{100}$	**0,15**	$\mathbf{\frac{3}{20}}$
7 %	$\mathbf{\frac{7}{100}}$	0,07	$\mathbf{\frac{7}{100}}$
12,5 %	$\mathbf{\frac{12,5}{100}}$	**0,125**	$\frac{1}{8}$

40 a) $4\,\% = \frac{4}{100} = 4:100 = 0{,}04 < 0{,}4$

Damit gilt:

4 % [<] 0,4

b) Jeder 4. Befragte ist einer von 4 Befragten, d. h.:
$1:4 = 0{,}25 = 25\,\% > 4\,\%$

Damit gilt:

Jeder 4. Befragte [>] 4 % der Befragten

---

41 Preisunterschied:
79,90 € – 57,95 € = 21,95 €

Preisminderung in Prozent:

Lösen über proportionale Zuordnung:

$$\frac{100}{79{,}90} = \frac{x}{21{,}95} \quad |\cdot 21{,}95$$
$$x = \frac{100 \cdot 21{,}95}{79{,}90}$$
$$x \approx 27{,}47$$

oder

Lösen mit dem Dreisatz:

$$\begin{array}{rcl} & 79{,}90\,€ \triangleq 100\,\% & \\ :79{,}90 & & :79{,}90 \\ & 1\,€ \triangleq \frac{100}{79{,}90}\,\% & \\ \cdot 21{,}95 & & \cdot 21{,}95 \\ & 21{,}95\,€ \triangleq 27{,}47\,\% & \end{array}$$

oder

Reduzierter Preis in Prozent:

Lösen über proportionale Zuordnung:

$$\frac{100}{79{,}90} = \frac{x}{57{,}95} \quad |\cdot 57{,}95$$
$$x = \frac{100 \cdot 57{,}95}{79{,}90}$$
$$x \approx 72{,}53$$

oder

Lösen mit dem Dreisatz:

$$\begin{array}{rcl} & 79{,}90\,€ \triangleq 100\,\% & \\ :79{,}90 & & :79{,}90 \\ & 1\,€ \triangleq \frac{100}{79{,}90}\,\% & \\ \cdot 57{,}95 & & \cdot 57{,}95 \\ & 57{,}95\,€ \triangleq 72{,}53\,\% & \end{array}$$

Preisminderung in Prozent:
100 % – 72,53 % = 27,47 %

Nein, der Preis der Jacke wurde nicht um 30 % reduziert, sondern nur um rund 27,47 %.

---

42 $\frac{1}{3}$ von 150 €: 50 €
Restbetrag: 150 € – 50 € = 100 €
50 % von 100 €: 50 €

Elias steckt 50 € in das Sparschwein.

☐ 25 € ☒ 50 € ☐ 75 € ☐ 100 € ☐ 125 €

---

43 Ein Vollkreis entspricht einem Winkel von 360°.

Lösen über proportionale Zuordnung:

$$\frac{100}{360} = \frac{x}{72} \quad |\cdot 72$$
$$x = \frac{100 \cdot 72}{360}$$
$$x = 20$$

oder

Lösen mit dem Dreisatz:

$$\begin{array}{rcl} & 360° \triangleq 100\,\% & \\ :360 & & :360 \\ & 1° \triangleq \frac{100}{360}\,\% & \\ \cdot 72 & & \cdot 72 \\ & 72° \triangleq 20\,\% & \end{array}$$

Es sind 20 % der Kreisfläche grau.

44 a) Von 3 000 Losen sind 70 % Nieten.

Berechnung der Anzahl der Nieten:

Lösen über proportionale Zuordnung:

$$\frac{3\,000}{100} = \frac{x}{70} \quad |\cdot 70$$

$$x = \frac{3\,000 \cdot 70}{100}$$

$$x = 2\,100$$

oder

Lösen mit dem Dreisatz:

$$\begin{aligned} &100\,\% \mathrel{\hat{=}} 3\,000 \text{ Nieten} \\ :100 \quad &1\,\% \mathrel{\hat{=}} \frac{3\,000}{100} \text{ Nieten} \quad :100 \\ \cdot 70 \quad &70\,\% \mathrel{\hat{=}} 2\,100 \text{ Nieten} \quad \cdot 70 \end{aligned}$$

Berechnung der Anzahl der Hauptgewinne:

$3\,000 - 2\,100 - 840 = 60$

Es gibt 2 100 Nieten, 840 Kleingewinne und 60 Hauptgewinne.

b) Berechnung der Höhe der Einnahmen:

$3\,000 \cdot 1\text{ €} = 3\,000\text{ €}$

Berechnung der Höhe der Ausgaben:

für Kleingewinne: $840 \cdot 0{,}50\text{ €} = 420\text{ €}$

für Hauptgewinne: $60 \cdot 10\text{ €} = 600\text{ €}$

Berechnung der Höhe der möglichen Spende:

Einnahmen – Ausgaben = 3 000 € – 420 € – 600 € = 1 980 €

Es können 1 980 € für die Organisation „Kinder in Not“ gespendet werden.

---

45 Gegeben: $p\,\% = 5\,\%$; $Z = 36\,000$ €

Gesucht: K

Lösen mit der Zinsformel (prop. Zuordnung):

$$\frac{K}{100} = \frac{Z}{p}$$

$$\frac{K}{100} = \frac{36\,000}{5} \quad |\cdot 100$$

$$K = \frac{36\,000 \cdot 100}{5}$$

$$K = 720\,000$$

oder

Lösen mit dem Dreisatz:

$$\begin{aligned} :5 \quad &5\,\% \mathrel{\hat{=}} 36\,000\text{ €} \quad :5 \\ \cdot 100 \quad &1\,\% \mathrel{\hat{=}} 7\,200\text{ €} \quad \cdot 100 \\ &100\,\% \mathrel{\hat{=}} 720\,000\text{ €} \end{aligned}$$

Sein Lottogewinn müsste 720 000 € betragen.

---

46 Gegeben: $K = 250$ €; $Z = 15$ €; $m = 3$ Monate

Gesucht: p

Lösen mit der Zinsformel für m Monate:

$$Z = \frac{K \cdot p \cdot m}{100 \cdot 12}$$

$$15 = \frac{250 \cdot p \cdot 3}{100 \cdot 12} \quad \Big|\cdot \frac{100 \cdot 12}{250 \cdot 3}$$

$$p = \frac{15 \cdot 100 \cdot 12}{250 \cdot 3}$$

$$p = 24$$

Der Zinssatz betrug 24 %. Louis hat recht, das sind Wucherzinsen.

---

47 Berechnung der Zinsen im 1. Jahr:
Gegeben: K = 10 000 €; p % = 2 %
Gesucht: Z

Lösen mit der Zinsformel:

$$\frac{K}{100} = \frac{Z}{p}$$

$$\frac{10\,000}{100} = \frac{Z}{2} \quad |\cdot 2$$

$$Z = \frac{10\,000 \cdot 2}{100}$$

$$Z = 200$$

oder

Lösen mit dem Dreisatz:

$$\begin{aligned} &100\,\% \mathrel{\hat{=}} 10\,000\,€ \\ :100 \; &\quad\quad\quad\quad :100 \\ &1\,\% \mathrel{\hat{=}} 100\,€ \\ \cdot 2 \; &\quad\quad\quad\quad \cdot 2 \\ &2\,\% \mathrel{\hat{=}} 200\,€ \end{aligned}$$

Das Startkapital im 2. Jahr beträgt 10 000 € + 200 € = 10 200 €.

Analoge Berechnungen für das 2. und 3. Jahr ergeben folgende Übersicht:

Jahr	Startkapital in €	Zinsen in €	Guthaben in €
1	10 000	200	10 200
2	10 200	204	10 404
3	10 404	208,08	10 612,08

Damit gilt:

☐ 10 200 € ☐ 10 600 € ☒ 10 612,08 € ☐ 10 714,30 €

48 Berechnung des Geldbetrags, den Ben jeweils zurückzahlen muss:
Rückzahlungsbetrag bei Kreditangebot A:
Bearbeitungsgebühr + 12 Monatsraten = 50 € + 12 · 435 € = 50 € + 5 220 € = 5 270 €

Rückzahlungsbetrag bei Kreditangebot B:
Berechnung der Zinsen:
Gegeben: K = 5 000 €; p % = 3,8 %
Gesucht: Z

Lösen mit der Zinsformel:

$$\frac{K}{100} = \frac{Z}{p}$$

$$\frac{5\,000}{100} = \frac{Z}{3{,}8} \quad |\cdot 3{,}8$$

$$Z = \frac{5\,000 \cdot 3{,}8}{100}$$

$$Z = 190$$

oder

Lösen mit dem Dreisatz:

$$\begin{aligned} &100\,\% \mathrel{\hat{=}} 5\,000\,€ \\ :100 \; &\quad\quad\quad\quad :100 \\ &1\,\% \mathrel{\hat{=}} 50\,€ \\ \cdot 3{,}5 \; &\quad\quad\quad\quad \cdot 3{,}8 \\ &3{,}8\,\% \mathrel{\hat{=}} 190\,€ \end{aligned}$$

Rückzahlungsbetrag bei Kreditangebot B: 5 000 € + 190 € = 5 190 €

Kreditangebot B ist günstiger.

49

$$Z_t = \frac{K \cdot p \cdot t}{100 \cdot 360} \quad |:K$$

$$\frac{Z_t}{K} = \frac{p \cdot t}{100 \cdot 360} \quad |\cdot 100 \; |\cdot 360$$

$$\frac{Z_t \cdot 100 \cdot 360}{K} = p \cdot t \quad |:p$$

$$t = \frac{Z_t \cdot 100 \cdot 360}{K \cdot p}$$

50 a) $1{,}25\text{ m} = (1{,}25 \cdot 10 \cdot 10 \cdot 10)\text{ mm} = (1{,}25 \cdot 1\,000)\text{ mm} = 1\,250\text{ mm}$

b) $4\,200\text{ cm}^2 = [4\,200 : (100 \cdot 100)]\text{ m}^2 = (4\,200 : 10\,000)\text{ m}^2 = 0{,}42\text{ m}^2$

c) $0{,}3\,\ell = 0{,}3\text{ dm}^3 = (0{,}3 \cdot 1\,000)\text{ cm}^3 = 300\text{ cm}^3$

d) $0{,}15\text{ kg} = (0{,}15 \cdot 1\,000)\text{ g} = 150\text{ g}$

e) $5{,}25\text{ h} = (5{,}25 \cdot 60)\text{ min} = 315\text{ min}$

f) $25\,\frac{\text{m}}{\text{s}} = (25 \cdot 3{,}6)\,\frac{\text{km}}{\text{h}} = 90\,\frac{\text{km}}{\text{h}}$

g) $0{,}8\text{ km} = 800\,\mathbf{m}$ — Es gilt: $0{,}8 \cdot \mathbf{1\,000} = 800$

h) $6\,100\text{ m}^2 = 61\,\mathbf{dm^2}$ — Es gilt: $6\,100 : \mathbf{100} = 61$

i) $45\,000\text{ cm}^3 = 45\,\mathbf{dm^3} = 45\,\boldsymbol{\ell}$ — Es gilt: $45\,000 : \mathbf{1\,000} = 45$

j) $1\,h\ell = 100\,\boldsymbol{\ell}$ — Es gilt: $1 \cdot \mathbf{100} = 100$

---

51 a) $125\text{ kg} + 0{,}3\text{ t} + 2\,500\text{ g} = 125\text{ kg} + 300\text{ kg} + 2{,}5\text{ kg} = 427{,}5\text{ kg}$

b) $200\text{ m}^2 + 0{,}1\text{ ha} + 500\text{ dm}^2 + 3\text{a} = 200\text{ m}^2 + 1\,000\text{ m}^2 + 5\text{ m}^2 + 300\text{ m}^2 = 1\,505\text{ m}^2$

---

52 a) $5\,000\text{ mm} = 5\text{ m}$; $0{,}5\text{ km} = 500\text{ m}$; 550 m; $50\text{ cm} = 0{,}5\text{ m}$

Reihenfolge: 50 cm → 5 000 mm → 0,5 km → 550 m

b) $2\,400\text{ s} = 40\text{ min}$; $\frac{3}{4}\text{ h} = 45\text{ min}$; 50 min; $0{,}25\text{ h} = 15\text{ min}$

Reihenfolge: 0,25 h → 2 400 s → $\frac{3}{4}$ h → 50 min

---

53 Umrechnung von $0{,}00752\,\frac{\text{km}}{\text{h}}$ in $\frac{\text{m}}{\text{s}}$:

$0{,}00752\,\frac{\text{km}}{\text{h}} = (0{,}00752 : 3{,}6)\,\frac{\text{m}}{\text{s}} \approx 0{,}0021\,\frac{\text{m}}{\text{s}}$

Umrechnung von 2 min 38 s in s:

$2\text{ min }38\text{ s} = 2 \cdot 60\text{ s} + 38\text{ s} = 120\text{ s} + 38\text{ s} = 158\text{ s}$

Berechnung der Länge der Rennstrecke:

Lösen mit der Quotientengleichung:

m	0,0021	x
s	1	158

Quotientengleichung: $\frac{0{,}0021}{1} = \frac{x}{158} \quad |\cdot 158$

$x = 0{,}0021 \cdot 158$

$x = 0{,}3318$

oder

Lösen mit dem Dreisatz:

$\cdot 158$ ($1\text{ s} \mathrel{\hat=} 0{,}0021\text{ m}$) $\cdot 158$

$158\text{ s} \mathrel{\hat=} 0{,}3318\text{ m}$

Umrechnung von 0,3318 m in cm:

$0{,}3318\text{ m} = (0{,}3318 \cdot 100)\text{ cm} = 33{,}18\text{ cm} \approx 33\text{ cm}$

Die Rennstrecke beim Schneckenrennen ist 33 cm lang.

54 Es gilt:

☒ In jeder Raute sind gegenüberliegende Winkel gleich groß.
Hinweis:
Beide Diagonalen sind Symmetrieachsen, deshalb sind gegenüberliegende Winkel gleich groß.

☒ In jedem Drachen schneiden sich die Diagonalen in einem rechten Winkel.
Hinweis:
Da eine der Diagonalen Symmetrieachse ist, bildet sie mit der anderen Diagonalen einen rechten Winkel.

☐ Jedes Trapez besitzt eine Symmetrieachse.
Begründung:
Nur gleichschenklige Trapeze sind achsensymmetrisch und haben eine Symmetrieachse.

☒ In jedem beliebigen Viereck ergeben alle Winkel zusammengerechnet 360°.
Hinweis:
Im Dreieck beträgt die Winkelsumme 180°. Jedes Viereck lässt sich durch eine Diagonale in zwei Dreiecke zerlegen: $2 \cdot 180° = 360°$

---

55 Gegeben: $u = 34$ cm; $a = 10$ cm
Gesucht: A

Berechnung der Länge der Seite b:

$$u = 2a + 2b$$
$$34 = 2 \cdot 10 + 2b \quad |-20$$
$$14 = 2b \quad |:2$$
$$b = 7$$

Berechnung des Flächeninhalts A:

$$A = a \cdot b$$
$$A = 10 \cdot 7$$
$$A = 70$$

Die Seite b hat eine Länge von 7 cm und der Flächeninhalt beträgt 70 cm^2.

---

56 Umrechnung der Seitenlänge einer Kiste in m:
40 cm = 0,4 m

Hinweis:
Man neigt bei dieser Aufgabe dazu, die Ladefläche des Kleintransporters ($A = a \cdot b = 2{,}15 \cdot 1{,}23 = 2{,}6445$) durch die Fläche einer Kiste ($A = a^2 = 0{,}4^2 = 0{,}16$) zu dividieren: $2{,}6445 : 0{,}16 \approx 16{,}53$
Demzufolge würden 16 (bis 17) Kisten auf die Ladefläche passen. Das ist falsch, denn die Kisten kann man nicht zerteilen. Sie passen nur in ihrer gesamten Länge und Breite auf die verfügbare Ladefläche, Dezimalstellen gibt es hier nicht. Stattdessen muss berechnet werden, wie viele Kisten mit der Seitenlänge 0,4 m auf die 2,14 m lange Fläche passen und wie viele auf die 1,23 m breite Fläche passen und diese Anzahlen multiplizieren.

Anzahl der Kisten, die in der Länge auf die Ladefläche passen:
$2{,}15 : 0{,}4 = 5{,}375$
$\Rightarrow$ Es passen 5 Kisten in der Länge auf die Ladefläche.

Anzahl der Kisten, die in der Breite auf die Ladefläche passen:
$1{,}23 : 0{,}4 = 3{,}075$
$\Rightarrow$ Es passen 3 Kisten in der Breite auf die Ladefläche.

Gesamtanzahl der Kisten, die auf die Ladefläche passen:
$5 \cdot 3 = 15$

Es passen 15 Kisten auf die Ladefläche des Kleintransporters.

57 a) Gegeben: $u = 16$ m
Gesucht: A
Berechnung der Seitenlänge a:
$u = 4a$
$16 = 4a \quad |:4$
$a = 4$
Berechnung des Flächeninhalts A:
$A = a^2$
$A = 4^2$
$A = 16$
Die Aussage stimmt.

b) Allgemeine Lösung:
Flächeninhalt eines Rechtecks:
$A = a \cdot b$
Flächeninhalt mit verdoppelten Seitenlängen:
$A_{doppelt} = 2a \cdot 2b$
$A_{doppelt} = 4 \cdot a \cdot b$
$A_{doppelt} = 4 \cdot A$
Die Aussage stimmt nicht, da sich der Flächeninhalt vervierfacht.

oder

Lösung am Beispiel:
Seitenlängen eines Rechtecks:
$a_1 = 2$ cm; $b_1 = 3$ cm
Flächeninhalt des Rechtecks:
$A_1 = a_1 \cdot b_1 = 2 \cdot 3 = 6$
Verdoppelte Seitenlängen:
$a_2 = 2 \cdot a_1 = 2 \cdot 2\text{ cm} = 4\text{ cm}$
$b_2 = 2 \cdot b_1 = 2 \cdot 3\text{ cm} = 6\text{ cm}$
Flächeninhalt mit verdoppelten Seitenlängen:
$A_2 = a_2 \cdot b_2 = 4 \cdot 6 = 24$
Wegen $A_2 = 4 \cdot A_1$ stimmt die Aussage nicht. Der Flächeninhalt vervierfacht sich.

---

58 a) **Grundstück A:** Rechteck
Gegeben: $a = 28$ m; $b = 18$ m
Gesucht: A_A
Flächeninhalt:
$A_A = a \cdot b$
$A_A = 28 \cdot 18$
$A_A = 504$

Grundstück B: Trapez
Gegeben: $a = 21$ m; $c = 17$ m
$h = 28$ m
Gesucht: A_B
Flächeninhalt:
$A_B = \frac{1}{2} \cdot (a + c) \cdot h$
$A_B = \frac{1}{2} \cdot (21 + 17) \cdot 28$
$A_B = 532$

Grundstück C: Parallelogramm
Gegeben: $a = 19{,}5$ m; $h = 28$ m
Gesucht: A_C
Flächeninhalt:
$A_C = a \cdot h$
$A_C = 19{,}5 \cdot 28$
$A_C = 546$

Grundstück C ist mit 546 m^2 das größte der drei Grundstücke.

b) Berechnung der Grundstückspreise:

Grundstück A: Rechteck
Gegeben: Fläche: $A_A = 504\text{ m}^2$
Preis pro m^2: 318 €
Gesucht: Verkaufspreis
Berechnung:
$504 \cdot 318 = 160\,272$
Grundstück A kostet 160 272 €.

Grundstück B: Trapez
Gegeben: Fläche: $A_B = 532\text{ m}^2$
Preis pro m^2: 295 €
Gesucht: Verkaufspreis
Berechnung:
$532 \cdot 295 = 156\,940$
Grundstück B kostet 156 940 €.

Grundstück C: Parallelogramm:
Gegeben: Fläche: $A_C = 546\text{ m}^2$
Preis pro m^2: 290 €
Gesucht: Verkaufspreis
Berechnung:
$546 \cdot 290 = 158\,340$
Grundstück C kostet 158 340 €.

Grundstück B ist mit 156 940 € das günstigste der drei Grundstücke.

59 a) Das Viereck ABCD ist ein allgemeines Viereck, weil alle Seitenlängen und alle Winkelgrößen unterschiedlich groß sind und es keine parallelen Seiten gibt.

b) Um den Flächeninhalt von allgemeinen Vierecken berechnen zu können, müssen diese in besondere Drei- und Vierecke zerlegt werden. Dann können die bekannten Formeln zur Flächenberechnung angewendet werden.

Hier bietet sich die Teilung vom allgemeinen Viereck ABCD in das Trapez AECD und das rechtwinklige Dreieck EBC an.

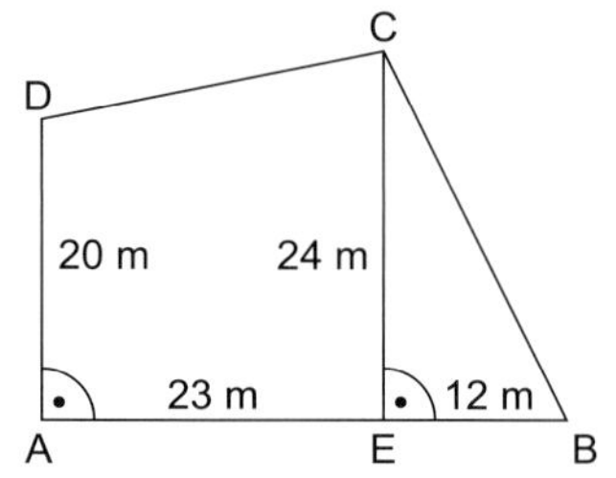

Berechnung des Flächeninhalts des Trapezes AECD:
$\overline{EC}$ und $\overline{AD}$ sind parallel, $\overline{EA}$ ist die zugehörige Höhe. Einsetzen der zugehörigen Werte in die Formel liefert den Flächeninhalt des Trapezes:

$$A_T = \frac{1}{2}(\overline{EC} + \overline{AD}) \cdot \overline{EA}$$

Berechnung des Flächeninhalts des Dreiecks EBC:
Da die Seiten $\overline{EB}$ und $\overline{EC}$ einen rechten Winkel einschließen, kann man sie als Grundseite $\overline{EB}$ mit der zugehörigen Höhe $\overline{EC}$ betrachten. Einsetzen der Werte in die Formel liefert den Flächeninhalt des Dreiecks:

$$A_D = \frac{1}{2}\overline{EB} \cdot \overline{EC}$$

Zum Schluss werden die Flächeninhalte des Trapezes und des Dreiecks addiert.

---

60 a) Die Mittelpunkte der Rechtecksseiten bilden die Eckpunkte der Raute.
Skizze:

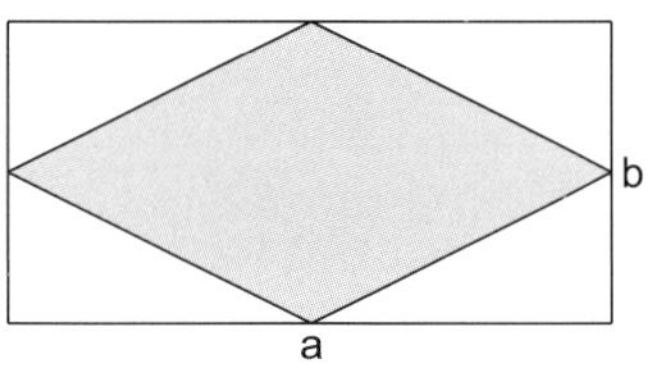

b) Den Flächeninhalt des Abfalls erhält man, wenn man vom Flächeninhalt des Rechtecks den Flächeninhalt der Raute abzieht. Da die Diagonalen e und f die gleichen Längen haben wie die Rechteckseiten a und b, gilt dabei für den Flächeninhalt der Raute $A_{Raute} = \frac{e \cdot f}{2} = \frac{a \cdot b}{2}$.

Flächeninhalt des Abfalls:

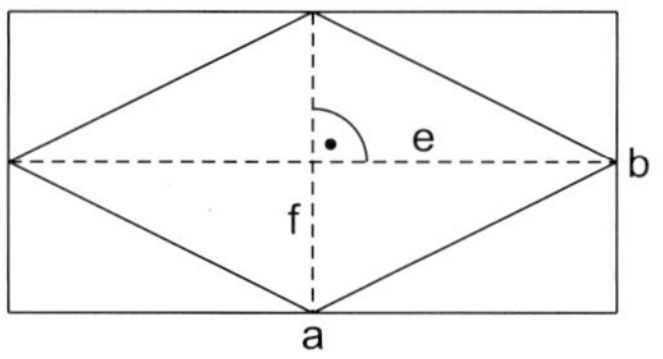

$$A_{Abfall} = A_{Rechteck} - A_{Raute}$$

$$A_{Abfall} = a \cdot b - \frac{e \cdot f}{2}$$

$$A_{Abfall} = a \cdot b - \frac{a \cdot b}{2}$$

$$A_{Abfall} = \frac{1}{2} \underbrace{a \cdot b}_{A_{Rechteck}}$$

Da $\frac{1}{2}a \cdot b$ genau die Hälfte der Rechteckfläche ist, beträgt der Anteil des Abfalls am Filzstoff 50 %.

oder

Der Abfall besteht aus 4 kongruenten rechtwinkligen Dreiecken, die zusammengesetzt genau die Hälfte der Rechteckfläche abdecken:

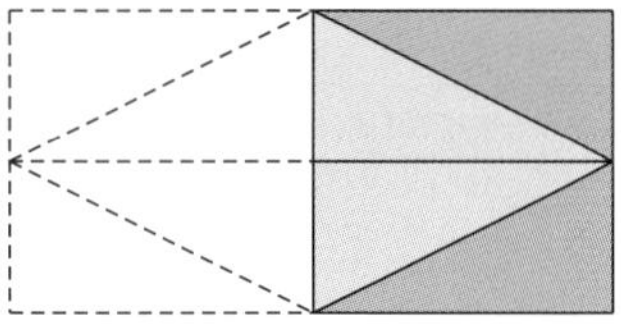

Der Abfall beträgt somit 50 % des rechteckigen Filzstoffs.

61 Gegeben: $a = 4{,}5\ \text{m};\ d = 2\ \text{m} \Rightarrow r = 1\ \text{m}$

Gesucht: $A_{\text{Rasenfläche}}$

Es gilt: $A_{\text{Rasenfläche}} = A_{\text{Quadrat}} - A_{\text{Kreis}}$

Berechnung der Fläche des Quadrats:

$A_{\text{Quadrat}} = a^2$

$A_{\text{Quadrat}} = 4{,}5^2$

$A_{\text{Quadrat}} = 20{,}25$

Berechnung der Fläche des Kreises:

$A_{\text{Kreis}} = \pi \cdot r^2$

$A_{\text{Kreis}} = \pi \cdot 1^2$

$A_{\text{Kreis}} \approx 3{,}14$

Berechnung der Größe der Rasenfläche:

$A_{\text{Rasenfläche}} = A_{\text{Quadrat}} - A_{\text{Kreis}} = 20{,}25 - 3{,}14 = 17{,}11$

Es müssen 17,11 m^2 Rasenfläche erneuert werden.

---

62 a) Bei einer Umdrehung der Walze wird ein Rechteck mit folgenden Seitenmaßen gewalzt:

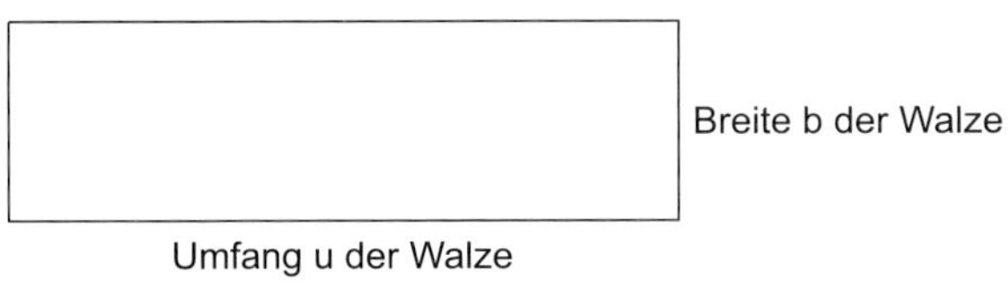

Gegeben: $d = 1{,}2\ \text{m} \Rightarrow r = 0{,}6\ \text{m};\ b = 1{,}9\ \text{m}$

Gesucht: A_{Rechteck}

Berechnung des Umfangs:

$u = 2 \cdot \pi \cdot r$

$u = 2 \cdot \pi \cdot 0{,}6$

$u \approx 3{,}77$

Berechnung der Rechteckfläche (gewalzte Fläche):

$A_{\text{Rechteck}} = u \cdot b$

$A_{\text{Rechteck}} = 3{,}77 \cdot 1{,}9$

$A_{\text{Rechteck}} \approx 7{,}16$

Die Walze glättet mit einer Umdrehung eine Fläche von 7,16 m^2.

b) Berechnung der Anzahl der Umdrehungen:

Lösen über proportionale Zuordnung: **oder**

$\frac{1}{3{,}77} = \frac{x}{200} \quad | \cdot 200$

$x = \frac{1 \cdot 200}{3{,}77}$

$x \approx 53{,}05$

Lösen mit dem Dreisatz:

$3{,}77\ \text{m} \mathrel{\hat{=}} 1\ \text{Umdrehung}$

$:3{,}77 \qquad 1\ \text{m} \mathrel{\hat{=}} \frac{1}{3{,}77}\ \text{Umdrehungen} \qquad :3{,}77$

$\cdot 200 \qquad 200\ \text{m} \mathrel{\hat{=}} 53{,}05\ \text{Umdrehungen} \qquad \cdot 200$

Die Walze muss sich 54 Mal drehen.

---

63 a) Gegeben: $d_1 = 400\ \text{mm} \Rightarrow r_1 = 200\ \text{mm}$ (äußerer Radius)

$d_2 = 300\ \text{mm} \Rightarrow r_2 = 150\ \text{mm}$ (innerer Radius)

Gesucht: b

Berechnung der Breite des Kreisrings:

$b = r_1 - r_2$

$b = 200 - 150$

$b = 50$

Der Kreisring hat eine Breite von 50 mm = 5 cm.

b) Gegeben: $r_1 = 200$ mm = 20 cm; $r_2 = 150$ mm = 15 cm
Gesucht: A
Berechnung der Fläche des Kreisrings:
$A = \pi \cdot r_1^2 - \pi \cdot r_2^2$
$A = \pi \cdot 20^2 - \pi \cdot 15^2$
$A \approx 549,78$
Der rote Kreisring hat eine Fläche von 549,78 cm².

---

64 Gegeben: $a = 1$ LE (LE = Längeneinheit)
$r_1 = 1$ LE (großer Halbkreis)
$r_2 = 0,5$ LE (kleine Halbkreise)
Gesucht: A

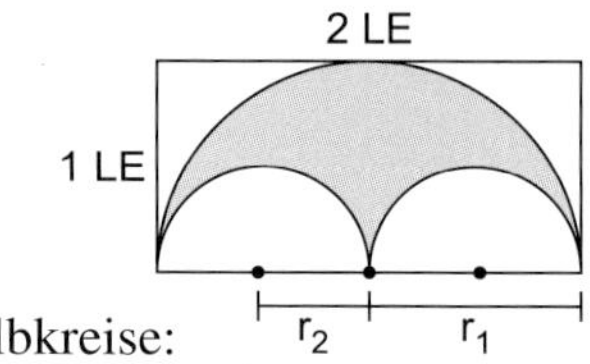

Flächeninhalt des großen Halbkreises:
$A_1 = \frac{1}{2} \cdot \pi \cdot r_1^2$
$A_1 = \frac{1}{2} \cdot \pi \cdot 1^2$
$A_1 \approx 1,57$

Flächeninhalt der kleinen Halbkreise:
$A_2 = 2 \cdot \frac{1}{2} \cdot \pi \cdot r_2^2$
$A_2 = 2 \cdot \frac{1}{2} \cdot \pi \cdot 0,5^2$
$A_2 \approx 0,785$

Flächeninhalt der roten Figur:
$A = A_1 - A_2 = 1,57 - 0,785 = 0,785$
Die rote Figur hat einen Flächeninhalt von 0,785 FE.

---

65 Gegeben: Minipizza: $d_M = 20$ cm $\Rightarrow$ $r_M = 10$ cm
Familienpizza: $d_F = 50$ cm $\Rightarrow$ $r_F = 25$ cm; $\varphi = 60°$
Gesucht: A_M; A_F

Flächeninhalt der Minipizza (Kreis):
$A_M = \pi \cdot r_M^2$
$A_M = \pi \cdot 10^2$
$A_M \approx 314,16$

Flächeninhalt der Familienpizza (Kreissektor):
$A_F = \frac{\pi \cdot r_F^2 \cdot \varphi}{360°}$
$A_F = \frac{\pi \cdot 25^2 \cdot 60°}{360°}$
$A_F \approx 327,25$

Karim hat recht, sein Pizzastück ist etwas größer als die Minipizza.

---

66 $10^3 = 1\,000$ $(-3)^3 = -27$ $2^{-3} = \frac{1}{2^3} = \frac{1}{8}$ $3^{-2} = \frac{1}{3^2} = \frac{1}{9}$ $2^{10} = 1\,024$ $10^{-2} = \frac{1}{10^2} = \frac{1}{100}$
2^{10} ist die größte und $(-3)^3$ ist die kleinste Zahl.

---

67 a) $2^5 > 5^2$, denn $32 > 25$
b) $(-4)^1 < (-4)^0$, denn $-4 < 1$
c) $4,5^2 \cdot 2^2 = 81$, denn $(4,5 \cdot 2)^2 = 9^2 = 81$
d) $\frac{3^2}{4^2} < \frac{4^2}{3^2}$, denn $\frac{9}{16} < \frac{16}{9}$
e) $7^{-2} > (-2)^7$, denn $\frac{1}{49} > -128$
f) $6^{-2} < (-2)^6$, denn $\frac{1}{36} < 64$
g) $8^{-1} < 8$, denn $\frac{1}{8} < 8$
h) $0,5^3 = \frac{1}{8}$, denn $0,5^3 = 0,125 = \frac{1}{8}$

68 a) $8^{-3} \cdot 8^4 = 8^{-3+4} = 8^1 = 8$

b) $\frac{3^6}{3^3} = 3^{6-3} = 3^3 = 27$

c) $9 \cdot 1{,}5^{-2} \cdot 2^{-2} = 9 \cdot (1{,}5 \cdot 2)^{-2} = 9 \cdot \frac{1}{3^2} = 1$

d) $(3xy^2)^3 = 3^3 \cdot x^3 \cdot y^{2 \cdot 3} = 27x^3y^6$

e) $\frac{5^{12}}{5^{10}} \cdot (-6+8)^2 = 5^{12-10} \cdot 2^2 = 5^2 \cdot 2^2 = (5 \cdot 2)^2 = 100$

f) $\frac{(x+1)^3}{x^2+2x+1} = \frac{(x+1)^3}{(x+1)^2} = x+1 \quad (\text{mit } x \neq -1)$

69

Aussage	wahr	falsch	Begründung
$-3^4 = 81$	☐	☒	$-3^4 = -81$
Es gibt Zahlen, die beim Potenzieren kleiner werden.	☒	☐	alle Zahlen zwischen 0 und 1 werden beim Potenzieren kleiner, z. B.: $0{,}5^2 = 0{,}25$
$(4^0) = 0$	☐	☒	$4^0 = 1$
$7 - 7^2 = 0$	☐	☒	Punkt- vor Strichrechnung: $7 - 7^2 = 7 - 49 = -42$
$x^n : x^1 = x^n$	☐	☒	$x^n : x^1 = x^{n-1}$

---

70 a) $1{,}2 \cdot 10^8$

b) $5{,}1 \cdot 10^{-5}$

c) $70\,000\,000\,000 = 7 \cdot 10^{10}$

d) $\frac{4}{1\,000\,000} = 0{,}000004 = 4 \cdot 10^{-6}$

---

71 Damit ist gemeint: $-2{,}43 \cdot 10^{-3} = -\frac{2{,}43}{1\,000} = -0{,}00243$

---

72 Einwohner: 83 000 000
Fläche: 357 588 km^2

Bevölkerungsdichte: $\frac{\text{Einwohner}}{\text{Fläche}} = \frac{83\,000\,000}{357\,588} \approx 232$

Die Bevölkerungsdichte in Deutschland beträgt ca. 232 $\frac{\text{Einwohner}}{km^2}$.

---

73 Millionstel dargestellt mit einer Zehnerpotenz:
$1 \text{ Millionstel} = \frac{1}{1\,000\,000} = 0{,}000001 = 1 \cdot 10^{-6} = 10^{-6}$

Durchmesser des Corona-Virus:
$120 \text{ nm} = 120 \cdot 10^{-6} \text{ mm} = 0{,}00012 \text{ mm} = 1{,}2 \cdot 10^{-4} \text{ mm}$

Das Corona-Virus hat einen Durchmesser von $1{,}2 \cdot 10^{-4}$ mm.

---

74 a) $\sqrt[3]{64} = 4$

b) $\sqrt{14} \cdot \sqrt{14} = \sqrt{14 \cdot 14} = 14$

c) $\sqrt[3]{x \cdot x \cdot x} = \sqrt[3]{x^3} = x$

d) $\sqrt{72:2} = \sqrt{36} = 6$

e) $\sqrt[3]{10^2} = \sqrt[3]{100} \approx 4{,}64$

f) $\sqrt{10^3} = \sqrt{1\,000} \approx 31{,}62$

2 Lineare Funktionen – Lineare Gleichungssysteme

75 a) Es ist eine Funktion, weil jedem x-Wert genau ein y-Wert zugeordnet wird.

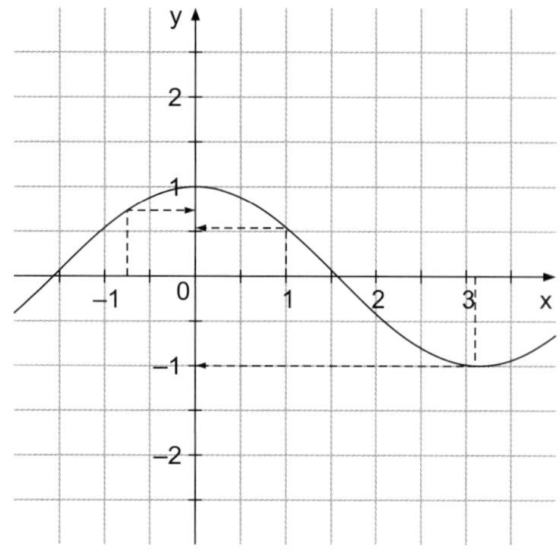

b) Es ist keine Funktion, weil es x-Werte gibt, denen zwei y-Werte zugeordnet werden.

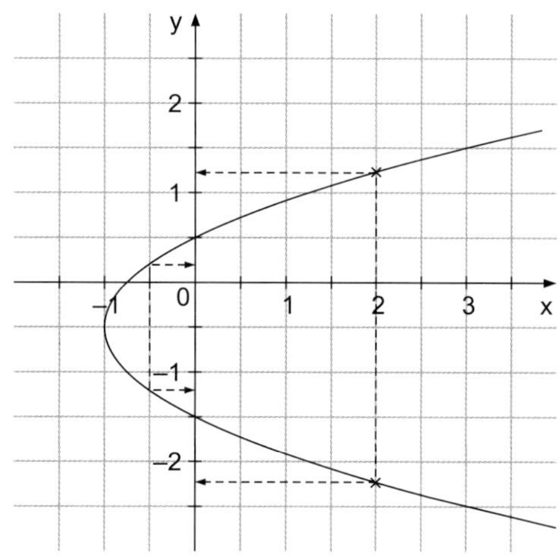

c) Es ist eine Funktion, weil jedem Alter genau eine Körpergröße zugeordnet wird.

d) Es ist eine Funktion, weil jedem Durchmesser eines Kreises nach der Funktionsgleichung genau ein Flächeninhalt zugeordnet wird.

$A(d) = \pi \cdot \left(\frac{d}{2}\right)^2$ (Kreisformel: $A = \pi \cdot r^2$)

76 $y = \frac{1}{2}x + 1$

x	–3	–2	–1	0	1	2	3	4
y	–0,5	0	0,5	1	1,5	2	2,5	3

$y = \frac{1}{2}x^2 - 2$

x	–3	–2	–1	0	1	2	3	4
y	2,5	0	–1,5	–2	–1,5	0	2,5	6

Die Graphen schneiden sich in den Punkten $S_1(-2\,|\,0)$ und $S_2(3\,|\,2,5)$.

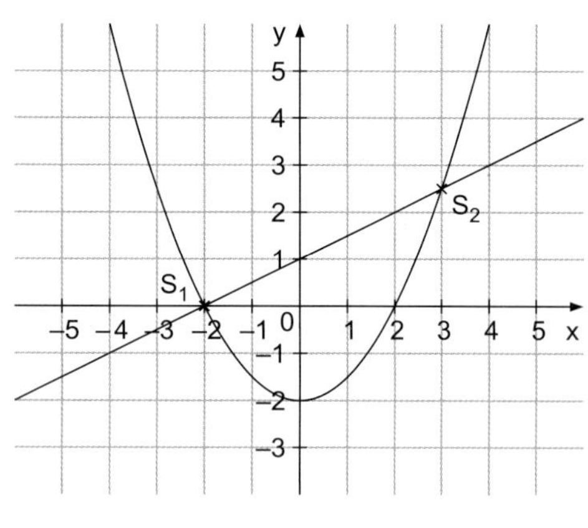

77 Zeichnerische Lösung (siehe nebenstehende Skizze):
Die Graphen scheiden sich im Punkt S(–1 | –1).

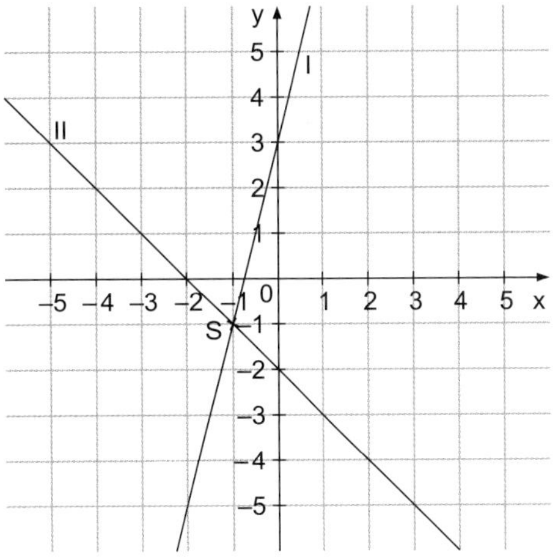

Rechnerische Lösung:

I $y = 4x + 3$

II $y = -x - 2$

Gleichsetzen I = II:

$4x + 3 = -x - 2 \quad | + x - 3$

$5x = -5 \quad | : 5$

$x = -1$

Einsetzen in I:

$y = 4 \cdot (-1) + 3$

$y = -1$

Schnittpunkt: S(–1 | –1)

---

78 a) 5

b) 4

c) 1

d) 6

e) 2

f) 3

---

79 a) $y = -\frac{1}{3}x + 2$, $\quad y = -\frac{1}{3}x - 1$, $\quad y = -\frac{1}{3}x$, …

Alle Funktionen mit der Steigung $m = -\frac{1}{3}$.

b) Funktionsgleichung:

$y = -\frac{1}{3}x + 6$

A(6 | 4) eingesetzt:	B(–24 | 13) eingesetzt:
$4 \overset{?}{=} -\frac{1}{3} \cdot 6 + 6$	$13 \overset{?}{=} -\frac{1}{3} \cdot (-24) + 6$
$4 = 4$	$13 \neq 14$
A liegt auf g.	B liegt nicht auf g.

c) Steigungsdreieck der Senkrechten:
1 LE nach rechts, 3 LE nach oben.

$m = \frac{3}{1} = 3$

Funktionsgleichung der Senkrechten:
$y = 3x + 6$

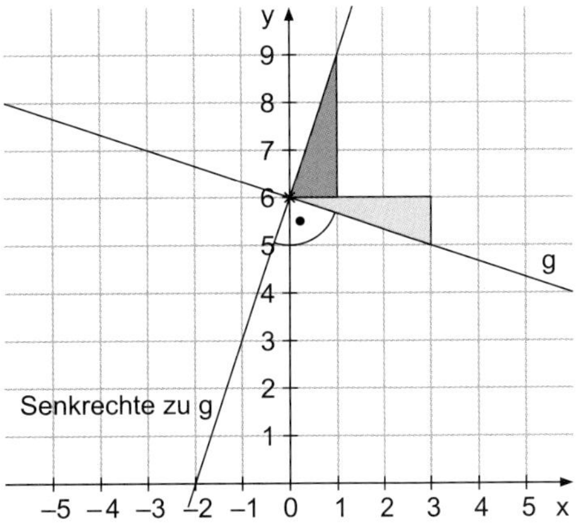

d) Eine zeichnerische Lösung durch Ablesen ist nicht möglich, da der Schnittpunkt mit der x-Achse außerhalb des eingezeichneten Bereichs liegt.

Rechnerische Lösung:

$$0 = -\frac{1}{3}x + 6 \quad |-6$$

$$-6 = -\frac{1}{3}x \quad |\cdot(-3)$$

$$x = 18$$

Bei x = 18 schneidet g die x-Achse.

e) P(−10 | ?)

$$y = -\frac{1}{3}\cdot(-10) + 6$$

$$y = \frac{10}{3} + 6$$

$$y = 9,\overline{3}$$

Q(? | 8)

$$8 = -\frac{1}{3}\cdot x + 6 \quad |-6$$

$$2 = -\frac{1}{3}x \quad |\cdot(-3)$$

$$x = -6$$

Die Punkte P(−10 | 9,33) und Q(−6 | 8) liegen auf g.

---

80 a) x entspricht „Anzahl der km"
y entspricht „Kosten"

Funktionsgleichung 1 (≤ 10 km): $y = 1{,}68x + 2{,}4$
Funktionsgleichung 2 (> 10 km): $y = 1{,}28x + 2{,}4$

b) $y = 1{,}68 \cdot 7 + 2{,}4$
$y = 14{,}16$
Die Fahrt kostet 14,16 €.

c) Reine Fahrtkosten nach Abzug des Trinkgelds:
23 € − 1,40 € = 21,60 €

Eine Fahrt von höchstens zehn Kilometer Länge kostet höchstens 1,68 € · 10 + 2,40 € = 19,20 €. Daher ist Funktionsgleichung 2 zu verwenden.

$$21{,}6 = 1{,}28x + 2{,}4 \quad |-2{,}4$$

$$19{,}2 = 1{,}28x \quad |:1{,}28$$

$$x = 15$$

Der Fahrstrecke war 15 km lang.

---

81 Probe: x = −5 und y = 4 in beide Gleichungen einsetzen.

I
$$\frac{4}{5}\cdot(-5) + \frac{1}{4}\cdot 4 \stackrel{?}{=} -3$$

$$-4 + 1 \stackrel{?}{=} -3$$

$$-3 = -3$$

II
$$-4 \stackrel{?}{=} -(-5) + 1$$

$$-4 \stackrel{?}{=} 5 + 1$$

$$-4 \neq 6$$

Die Lösung (−5 | 4) stimmt nicht.

82 a) Grafisches Lösungsverfahren oder Gleichsetzungsverfahren:

I = II:

$$-\frac{1}{2}x+1=\frac{3}{4}x-4 \quad \left|-\frac{3}{4}x\right.$$

$$-\frac{5}{4}x+1=-4 \quad |-1$$

$$-\frac{5}{4}x=-5 \quad \left|\cdot\left(-\frac{4}{5}\right)\right.$$

$$x=4$$

x = 4 in I:

$$y=-\frac{1}{2}\cdot 4+1$$

$$y=-1$$

$$L=\{(4|-1)\}$$

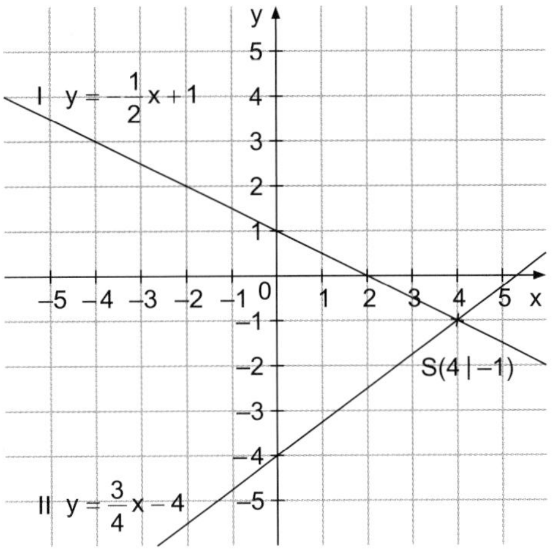

b) Additionsverfahren:

$$\text{I} \quad 6x-6y=108$$

$$\text{II} \quad 7x+2y=27 \quad |\cdot 3$$

$$\text{I} \quad 6x-6y=108$$

$$\text{II} \quad 21x+6y=81 \quad \} +$$

$$\text{I+II} \quad 27x=189 \quad |:27$$

$$x=7$$

x = 7 in II:

$$7\cdot 7+2y=27$$

$$49+2y=27 \quad |-49 \quad |:2$$

$$y=-11$$

Probe:

$$\text{I} \quad 6\cdot 7-6\cdot(-11)\overset{?}{=}108$$

$$42+66\overset{?}{=}108$$

$$108=108$$

$$\text{II} \quad 7\cdot 7+2\cdot(-11)\overset{?}{=}27$$

$$49-22\overset{?}{=}27$$

$$27=27$$

$$L=\{(7|-11)\}$$

c) Einsetzungsverfahren:

I nach y auflösen:

$$\text{I} \quad y=85-0,75x$$

I in II:

$$0,5x-0,6(85-0,75x)=44$$

$$0,5x-51+0,45x=44$$

$$-51+0,95x=44 \quad |+51$$

$$0,95x=95 \quad |:0,95$$

$$x=100$$

x = 100 in I:

$$0{,}75 \cdot 100 + y = 85$$
$$75 + y = 85 \quad |-75$$
$$y = 10$$

Probe:

I $0{,}75 \cdot 100 + 10 \overset{?}{=} 85$
$75 + 10 \overset{?}{=} 85$
$85 = 85$

II $0{,}5 \cdot 100 - 0{,}6 \cdot 10 \overset{?}{=} 44$
$50 - 6 \overset{?}{=} 44$
$44 = 44$

$L = \{(100 | 10)\}$

d) Additionsverfahren:

I $9x - 2y = -20 \quad |\cdot 2$

II $-2x - 9y = -5 \quad |\cdot 9$

Achtung: Reihenfolge bei II vertauscht.

I $18x - 4y = -40$
II $-18x - 81y = -45$ } +

I + II $-85y = -85 \quad |:(-85)$
$y = 1$

y = 1 in I:

$$9x - 2 \cdot 1 = -20 \quad |+2$$
$$9x = -18 \quad |:9$$
$$x = -2$$

Probe:

I $9 \cdot (-2) - 2 \cdot 1 \overset{?}{=} -20$
$-18 - 2 \overset{?}{=} -20$
$-20 = -20$

II $-9 \cdot 1 - 2 \cdot (-2) \overset{?}{=} -5$
$-9 + 4 \overset{?}{=} -5$
$-5 = -5$

$L = \{(-2 | 1)\}$

---

83 a) Preis für Erwachsene: x
Preis für Kinder: y

I $2x + 4y = 30{,}4$
II $3x + 2y = 28{,}8$

Additionsverfahren: II · (–2)

I $2x + 4y = 30{,}4$
II $-6x - 4y = -57{,}6$ } +

I + II $-4x = -27{,}2 \quad |:(-4)$
$x = 6{,}8$

x = 6,8 in I:

$$2 \cdot 6{,}8 + 4y = 30{,}4$$
$$13{,}6 + 4y = 30{,}4 \quad |-13{,}6$$
$$4y = 16{,}8$$
$$y = 4{,}2$$

Die Kinokarte für Erwachsene kostet 6,80 € und die für Kinder 4,20 €.

b) Anzahl der Karten für Erwachsene: x
Anzahl der Karten für Kinder: y

I $6{,}8 \cdot x + 4{,}2 \cdot y = 32$
II $x + y = 7$

Einsetzungsverfahren:
II $x = 7 - y$ in I

II in I:

$$6{,}8 \cdot (7 - y) + 4{,}2y = 32$$
$$47{,}6 - 6{,}8y + 4{,}2y = 32 \quad |-47{,}6$$
$$-2{,}6y = -15{,}6 \quad |:(-2{,}6)$$
$$y = 6$$

Es waren 6 Kinder dabei.

---

84 Erste Zahl: x
Zweite Zahl: y

a) I $x + y = -1$ (Lösung: $x = 3$; $y = -4$)
II $x - y = 7$

b) I $3x + y = 13$ (Lösung: $x = 7$; $y = -8$)
II $x - 2y = 23$

c) I $2x + 2 = y$ (Lösung: $x = 12$; $y = 26$)
II $\frac{x + y}{2} - 7 = x$

oder

II $\frac{1}{2}(x + y) = x + 7$

---

85 Anzahl der Hunde: x
Anzahl der Menschen: y

I $x + y = 65$ (Köpfe insgesamt)
II $4x + 2y = 178$ (Beine insgesamt)

Additionsverfahren: I $\cdot (-2)$

$$\left.\begin{array}{ll} \text{I} & -2x - 2y = -130 \\ \text{II} & 4x + 2y = 178 \end{array}\right\} +$$

$$\text{I} + \text{II} \quad 2x = 48 \quad |:2$$
$$x = 24$$

$x = 24$ in I:

$$24 + y = 65 \quad |-24$$
$$y = 41$$

Robert begegnete 24 Hunden und 41 Menschen.

---

86 Alter von Xaver: x
Alter von Yvonne: y

Xaver ist jetzt 7 Jahre älter als Yvonne: $y + 7 = x$ **oder** $x - 7 = y$

Vor sechs Jahren ($x - 6$; $y - 6$) war Xaver doppelt so alt wie Yvonne: $x - 6 = 2 \cdot (y - 6)$

Gleichungssystem c stimmt!

I $x = y + 7$
II $x - 6 = 2(y - 6)$

Einsetzungsverfahren:
I in II:
$y + 7 - 6 = 2(y - 6)$
$y + 1 = 2y - 12 \quad | -2y \quad | -1$
$-y = -13 \quad | :(-1)$
$y = 13$

$y = 13$ in I:
$x = 13 + 7$
$x = 20$
Xaver ist 20 Jahre alt, Yvonne ist 13.

---

87 Menge der 40 %igen Säure in $m\ell$: x
Menge der 15 %igen Säure in $m\ell$: y

$20\,\% = \frac{20}{100} = 0{,}2$

I $0{,}4 \cdot x + 0{,}15 \cdot y = 0{,}2 \cdot 100$ **oder** I $40 \cdot x + 15 \cdot y = 20 \cdot 100$
II $x + y = 100$ II $x + y = 100$

Einsetzungsverfahren:
II $x = 100 - y$

II in I:
$0{,}4 \cdot (100 - y) + 0{,}15y = 0{,}2 \cdot 100$
$40 - 0{,}4y + 0{,}15y = 20 \quad | -40$
$-0{,}25y = -20 \quad | :(-0{,}25)$
$y = 80$

$y = 80$ in II:
$x = 20$
Man mischt 20 $m\ell$ 40 %ige und 80 $m\ell$ 15 %ige Essigsäure und erhält 100 $m\ell$ 20 %ige Essigsäure.

---

88 **Rechnerische Lösung:**
I $3x - 2y = 10 \quad | \cdot 2$
II $-6x + 4y = -4$

Additionsverfahren:
I $6x - 4y = 20$
II $-6x + 4y = -4$ } +

I + II $0 = 16$ falsche Aussage
$L = \varnothing$

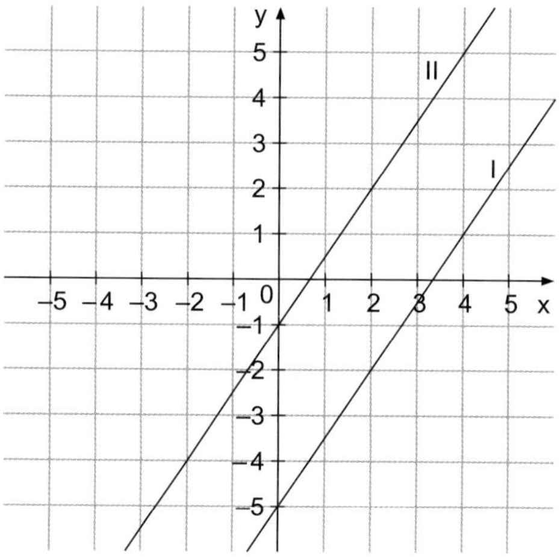

Grafische Lösung:
I und II werden umgestellt nach y:

I $y = \frac{3}{2}x - 5$

II $y = \frac{3}{2}x - 1$

3 Quadratische Funktionen und Gleichungen

89 a) S(–5 | 2)

b) $y = (x+5)^2 + 2$ Scheitelpunktform

$y = (x^2 + 10x + 25) + 2$

$y = x^2 + 10x + 27$ allgemeine Form

---

90 a) Wertetabelle:

x	–2	–1	0	1	2	3	4	5	6	7	8
y	–2,33	0,67	3	4,67	5,67	6	5,67	4,67	3	0,67	–2,33

Graph:

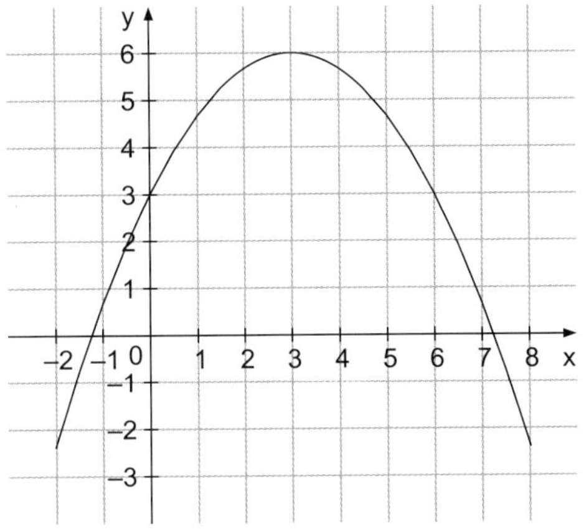

b) Überprüfung für P(4 | 5,8):

$5{,}8 \overset{?}{=} -\frac{1}{3} \cdot 4^2 + 2 \cdot 4 + 3$

$5{,}8 \overset{?}{=} -5{,}33 + 8 + 3$

$5{,}8 \neq 5{,}67$

P liegt nicht auf dem Graphen.

Überprüfung für Q(–9 | –42):

$-42 \overset{?}{=} -\frac{1}{3} \cdot (-9)^2 + 2 \cdot (-9) + 3$

$-42 \overset{?}{=} -27 - 18 + 3$

$-42 = -42$

Q liegt auf dem Graphen.

c) Die Koordinaten des Scheitelpunktes lauten: S(3 | 6)

---

91 a) Scheitelpunkt S(2 | –1)

$y = (x-2)^2 - 1$ Scheitelpunktform

$y = (x^2 - 4x + 4) - 1$

$y = x^2 - 4x + 3$ allgemeine Form

b) Scheitelpunkt S(–3 | 2), Streckfaktor ist –1, d. h. die Normalparabel wird an der x-Achse gespiegelt

$y = -1 \cdot (x+3)^2 + 2$ Scheitelpunktform

$y = -1(x^2 + 6x + 9) + 2$

$y = -x^2 - 6x - 9 + 2$

$y = -x^2 - 6x - 7$ allgemeine Form

92 a) Wertetabelle:

x	0	10	20	30	40	50	60	70	80	90	100	110
y	0	7,2	12,8	16,8	19,2	20	19,2	16,8	12,8	7,2	0	–8,8

Graph:

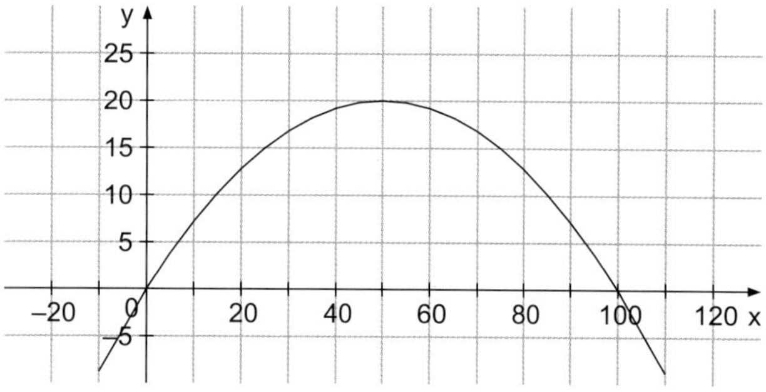

b) Der Ball fliegt 100 m weit.

c) Die größte Höhe ist 20 m.

d) Der höchste Punkt der Baumkrone hat die Koordinaten (17 | 11).
Gesucht ist die y-Koordinate für den Punkt (17 | ?) des Graphen.

$$y = -\frac{1}{125}x^2 + \frac{4}{5}x$$

$$y = -\frac{1}{125} \cdot 17^2 + \frac{4}{5} \cdot 17$$

$$y \approx 11{,}29$$

Der Ball fliegt im Abstand von etwa 29 cm über den Baum.

---

93 a) f_4 b) f_3 c) f_1 d) f_2 e) f_5

---

94 a)

$$2x^2 - 98 = 0 \quad | +98 \quad | :2$$
$$x^2 = 49$$
$$x = \pm\sqrt{49}$$
$$x_1 = 7 \qquad x_2 = -7$$

b)

$$3x^2 - \frac{108}{169} = 0 \quad \left| +\frac{108}{169} \right. \quad | :3$$
$$x^2 = \frac{36}{169}$$
$$x = \pm\sqrt{\frac{36}{169}}$$
$$x_1 = \frac{6}{13} \qquad x_2 = -\frac{6}{13}$$

c)

$$(x-2)^2 + 12x = -3x^2 + (x+4)^2$$
$$x^2 - 4x + 4 + 12x = -3x^2 + x^2 + 8x + 16 \quad | +2x^2 - 8x - 4$$
$$3x^2 = 12 \quad | :3$$
$$x^2 = 4$$
$$x = \pm\sqrt{4}$$
$$x_1 = 2 \qquad x_2 = -2$$

d) $5x^2+45=0 \quad |-45 \quad |:5$

$x^2=-9$

$x=\pm\sqrt{-9}$

Es gibt keine reelle Lösung.

---

95 a) $x^2-9=0$

b) $x^2-\frac{9}{16}=0$

---

96 a) $3x^2-16{,}5265=0$

$x^2=\frac{16{,}5265}{3}$

$x_1\approx 2{,}35 \qquad x_2\approx -2{,}35$

b) $2{,}5x^2-(8{,}75)^3=0$

$x^2=\frac{(8{,}75)^3}{2{,}5}$

$x_1\approx 16{,}37 \qquad x_2\approx -16{,}37$

---

97 a) $x^2-\frac{3}{4}x=0$

$x\left(x-\frac{3}{4}\right)=0$

$x_1=0 \qquad x_2=\frac{3}{4}$

$L=\left\{0; \frac{3}{4}\right\}$

b) $2x^2-5x=0 \quad |:2$

$x^2-2{,}5x=0$

$x(x-2{,}5)=0$

$x_1=0 \qquad x_2=2{,}5$

$L=\{0; 2{,}5\}$

c) $-3x^2+9x=0 \quad |:(-3)$

$x^2-3x=0$

$x(x-3)=0$

$x_1=0 \qquad x_2=3$

$L=\{0; 3\}$

---

98 a) $2x^2+6x-20=0 \quad |:2$

$x^2+3x-10=0$ Normalform $p=3 \quad q=-10$

$x_{1/2}=-\frac{3}{2}\pm\sqrt{\left(\frac{3}{2}\right)^2+10}$

$x_{1/2}=-1{,}5\pm\sqrt{2{,}25+10}$

$x_{1/2}=-1{,}5\pm 3{,}5$

$x_1=2 \qquad x_2=-5$

$L=\{-5; 2\}$

b) $x^2-2x-15=0$ Normalform $p=-2 \quad q=-15$

$x_{1/2}=-\frac{-2}{2}\pm\sqrt{\left(\frac{2}{2}\right)^2+15}$

$x_{1/2}=1\pm\sqrt{1+15}$

$x_{1/2}=1\pm 4$

$x_1=5 \qquad x_2=-3$

$L=\{-3; 5\}$

c) $\frac{1}{2}x^2+12{,}5x+50=0 \quad |\cdot 2$

$x^2+25x+100=0$ Normalform $p=25 \quad q=100$

$x_{1/2}=-\frac{25}{2}\pm\sqrt{\left(\frac{25}{2}\right)^2-100}$

$x_{1/2}=-12{,}5\pm\sqrt{156{,}25-100}$

$x_{1/2}=-12{,}5\pm 7{,}5$

$x_1=-5 \qquad x_2=-20$

$L=\{-20; -5\}$

d) $4x^2=12+8x \quad |-12-8x$ Sortieren

$4x^2-8x-12=0 \quad |:4$

$x^2-2x-3=0$ Normalform $p=-2 \quad q=-3$

$x_{1/2}=\frac{2}{2}\pm\sqrt{\left(\frac{2}{2}\right)^2+3}$

$x_{1/2}=1\pm 2$

$x_1=3 \qquad x_2=-1$

$L=\{-1; 3\}$

e)
$16x^2 + 25 = 40x$ | $-40x$ Sortieren

$16x^2 - 40x + 25 = 0$ | $:16$

$x^2 - 2{,}5x - 1{,}5625 = 0$ Normalform

$x_{1/2} = -\frac{-2{,}5}{2} \pm \sqrt{\left(\frac{2{,}5}{2}\right)^2 + 1{,}5625}$ $p = -2{,}5$, $q = -1{,}5625$

$x_{1/2} = 1{,}25 \pm \sqrt{1{,}5625 - 1{,}5625}$

$x_{1/2} = 1{,}25 \pm \sqrt{0}$

$x = 1{,}25$

$L = \{1{,}25\}$ nur eine Lösung

oder

mit Brüchen rechnen

$16x^2 - 40x + 25 = 0$ | $:16$

$x^2 - \frac{5}{2}x + \frac{25}{16} = 0$

$x_{1/2} = \frac{5}{4} \pm \sqrt{\left(\frac{5}{4}\right)^2 - \frac{25}{16}}$

$x_{1/2} = \frac{5}{4} \pm \sqrt{\frac{25}{16} - \frac{25}{16}}$

$x = \frac{5}{4}$

$L = \left\{\frac{5}{4}\right\}$

f)
$-6x^2 - 9x + 6 = 0$ | $:(-6)$

$x^2 + \frac{3}{2}x - 1 = 0$ Normalform $p = \frac{3}{2}$ $q = -1$

$x_{1/2} = -\frac{3}{4} \pm \sqrt{\left(\frac{3}{4}\right)^2 + 1}$

$x_{1/2} = -\frac{3}{4} \pm \sqrt{\left(\frac{9}{16}\right) + \frac{16}{16}}$

$x_{1/2} = -\frac{3}{4} \pm \sqrt{\frac{25}{16}}$

$x_{1/2} = -\frac{3}{4} \pm \frac{5}{4}$

$x_1 = \frac{1}{2}$ $x_2 = -2$

$L = \left\{-2; \frac{1}{2}\right\}$

---

99 Nullstellen sind die x-Koordinaten der Schnittpunkte der Parabel mit der x-Achse. Da für jeden Schnittpunkt mit der x-Achse die y-Koordinate 0 wird, setzt man $y = 0$.

a) $x^2 - 3x - 4 = 0$ | p-q-Formel

$x_{1/2} = \frac{3}{2} \pm \sqrt{\left(\frac{-3}{2}\right)^2 + 4}$

$x_{1/2} = 1{,}5 \pm \sqrt{1{,}5^2 + 4}$

$x_{1/2} = 1{,}5 \pm \sqrt{6{,}25}$

$x_{1/2} = 1{,}5 \pm 2{,}5$

$x_1 = 4$ $x_2 = -1$

Der Graph der Parabel schneidet die x-Achse an den Stellen –1 und 4.

b) $\frac{1}{2}x^2 - 8x + 7{,}5 = 0$ | $\cdot 2$

$x^2 - 16x + 15 = 0$ | Normalform

$x_{1/2} = \frac{16}{2} \pm \sqrt{\left(\frac{-16}{2}\right)^2 - 15}$

$x_{1/2} = 8 \pm \sqrt{8^2 - 15}$

$x_{1/2} = 8 \pm \sqrt{49}$

$x_{1/2} = 8 \pm 7$

$x_1 = 15$ $x_2 = 1$

Der Graph der Parabel schneidet die x-Achse an den Stellen 1 und 15.

100 a) Skizze:

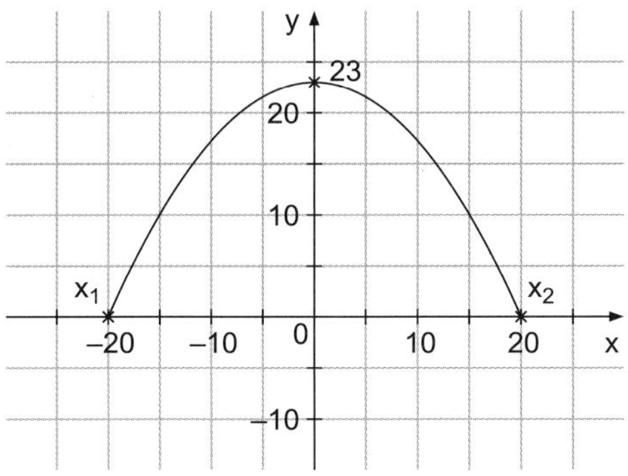

b) Gesucht werden die Nullstellen der Parabel.

$-0{,}0575x^2 + 23 = 0 \quad | -23$ (reinquadratische Gleichung)

$-0{,}0575x^2 = -23 \quad | : (-0{,}0575)$

$x^2 = 400 \quad | \sqrt{}$

$x_1 = -20 \quad x_2 = 20$

Die Kuppel hat einen unteren Durchmesser von 40 m.

101

	Länge in m	Breite in m	Flächeninhalt in m^2
Altes Rechteck	$\ell = b + 20$	b	$A_{alt} = b \cdot (b+20)$
Neues Rechteck	$\ell - 5 = b + 15$	2b	$A_{neu} = 2b \cdot (b+15)$

$A_{neu} = A_{alt} + 936$

$2b \cdot (b+15) = b \cdot (b+20) + 936$

$2b^2 + 30b = b^2 + 20b + 936 \quad | -b^2 - 20b - 936$

$b^2 + 10b - 936 = 0$

$(p = 10; \quad q = -936)$

$$b_{1/2} = -\frac{10}{2} \pm \sqrt{\left(\frac{10}{2}\right)^2 + 936}$$

$b_{1/2} = -5 \pm \sqrt{5^2 + 936}$

$b_{1/2} = -5 \pm \sqrt{961}$

$b_{1/2} = -5 \pm 31$

$b_1 = 26 \quad b_2 = -36$

b_2 scheidet als Lösung aus, da die Länge nicht negativ sein kann.

	Länge in m	Breite in m	Flächeninhalt in m^2
Altes Rechteck	46	26	1 196
Neues Rechteck	41	52	2 132

---

102 a) $x^2 - 4x + 3 = 0$, d. h. $p = -4; \; q = 3$

$x_1 = 1; \; x_2 = 3 \;\Rightarrow\; x_1 + x_2 = 1 + 3 = 4 = -(-4) = -p$

$x_1 \cdot x_2 = 1 \cdot 3 = 3 = q$

Nach dem Satz von Vieta sind $x_1 = 1$ und $x_2 = 3$ tatsächlich Lösungen der Gleichung.

b) $4x^2 - 16x - 20 = 0 \quad |:4$
$x^2 - 4x - 5 = 0$
d. h. $p = -4; \; q = -5$
$x_1 = -1; \; x_2 = 5 \Rightarrow \; x_1 + x_2 = -1 + 5 = 4 = -(-4) = -p$
$x_1 \cdot x_2 = (-1) \cdot 5 = -5 = q$
Somit sind sind $x_1 = -1$ und $x_2 = 5$ tatsächlich Lösungen der Gleichung.

---

103 a) $x^2 - 7x + 6 = 0$
Nach dem Satz von Vieta gilt für die Lösungen x_1, x_2:
$x_1 + x_2 = -(-7) = 7; \quad x_1 \cdot x_2 = 6$
Mögliche Werte für x_1 und x_2 sind die Teiler von 6, also $\pm 1, \pm 2, \pm 3, \pm 6$.
Wegen $1 + 6 = 7$ und $1 \cdot 6 = 6$ liefern $x_1 = 1$ und $x_2 = 6$ die Lösungen der Gleichung.

b) $x^2 + 9x + 20 = 0$
Satz von Vieta: $x_1 + x_2 = -9; \quad x_1 \cdot x_2 = 20$
Mögliche Werte für x_1 und x_2: $\pm 1, \pm 2, \pm 4, \pm 5, \pm 10, \pm 20$
Mit $x_1 = -4$ und $x_2 = -5$ gelten $x_1 + x_2 = -9$ und $x_1 \cdot x_2 = 20$;
Somit sind $x_1 = -4$ und $x_2 = -5$ Lösungen der Gleichung.

c) $x^2 + 8x - 20 = 0$
Satz von Vieta: $x_1 + x_2 = -8; \quad x_1 \cdot x_2 = -20$
Mögliche Werte für x_1 und x_2: $\pm 1, \pm 2, \pm 4, \pm 5, \pm 10, \pm 20$
Mit $x_1 = -10$ und $x_2 = 2$ gelten $x_1 + x_2 = -8$ und $x_1 \cdot x_2 = -20$;
Somit sind $x_1 = -10$ und $x_2 = 2$ Lösungen der Gleichung.

d) $x^2 - x - 6 = 0$
Satz von Vieta: $x_1 + x_2 = 1; \quad x_1 \cdot x_2 = -6$
Mögliche Werte für x_1 und x_2: $\pm 1, \pm 2, \pm 3, \pm 6$
Mit $x_1 = 3$ und $x_2 = -2$ gelten $x_1 + x_2 = 1$ und $x_1 \cdot x_2 = -6$;
Somit sind $x_1 = 3$ und $x_2 = -2$ Lösungen der Gleichung.

---

104 a) $-p = x_1 + x_2 \qquad q = x_1 \cdot x_2$
$-p = 2 - 6 = -4 \qquad q = 2 \cdot (-6)$
$p = 4 \qquad q = -12$
Gleichung: $x^2 + 4x - 12 = 0$

b) $-p = -4 + 7{,}5 = 3{,}5 \qquad q = (-4) \cdot 7{,}5$
$p = -3{,}5 \qquad q = -30$
Gleichung: $x^2 - 3{,}5x - 30 = 0$

4 Ähnlichkeit und Strahlensätze

105 Da die Strecken in unterschiedlichen Einheiten angegeben sind, muss zunächst umgerechnet werden:
6 km = 600 000 cm
Nun kann mithilfe der gegebenen Größen der Maßstab berechnet werden:

$1 : x = 3 : 600\,000$ **oder** $\text{Bild} : \text{Original} = 3 : 600\,000$

$\frac{1}{x} = \frac{3}{600\,000} \quad | \cdot x \quad | \cdot 600\,000$

$3x = 600\,000 \quad |:3$

$x = 200\,000$

$= \frac{3}{600\,000}$ | kürzen, sodass der Zähler 1 wird

$= \frac{1}{200\,000}$

$= 1 : 200\,000$

Die Karte hat den Maßstab 1 : 200 000.

---

106 a) Original: 5 km = 5 000 m = 500 000 cm
Bild: 5 cm

Berechnung des Maßstabes:

$1 : x = 5 : 500\,000$ **oder** $\text{Bild} : \text{Original} = 5 : 500\,000$

$\frac{1}{x} = \frac{5}{500\,000} \quad | \cdot x \quad | \cdot 500\,000$

$500\,000 = 5x \quad |:5$

$x = 100\,000$

$= \frac{5}{500\,000}$ | kürzen, sodass der Zähler 1 wird

$= \frac{1}{100\,000}$

$= 1 : 100\,000$

Maßstab: 1 : 100 000
Buchstabe **A**

b) Original: 200 m = 20 000 cm
Bild: 4 cm

Berechnung des Maßstabes:

$1 : x = 4 : 20\,000$ **oder** $\text{Bild} : \text{Original} = 4 : 20\,000$

$\frac{1}{x} = \frac{4}{20\,000} \quad | \cdot x \quad | \cdot 20\,000$

$20\,000 = 4x \quad |:4$

$x = 5\,000$

$= \frac{4}{20\,000}$ | kürzen, sodass der Zähler 1 wird

$= \frac{1}{5\,000}$

$= 1 : 5\,000$

Maßstab: 1 : 5 000
Buchstabe **C**

c) Original: 25 m = 2 500 cm
Bild: 5 cm

Berechnung des Maßstabes:

$1 : x = 5 : 2\,500$ **oder** $\text{Bild} : \text{Original} = 5 : 2\,500$

$\frac{1}{x} = \frac{5}{2\,500} \quad | \cdot x \quad | \cdot 2\,500$

$2\,500 = 5x \quad |:5$

$x = 500$

$= \frac{5}{2\,500}$ | kürzen, sodass der Zähler 1 wird

$= \frac{1}{500}$

$= 1 : 500$

Maßstab: 1 : 500
Buchstabe **F**

d) Original: 9 m = 900 cm
Bild: 45 mm = 4,5 cm

Berechnung des Maßstabes:

$1 : x = 4,5 : 900$

$\frac{1}{x} = \frac{4,5}{900} \quad | \cdot x \quad | \cdot 900$

$900 = 4,5x \quad | : 4,5$

$x = 200$

Maßstab: 1 : 200
Buchstabe **G**

oder

$\text{Bild} : \text{Original} = 4,5 : 900$

$= \frac{4,5}{900} \quad$ | kürzen, sodass der Zähler 1 wird

$= \frac{1}{200}$

$= 1 : 200$

---

107 a) Berechnung des Streckungsfaktors k aus dem gegebenen Maßstab 1 : 25

$k = 1 : 25 = \frac{1}{25} = 0,04$

Berechnung der Gesamthöhe des Brandenburger Tors (mit Quadriga):
$21 + 5 = 26$

Berechnung der Modellgrößen:
Höhe des Modells: $26 \cdot k = 26 \cdot 0,04 = 1,04$
Breite des Modells: $65,5 \cdot k = 65,5 \cdot 0,04 = 2,62$
Tiefe des Modells: $11 \cdot k = 11 \cdot 0,04 = 0,44$

Das Modell ist 1,04 m hoch, 2,62 m breit und 0,44 m tief. Für den Schultisch und die Glasvitrine ist es damit zu groß. Das Modell könnte also in der Aula aufgestellt werden.

oder

Berechnung über den Maßstab:
1 : 25 bedeutet: 1 m im Modell ≙ 25 m in Wirklichkeit

Berechnung der Höhe des Modells:
$1 : 25 = x : 26$

$\frac{1}{25} = \frac{x}{26} \quad | \cdot 26$

$\frac{26}{25} = x$

$x = 1,04$

Berechnung der Breite des Modells:
$1 : 25 = x : 65,5$

$\frac{1}{25} = \frac{x}{65,5} \quad | \cdot 65,5$

$\frac{65,5}{25} = x$

$x = 2,62$

Berechnung der Tiefe des Modells:
$1 : 25 = x : 11$

$\frac{1}{25} = \frac{x}{11} \quad | \cdot 11$

$\frac{11}{25} = x$

$x = 0,44$

Das Modell ist 1,04 m hoch, 2,62 m breit und 0,44 m tief. Für den Schultisch und die Glasvitrine ist es damit zu groß. Das Modell könnte also in der Aula aufgestellt werden.

b) Gesamthöhe des Tores: 26 m = 2 600 cm
20 cm im Modell ≙ 2 600 cm in Wirklichkeit
1 cm im Modell ≙ x cm in Wirklichkeit
$1 : x = 20 : 2\,600$

$\frac{1}{x} = \frac{20}{2\,600} \quad | \cdot x \quad | \cdot 2\,600$

$2\,600 = 20x \quad |:20$

$x = 130$

Es muss der Maßstab 1 : 130 gewählt werden.

---

108 Berechnung des Streckungsfaktors k:

$k = 2:5 = \frac{2}{5} = 0,4$

Berechnung der Abstände der Bildpunkte A', B', C' und D' zum Zentrum Z:

$\overline{ZA'} = \overline{ZA} \cdot k = 9 \cdot 0,4 = 3,6$

$\overline{ZB'} = \overline{ZB} \cdot k = 11 \cdot 0,4 = 4,4$

$\overline{ZC'} = \overline{ZC} \cdot k = 8 \cdot 0,4 = 3,2$

$\overline{ZD'} = \overline{ZD} \cdot k = 5 \cdot 0,4 = 2,0$

Die Bildpunkte A', B', C' und D' werden miteinander verbunden.

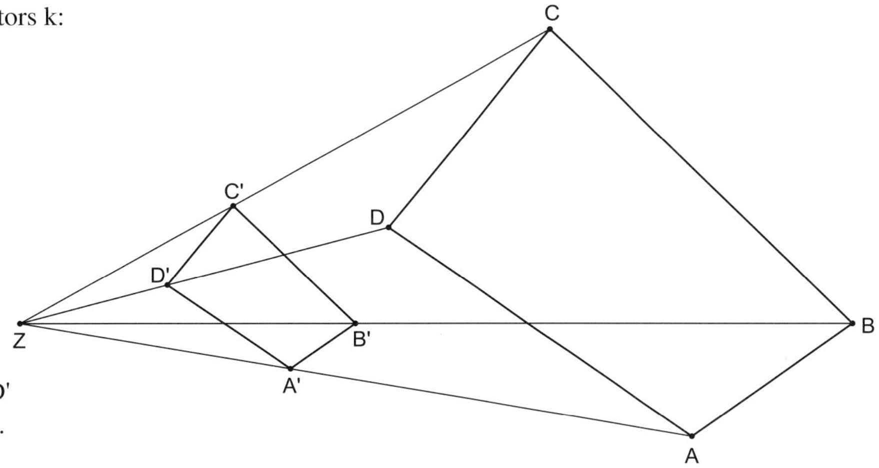

---

109 a)

	wahr	falsch
1. Es wird mit dem Maßstab 200 : 1 vergrößert.	☐	☒
2. Eine Seite des vergrößerten Fotos ist 30 cm lang.	☒	☐
3. Die Fläche des vergrößerten Fotos ist viermal so groß wie vorher.	☒	☐
4. Das vergrößerte Foto passt in einen Bilderrahmen, der die Maße 180 mm × 300 mm hat.	☐	☒

b) 1. Die Seitenlängen sind von 100 % auf 200 % vergrößert worden. Das bedeutet, dass sie verdoppelt worden sind, also ist der Maßstab 200 : 100 oder 2 : 1 und nicht 200 : 1.
Die Aussage ist falsch.

oder

Vergrößerung um 200 % bedeutet: $\frac{200}{100} = \frac{2}{1} = 2:1$
Die Aussage ist falsch.

oder

Berechnung des Streckungsfaktors k aus dem Maßstab 200 : 1
$k = 200:1 = \frac{200}{1} = 200$
Wäre der Maßstab 200 : 1 richtig, wäre das Foto nach der Vergrößerung 200-mal so groß. Das wäre eine Vergrößerung von 20 000 %.
Die Aussage ist falsch.

2. Die Seitenlängen werden von 100 % auf 200 % vergrößert, also verdoppelt. Eine Seite des Fotos ist vorher 15 cm lang und nach der Vergrößerung (Verdopplung) 30 cm lang.
Die Aussage ist wahr.

3. Flächeninhalt des Fotos vor der Vergrößerung:
   $A = 10 \cdot 15$ (Rechteck)
   $A = 150$
   Die Seitenlängen werden von 100 % auf 200 % vergrößert, also verdoppelt.
   Flächeninhalt des Fotos nach der Vergrößerung:
   $A' = 20 \cdot 30$
   $A' = 600$
   Es gilt: $4 \cdot 150 = 600$
   Die Aussage ist wahr.

   oder

   Wird eine Fläche mit dem Faktor k vergrößert, ändert sich ihr Flächeninhalt um den Faktor k^2. Die Seitenlängen werden von 100 % auf 200 % vergrößert, also verdoppelt. Damit ist $k = 2$.
   Flächeninhalt des Fotos nach der Vergrößerung:
   $A' = k^2 \cdot A$
   $A' = 2^2 \cdot A$
   $A' = 4 \cdot A$
   Die Aussage ist wahr.

4. Die Seitenlängen werden von 100 % auf 200 % vergrößert, also verdoppelt. Die Maße des Bildes sind im Original 10 cm × 15 cm und nach der Vergrößerung doppelt so lang, also 20 cm × 30 cm. Der Rahmen hat die Maße 18 cm × 30 cm. Das vergrößerte Foto passt nicht in den Bilderrahmen, da eine Seite des Bilderrahmens 2 cm zu kurz ist.
   Die Aussage ist falsch.

---

110 Da g und f parallel sind, gilt nach dem 1. Strahlensatz:

$$\frac{6,4}{2,7} \stackrel{?}{=} \frac{8,2}{12-8,2}$$

$2,37037 \neq 2,15789$

Die angegebenen Maße können nicht stimmen.

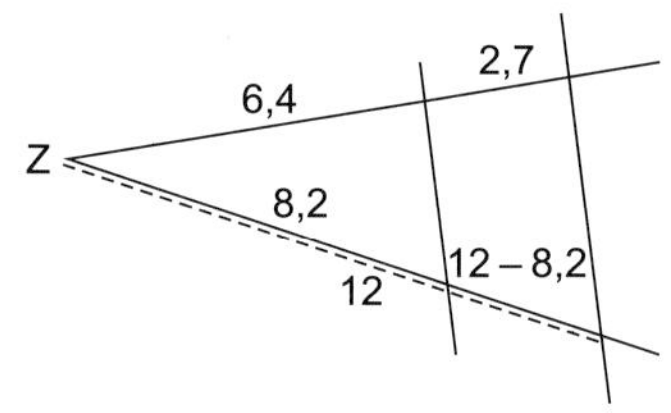

---

111 a) Nach dem 1. Strahlensatz gilt:

$$\frac{35}{x} = \frac{20}{56} \quad \Big| \cdot x \;\; \Big| \cdot 56$$

$35 \cdot 56 = 20x$

$20x = 1\,960 \quad |:20$

$x = 98$

Der abgebildete See ist 98 m lang.

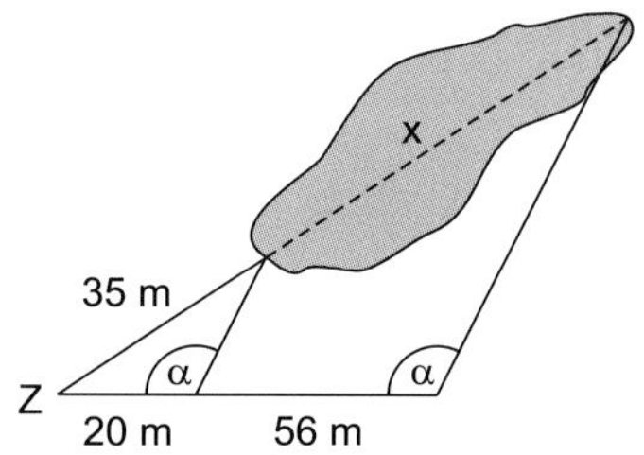

b) Nach dem 2. Strahlensatz gilt:

$$\frac{x}{x+30} = \frac{84}{120} \quad \Big| \cdot (x+30) \;\; \Big| \cdot 120$$

$120x = 84(x+30)$

$120x = 84x + 2\,520 \quad | -84x$

$36x = 2\,520 \quad |:36$

$x = 70$

Der abgebildete Fluss ist 70 m breit.

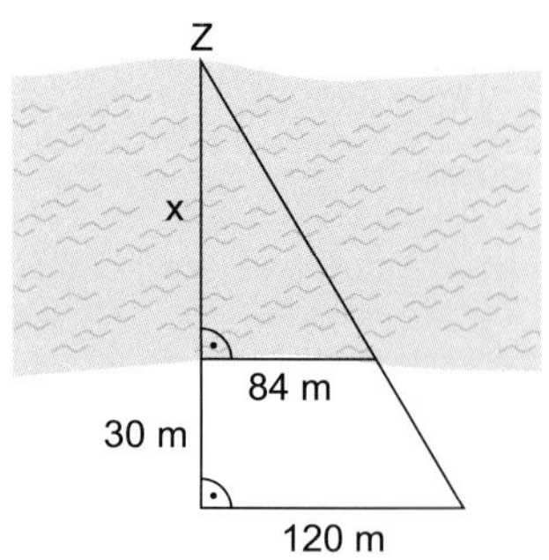

112 Berechnung von x mithilfe des 2. Strahlensatzes (mit dem Scheitelpunkt C):

$$\frac{18-x}{18}=\frac{x}{12} \quad \left|\begin{array}{l}\cdot 18\\ \cdot 12\end{array}\right.$$

$$12\cdot(18-x)=18x$$

$$216-12x=18x \quad |+12x$$

$$216=30x \quad |:30$$

$$x=7,2$$

Die Strecke x ist 7,2 cm lang.

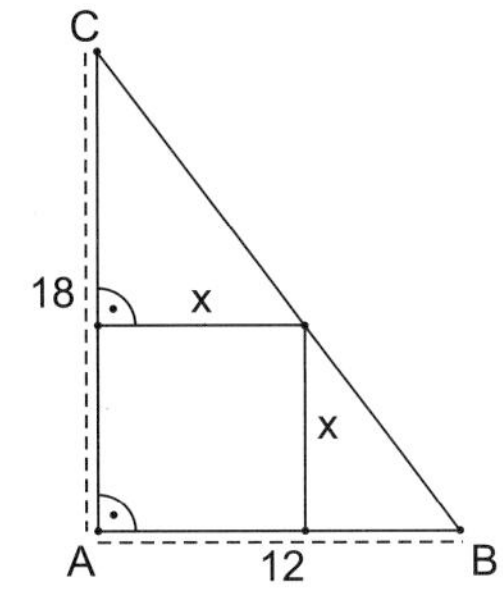

---

113 a) Lösung durch Überlegung:
Da der Glasboden auf halber Höhe der Dachschräge eingesetzt wird, muss auch die Länge des Glasbodens halb so lang wie die Grundseite sein, also 0,8 m : 2 = 0,4 m = 40 cm.
Der richtige Buchstabe lautet also: **C**

oder:

Lösung durch Rechnung:
Nach dem 2. Strahlensatz gilt:

$$\frac{x}{0,8}=\frac{0,7}{1,4} \quad |\cdot 0,8$$

$$x=\frac{0,8\cdot 0,7}{1,4}$$

$$x=0,4$$

Tim muss einen Glasboden mit 40 cm Länge kaufen.
Der richtige Buchstabe lautet also: **C**

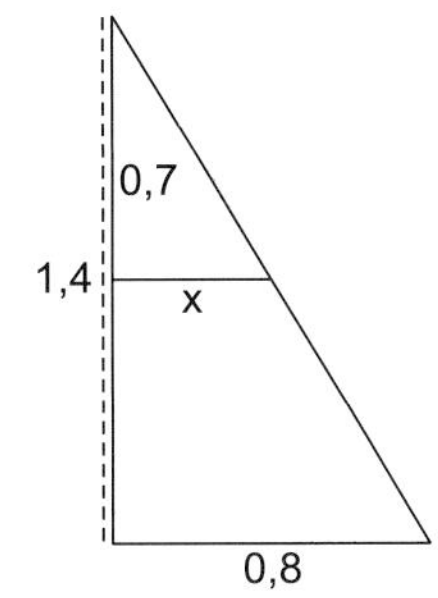

b) 50 cm = 0,5 m
Nach dem 2. Strahlensatz gilt:

$$\frac{x}{1,4}=\frac{0,5}{0,8} \quad |\cdot 1,4$$

$$x=\frac{1,4\cdot 0,5}{0,8}$$

$$x=0,875$$

Der Glasboden wird 87,5 cm unter der Regalspitze angebracht.
Vom Boden aus gesehen ist das in einer Höhe von 52,5 cm.

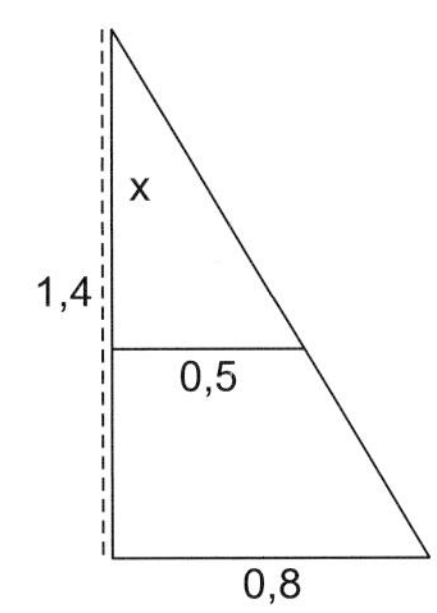

---

114 Alle Einheiten in m:
5 cm = 0,05 m; 60 cm = 0,6 m

Nach dem 2. Strahlensatz gilt:

$$\frac{x}{0,6}=\frac{69}{0,05} \quad |\cdot 0,6$$

$$x=\frac{0,6\cdot 69}{0,05}$$

$$x=828$$

Ismail steht 828 m von der Siegessäule entfernt.

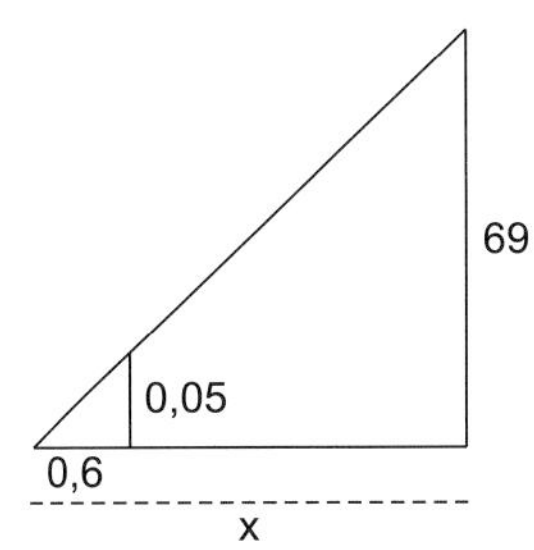

5 Der Satz des Pythagoras

115 a) $7{,}5^2 \stackrel{?}{=} 6^2 + 4{,}5^2$

$56{,}25 \stackrel{?}{=} 36 + 20{,}25$

$56{,}25 = 56{,}25$

Die gegebenen Maße stimmen.

b) Weil das Dreieck gleichseitig ist, sind alle Seiten 17 cm lang. Die Höhe halbiert die Seite, auf der sie senkrecht steht.

$17^2 \stackrel{?}{=} \left(\frac{17}{2}\right)^2 + 15^2$

$17^2 \stackrel{?}{=} 8{,}5^2 + 15^2$

$289 \stackrel{?}{=} 72{,}25 + 225$

$289 \neq 297{,}25$

Die gegebenen Maße stimmen nicht.

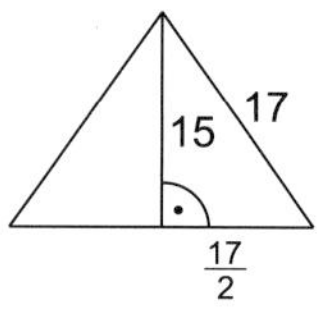

c) In einer Raute halbieren sich die Diagonalen gegenseitig und stehen senkrecht aufeinander.

$25^2 \stackrel{?}{=} \left(\frac{14}{2}\right)^2 + \left(\frac{48}{2}\right)^2$

$25^2 \stackrel{?}{=} 7^2 + 24^2$

$625 \stackrel{?}{=} 49 + 576$

$625 = 625$

Die gegebenen Maße stimmen.

d) $h^2 + \left(\frac{a}{2}\right)^2 = h_a^2$

$15^2 + 8^2 \stackrel{?}{=} 17^2$

$225 + 64 \stackrel{?}{=} 289$

$289 = 289$

Die gegebenen Maße stimmen.

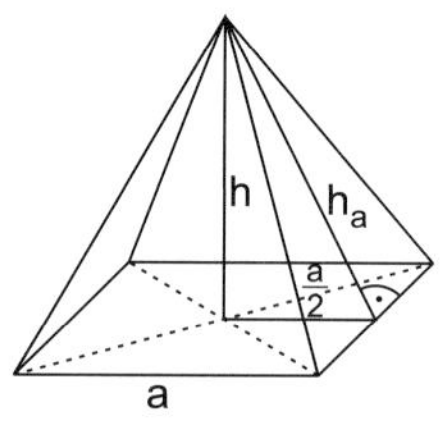

116 Berechnung der Höhe des Bildschirms, also der Länge der zweiten Kathete:

$94^2 = x^2 + 78{,}9^2 \quad |-78{,}9^2$

$x^2 = 94^2 - 78{,}9^2$

$x^2 = 8\,836 - 6\,225{,}21$

$x^2 = 2\,610{,}79 \quad |\sqrt{\ }$

$x \approx 51{,}1$

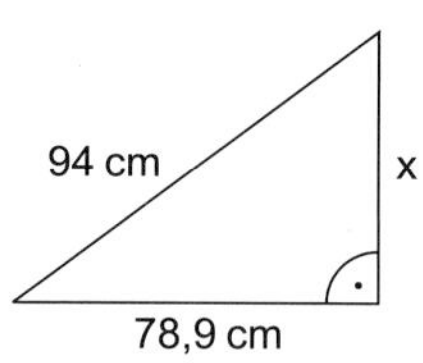

Berechnung der Bildschirmfläche:

$A = a \cdot b$

$A = 78{,}9 \cdot 51{,}1$

$A = 4\,031{,}79$

Die Bildschirmfläche beträgt 4 031,79 cm^2 bzw. 40,32 dm^2.

117 Berechnung der Diagonale des Fensters:

$x^2 = 0{,}8^2 + 1{,}2^2$

$x^2 = 0{,}64 + 1{,}44$

$x^2 = 2{,}08 \qquad |\sqrt{}$

$x \approx 1{,}4422$

Das Fenster hat eine Diagonale von etwa 1,44 m. Mark kann das Ölbild mit den Maßen 1,40 m × 1,60 m diagonal durch das Fenster reichen. Es bleiben ihm ungefähr 4 cm Spielraum.

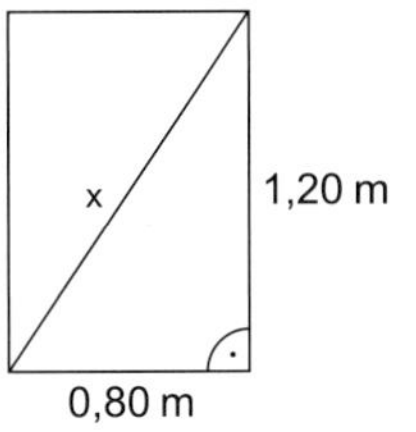

---

118 Berechnung der Flächendiagonale (f):
Die Entfernung des Elfmeterschützen vom ebenerdigen Torpfosten entspricht der Länge der Flächendiagonale f.

$f^2 = \left(\frac{7{,}32}{2}\right)^2 + 11^2$

$f^2 = 3{,}66^2 + 11^2$

$f^2 = 13{,}3956 + 121$

$f^2 = 134{,}3956 \qquad |\sqrt{}$

$f \approx 11{,}59$

Die Entfernung des Elfmeterschützen zum Eckpfosten beträgt ca. 11,59 m.

Berechnung der Raumdiagonale (r):
Die Länge der Flugbahn des Balles entspricht der Länge der Raumdiagonale r.

$r^2 = 1{,}6^2 + f^2$

$r^2 = 1{,}6^2 + 11{,}59^2$

$r^2 \approx 2{,}56 + 134{,}33$

$r^2 = 136{,}89 \qquad |\sqrt{}$

$r \approx 11{,}7$

Bei diesem Schuss fliegt der Ball 11,7 m weit.

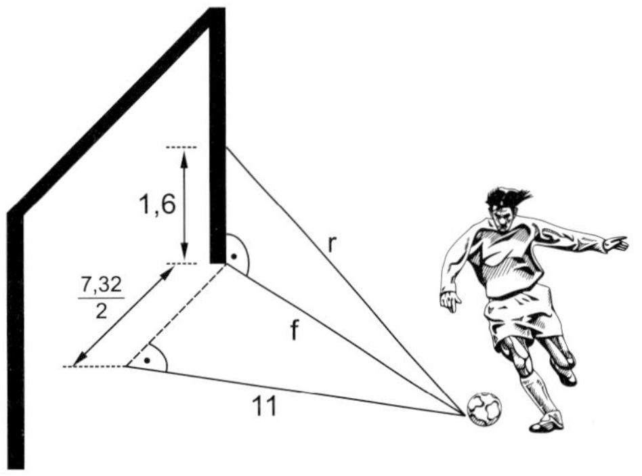

6 Trigonometrie

119 a) $\sin\alpha = 0{,}67$

$\alpha = \sin^{-1}(0{,}67)$

$\alpha \approx 42{,}07°$

b) $\cos\beta = 0{,}99$

$\beta = \cos^{-1}(0{,}99)$

$\beta \approx 8{,}11°$

c) $\tan\delta = 5{,}5$

$\delta = \tan^{-1}(5{,}5)$

$\delta \approx 79{,}70°$

---

120 a) Sowohl der Sinus- als auch der Kosinuswert eines Winkels ist der Quotient aus einer Kathete und der Hypotenuse. Da die Hypotenuse immer die längste Seite in einem rechtwinkligen Dreieck ist, teilt man immer eine Zahl durch eine größere Zahl und somit ergibt sich immer ein Wert zwischen 0 und 1.

b) In einem rechtwinkligen Dreieck mit einem 45°-Winkel muss auch die Größe des anderen nicht rechten Winkels 45° betragen (Winkelsumme: $180° - 90° - 45° = 45°$). Es handelt sich hier also um ein gleichschenkliges Dreieck, in dem die Katheten die gleiche Länge haben, d. h. der Quotient aus Gegenkathete und Ankathete ($= \tan\alpha$) ergibt immer 1.

---

121 a) Berechnung von x:

$$\cos 55° = \frac{18}{x} \quad |\cdot x$$

$$\cos 55° \cdot x = 18 \quad |:\cos 55°$$

$$x = \frac{18}{\cos 55°}$$

$$x \approx 31{,}38$$

Berechnung von y:

$$\tan 55° = \frac{y}{18} \quad |\cdot 18$$

$$\tan 55° \cdot 18 = y$$

$$y \approx 25{,}71$$

Ergebnis: x = 31,38 cm; y = 25,71 cm

b) Teildreieck:

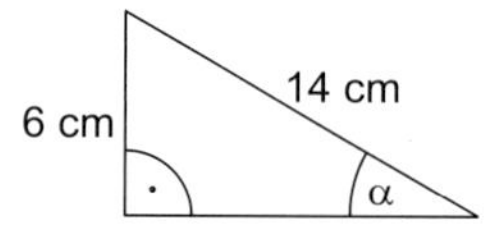

$$\sin\alpha = \frac{6}{14}$$

$$\alpha \approx 25{,}38°$$

Ganzes Dreieck:

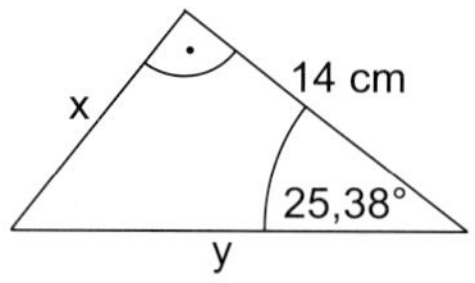

Berechnung von x:

$$\tan 25{,}38° = \frac{x}{14} \quad |\cdot 14$$

$$\tan 25{,}38° \cdot 14 = x$$

$$x \approx 6{,}64$$

Berechnung von y:

$$\cos 25{,}38° = \frac{14}{y} \quad |\cdot y$$

$$\cos 25{,}38° \cdot y = 14 \quad |:\cos 25{,}38°$$

$$y = \frac{14}{\cos 25{,}38°}$$

$$y \approx 15{,}5$$

Ergebnis: x = 6,64 cm; y = 15,5 cm; $\alpha = 25{,}38°$

c) Achtung: Das Dreieck ist nicht rechtwinklig, denn $\gamma = 180° - 40° - 40° = 100°$!
Da $\alpha = \beta = 40°$ handelt es sich um ein gleichschenkliges Dreieck, d. h. a = b.
Die Höhe h_c halbiert die Seite c und zerlegt das Dreieck in zwei rechtwinklige Teildreiecke.

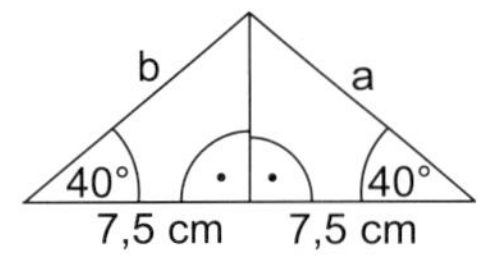

$$\cos 40° = \frac{7{,}5}{a} \qquad |\cdot a$$
$$\cos 40° \cdot a = 7{,}5 \qquad |:\cos 40°$$
$$a = \frac{7{,}5}{\cos 40°}$$
$$a \approx 9{,}79$$

Ergebnis: a = 9,79 cm; b = 9,79 cm

d) Die Figur ist eine Raute. Die Diagonalen halbieren sich gegenseitig und die Winkel α und β.
Teildreieck:
Berechnung von a mit dem Satz von Pythagoras:

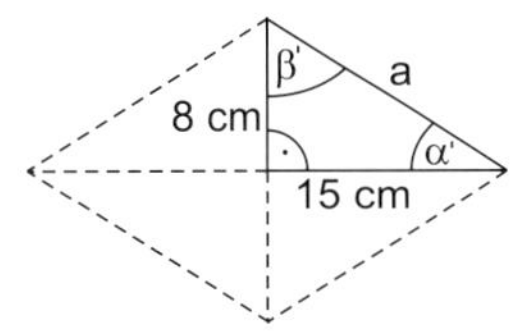

$$a^2 = 15^2 + 8^2$$
$$a^2 = 289 \qquad |\sqrt{}$$
$$a = 17$$

Berechnung von α:

$$\tan \alpha' = \frac{8}{15}$$
$$\alpha' \approx 28{,}07° \quad \Rightarrow \quad \alpha = 56{,}14°$$

Berechnung von β:
$\beta' = 180° - 90° - 28{,}07°$ — Winkelsumme im Dreieck
$\beta' = 61{,}93° \quad \Rightarrow \quad \beta = 123{,}86°$

oder

$$\tan \beta' = \frac{15}{8}$$
$$\beta' \approx 61{,}93° \quad \Rightarrow \quad \beta = 123{,}86°$$

Ergebnis: a = 17 cm; $\alpha = 56{,}14°$; $\beta = 123{,}86°$

---

122 a) Die Leiter erreicht die größte Höhe, wenn sie mit dem größtmöglichen Neigungswinkel von 75° angestellt wird. Zu berechnen ist, welche Höhe mit dem nutzbaren Teil der Leiter (5,35 m – 1 m = 4,35 m) bei diesem Neigungswinkel erreicht wird.

Berechnung von h:

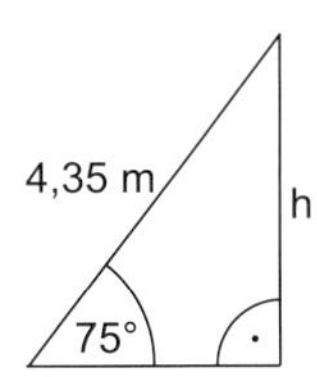

$$\sin 75° = \frac{h}{4{,}35} \qquad |\cdot 4{,}35$$
$$\sin 75° \cdot 4{,}35 = h$$
$$h \approx 4{,}20$$

Die Leiter reicht gerade aus, wenn sie mit einem Neigungswinkel von 75° aufgestellt wird.

b) Berechnung von x:

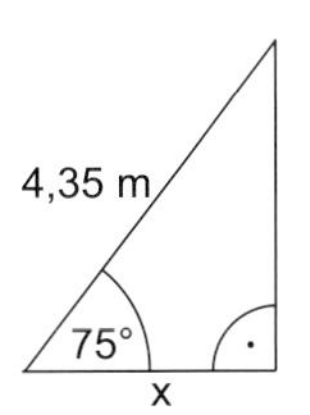

$$\cos 75° = \frac{x}{4{,}35} \qquad |\cdot 4{,}35$$
$$\cos 75° \cdot 4{,}35 = x$$
$$x \approx 1{,}13$$

Das untere Leiterende steht 1,13 m von der Wand entfernt.

☐ 1,9 m ☐ 1,55 m ☒ 1,13 m

123 Zu einer Steigung von 100 % gehört der Steigungswinkel von 45° (und nicht 90°, wie oft angenommen wird), denn auf 100 m Länge wird eine Höhe von 100 m überwunden.

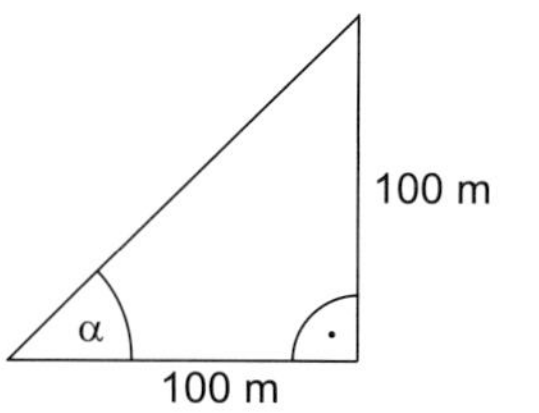

100 %: $\tan\alpha = \frac{100}{100}$

$\alpha = 45°$

Bei einer Steigung von 84 % wird auf 100 m Länge eine Höhe von 84 m überwunden. Der Steigungswinkel beträgt:

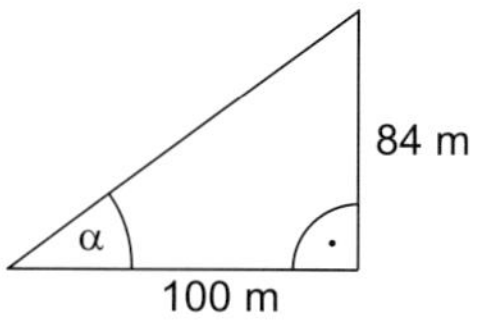

84 %: $\tan\alpha = \frac{84}{100}$

$\alpha \approx 40{,}03°$

Lena hat nicht geschwindelt.

---

124 Gesucht: α, β, γ, δ, A

Im gleichschenkligen Trapez ist $\alpha = \beta$ und $\gamma = \delta$.

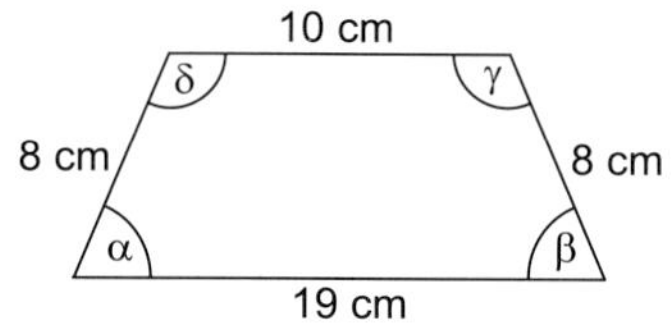

Durch Einzeichnen der Höhe h findet man ein rechtwinkliges Dreieck:

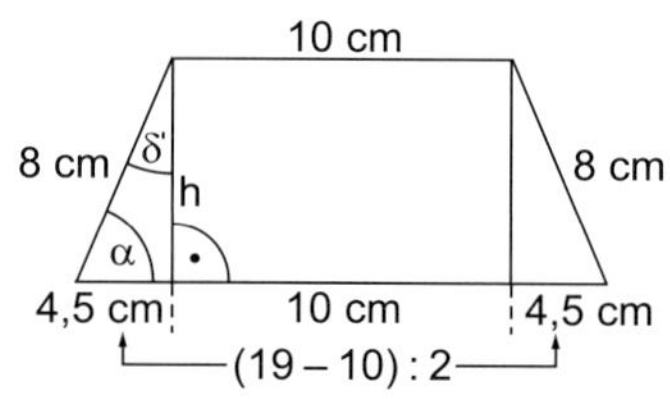

Berechnung von α:

$\cos\alpha = \frac{4{,}5}{8}$

$\alpha \approx 55{,}77°$

Berechnung von δ:

$\sin\delta' = \frac{4{,}5}{8}$

$\delta' \approx 34{,}23°$

$\delta = 90° + 34{,}23°$

$\delta = 124{,}23°$

Berechnung der Höhe h mit dem Satz von Pythagoras:

$4{,}5^2 + h^2 = 8^2 \quad | -4{,}5^2$

$h^2 = 8^2 - 4{,}5^2 \quad | \sqrt{\ }$

$h \approx 6{,}61$

Berechnung des Flächeninhaltes A:

$A = \frac{1}{2}(a + c) \cdot h$

$A = \frac{1}{2}(19 + 10) \cdot 6{,}61$

$A = \frac{1}{2} \cdot 29 \cdot 6{,}61$

$A = 95{,}85$

Ergebnis: $\alpha = 55{,}77°$; $\beta = 55{,}77°$; $\gamma = 124{,}23°$; $\delta = 124{,}23°$; $A = 95{,}85\ cm^2$

125 Planskizze:

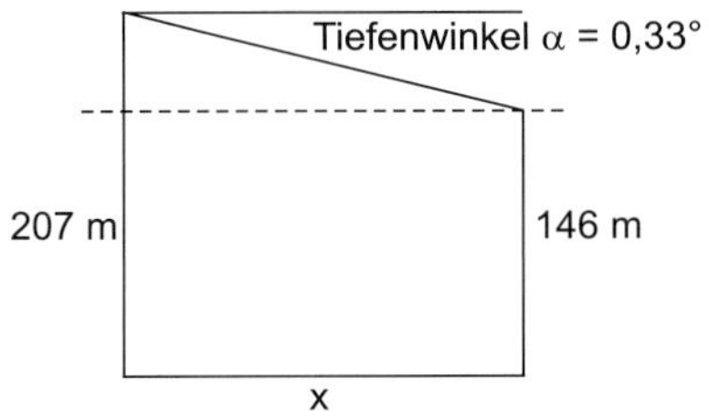

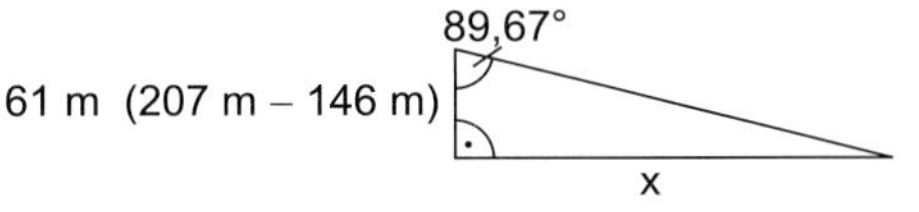

Berechnung von x:

$$\tan 89,67° = \frac{x}{61} \qquad |\cdot 61$$

$$x = 10\,590,92$$

Der Funkturm ist ungefähr 10,59 km vom Fernsehturm entfernt.

---

126 a) Gegeben: WWS → Anwendung des Sinussatzes

Berechnung der Länge der Strecke x:

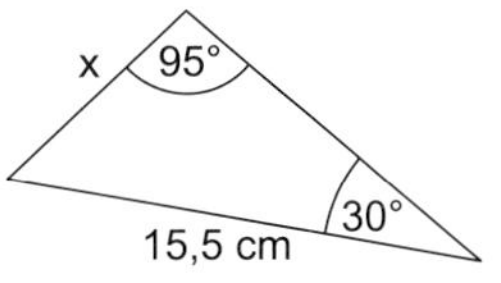

$$\frac{15,5}{\sin 95°} = \frac{x}{\sin 30°} \qquad |\cdot \sin 30°$$

$$x = \frac{15,5 \cdot \sin 30°}{\sin 95°}$$

$$x \approx 7,78$$

Die Länge der Strecke x beträgt 7,78 cm.

Berechnung des fehlenden Winkels mit der Winkelsumme im Dreieck:

$\alpha = 180° - 95° - 30°$

$\alpha = 55°$

Flächeninhalt des Dreiecks:

$$A = \frac{1}{2} \cdot 15,5 \cdot x \cdot \sin\alpha$$

$$A = \frac{1}{2} \cdot 15,5 \cdot 7,78 \cdot \sin 55°$$

$$A \approx 49,4$$

b) Gegeben: WSW → Anwendung des Sinussatzes

Berechnung des fehlenden Winkels mit der Winkelsumme im Dreieck:

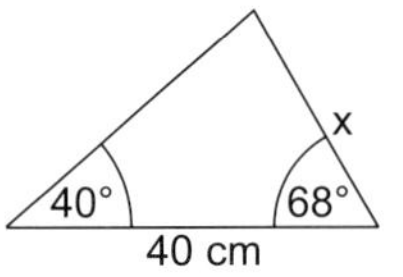

$\gamma = 180° - 40° - 68°$

$\gamma = 72°$

Berechnung der Länge der Strecke x:

$$\frac{40}{\sin 72°} = \frac{x}{\sin 40°} \qquad |\cdot \sin 40°$$

$$x = \frac{40 \cdot \sin 40°}{\sin 72°}$$

$$x \approx 27,03$$

Die Länge der Strecke x beträgt 27,03 cm.

Flächeninhalt des Dreiecks:

$$A = \frac{1}{2} \cdot 40 \cdot x \cdot \sin 68$$

$$A = \frac{1}{2} \cdot 40 \cdot 27,03 \cdot \sin 68$$

$$A \approx 501,2$$

c) Gegeben: SWS $\rightarrow$ Anwendung des Kosinussatzes

Berechnung der Länge der Strecke x:

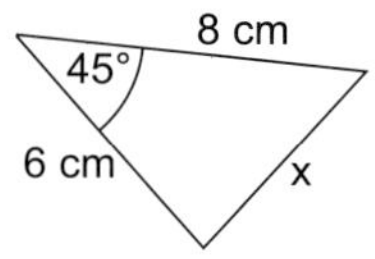

$x^2 = 6^2 + 8^2 - 2 \cdot 6 \cdot 8 \cdot \cos 45°$

$x^2 = 36 + 64 - 67{,}88$

$x^2 = 32{,}12 \qquad |\sqrt{\ }$

$x \approx 5{,}67$

Die Länge der Strecke x beträgt 5,67 cm.

Flächeninhalt des Dreiecks:

$A = \frac{1}{2} \cdot 8 \cdot 6 \cdot \sin 45$

$A \approx 17{,}0$

---

127 Bestimmung aller Winkel im Teildreieck I:

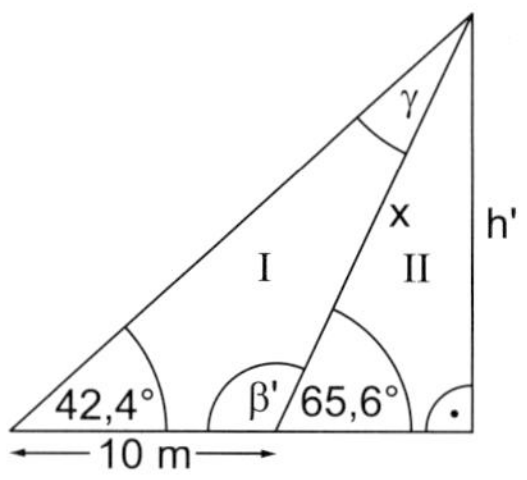

$\beta' = 180° - 65{,}6°$ Nebenwinkel

$\beta' = 114{,}4°$

$\gamma = 180° - 42{,}4° - 114{,}4°$

$\gamma = 23{,}2°$

Berechnung von x:

Gegeben: WSW $\rightarrow$ Sinussatz

$\frac{10}{\sin 23{,}2°} = \frac{x}{\sin 42{,}4°} \qquad |\cdot \sin 42{,}4°$

$x = \frac{10 \cdot \sin 42{,}4°}{\sin 23{,}2°}$

$x \approx 17{,}12$

Berechnung von h' im Teildreieck II:

Gegeben: rechtwinkliges Dreieck mit einem Winkel und einer Seite

$\sin\beta = \frac{\text{Gegenkathete}}{\text{Hypotenuse}}$

$\sin\beta = \frac{h'}{x}$

$\sin 65{,}6° = \frac{h'}{17{,}12} \qquad |\cdot 17{,}12$

$h' = \sin 65{,}6° \cdot 17{,}12$

$h' \approx 15{,}59$

Berechnung von h:

$h = 15{,}59 + 1{,}6 = 17{,}19$

Die Kletterwand ist 17,19 m hoch.

---

128 Berechnung von x:

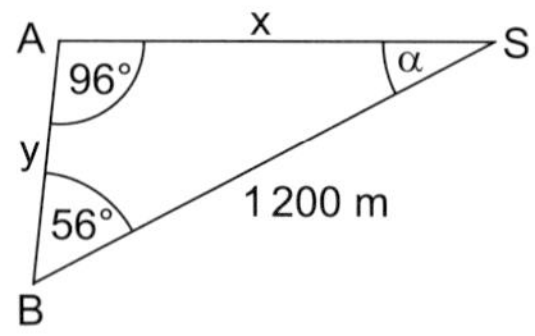

Gegeben: WWS $\rightarrow$ Sinussatz

$\frac{1\,200}{\sin 96°} = \frac{x}{\sin 56°} \qquad |\cdot \sin 56°$

$\frac{1\,200 \cdot \sin 56°}{\sin 96°} = x$

$x \approx 1\,000{,}32$

Berechnung von y:

Winkelsumme im Dreieck:

$\alpha = 180° - 96° - 56°$

$\alpha = 28°$

Gegeben: WWS $\rightarrow$ Sinussatz

$$\frac{1\,200}{\sin 96^\circ} = \frac{y}{\sin 28^\circ} \qquad |\cdot \sin 28^\circ$$

$$\frac{1\,200 \cdot \sin 28^\circ}{\sin 96^\circ} = y$$

$$y \approx 566{,}47$$

Länge der Gesamtstrecke:

$1\,200 + 1\,000{,}32 + 566{,}47 = 2\,766{,}79$

Die Schwimmstrecke ist rund 167 m länger als die tatsächliche Wettkampfstrecke.

129

$$a^2 = b^2 + c^2 - 2 \cdot b \cdot c \cdot \cos\alpha \qquad |-b^2 - c^2$$

$$a^2 - b^2 - c^2 = -2 \cdot b \cdot c \cdot \cos\alpha \qquad |:(-2 \cdot b \cdot c)$$

$$\frac{a^2 - b^2 - c^2}{-2 \cdot b \cdot c} = \cos\alpha$$

$$\cos\alpha = \frac{a^2 - b^2 - c^2}{-2 \cdot b \cdot c}$$

---

130 Berechnung von y im Teildreieck I:

Gegeben: Winkel und Seite im rechtwinkligen Dreieck

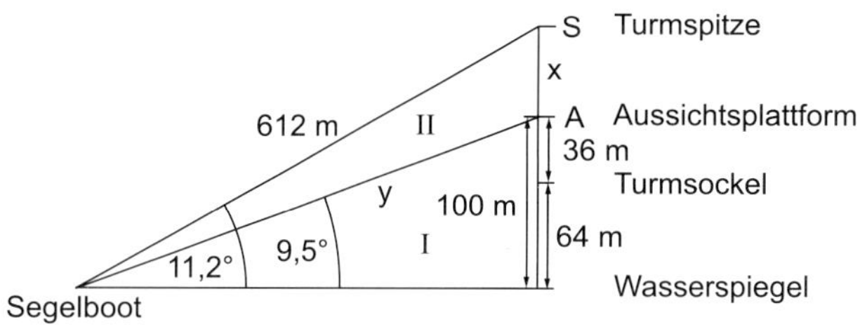

$$\sin\alpha = \frac{\text{Gegenkathete}}{\text{Hypotenuse}}$$

$$\sin 9{,}5^\circ = \frac{100}{y} \qquad |\cdot y \quad |:\sin 9{,}5^\circ$$

$$y = \frac{100}{\sin 9{,}5^\circ}$$

$$y \approx 605{,}89$$

Berechnung von x im Teildreieck II:

$\alpha = 11{,}2^\circ - 9{,}5^\circ$

$\alpha = 1{,}7^\circ$

Gegeben: SWS $\rightarrow$ Kosinussatz

$x^2 = 612^2 + 605{,}89^2 - 2 \cdot 612 \cdot 605{,}89 \cdot \cos 1{,}7^\circ$

$x^2 = 363{,}74 \qquad |\sqrt{\ }$

$x \approx 19{,}07$

oder

Gegeben: Winkel und zwei Seiten im rechtwinkligen Dreieck

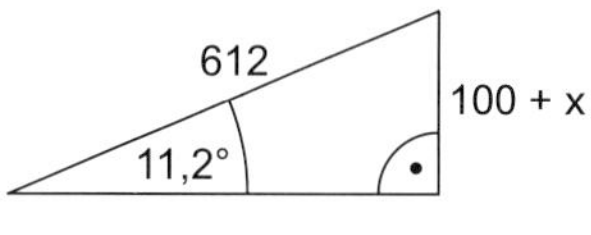

$$\sin\alpha = \frac{\text{Gegenkathete}}{\text{Hypotenuse}}$$

$$\sin 11{,}2^\circ = \frac{100 + x}{612} \qquad |\cdot 612$$

$$\sin 11{,}2^\circ \cdot 612 = 100 + x \qquad |-100$$

$$\sin 11{,}2^\circ \cdot 612 - 100 = x$$

$$x \approx 18{,}87$$

Hinweis: Die unterschiedlichen Ergebnisse für x sind die Folge von Rundungen.

Höhe des Turmes:

$x + 36 = 19 + 36 = 55$

Der Grunewaldturm ist 55 m hoch.

131

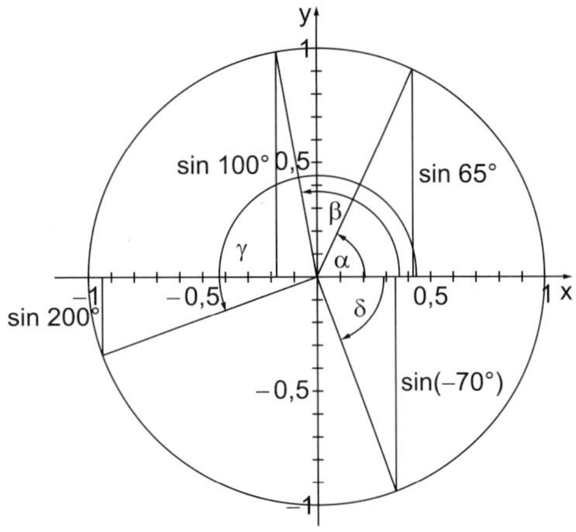

Durch Ablesen:

a) $\sin 65° \approx 0{,}9$; $\cos 65° \approx 0{,}45$

b) $\sin 100° \approx 1{,}0$; $\cos 100° \approx 0{,}2$

c) $\sin 200° \approx -0{,}35$; $\cos 200° \approx -0{,}95$

d) $\sin(-70°) \approx -0{,}95$; $\cos(-70°) \approx 0{,}35$

Taschenrechner:

a) $\sin 65° \approx 0{,}91$; $\cos 65° \approx 0{,}42$

b) $\sin 100° \approx 0{,}98$; $\cos 100° \approx 0{,}17$

c) $\sin 200° \approx -0{,}34$; $\cos 200° \approx -0{,}94$

d) $\sin(-70°) \approx -0{,}94$; $\cos(-70°) \approx 0{,}34$

---

132 a) 120°

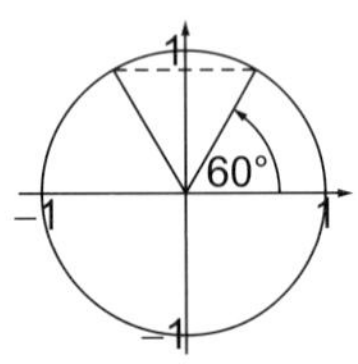

b) 80°

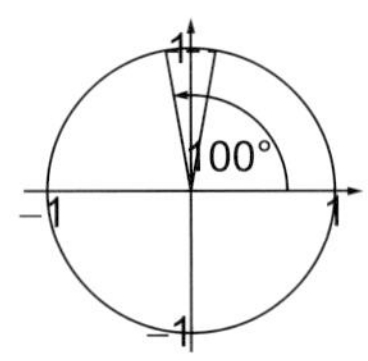

c) 310°

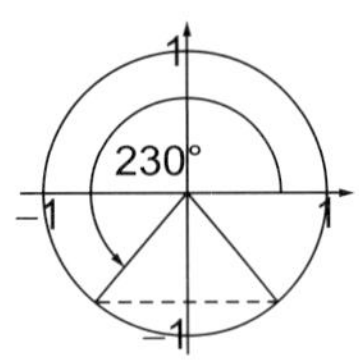

d) 150° und 30°

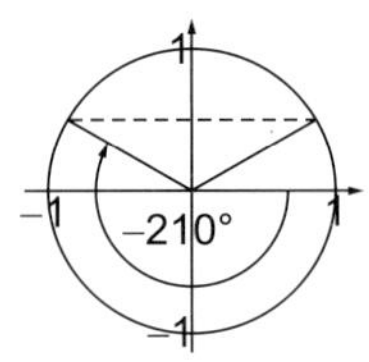

---

133 a) 300°

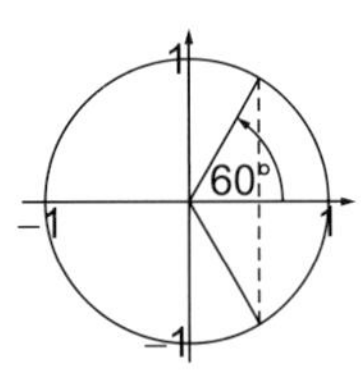

b) 260°

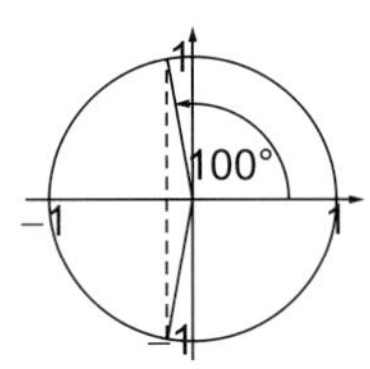

c) 130°

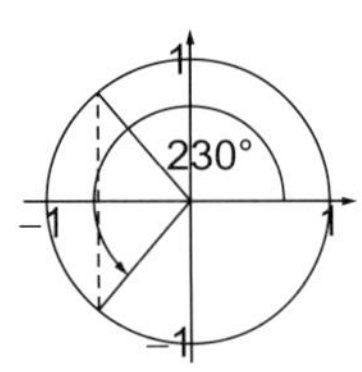

d) 150° und 210°

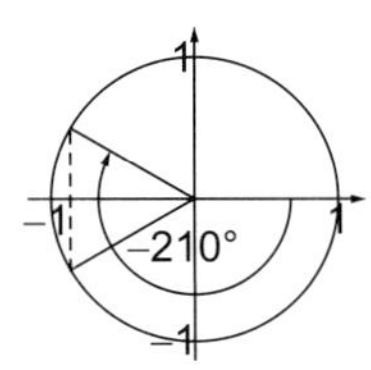

---

134 a) $\sin 15°$ [=] $\sin 165°$

b) $\cos 40°$ [≠] $\cos 220°$

c) $\sin 90°$ [≠] $\sin(-90°)$

d) $\sin(-180°)$ [=] $\sin 180°$

e) $\cos 60°$ [=] $\cos(-60°)$

f) $\sin 200°$ [=] $\sin(-20°)$

135

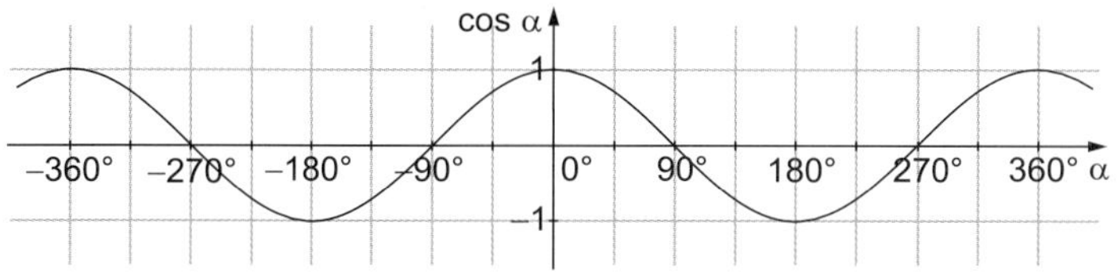

Die Nullstellen liegen bei –270°, –90°, 90° und 270°.
Alle Nullstellen liegen bei 90° + ein Vielfaches von 180°, also bei $90° + 0 \cdot 180°$, $90° - 0 \cdot 180°$, $90° + 1 \cdot 180°$, $90° - 1 \cdot 180°$, $90° + 2 \cdot 180°$ usw. Da der Graph der Kosinusfunktion symmetrisch zur y-Achse ist, weisen auch die Nullstellen diese Symmetrie auf: 90°, –90°; 270°, –270°.

---

136 a) Die Formveränderung des Mondes innerhalb eines Jahres ist ein periodischer Vorgang, weil sich innerhalb einer bestimmtem Periode (Mondumdrehung um die Erde, die ca. 30 Tage dauert) die Form des Mondes wiederholt:
Neumond – Halbmond (zunehmend) – Vollmond – Halbmond (abnehmend) – Neumond

b) Die mündliche Mitarbeit eines Schülers an einem Schultag ist kein periodischer Vorgang, weil die mündliche Mitarbeit abhängig ist vom Interesse am jeweiligen Unterrichtsfach, der persönlichen Motivation, äußeren Störfaktoren etc.

c) Das Verkehrsaufkommen auf dem Berliner Stadtring in einer Arbeitswoche ist ein periodischer Vorgang, weil an jedem Werktag das Verkehrsaufkommen in der Zeit von 7–9 und 15–18 Uhr auffällig steigt.

d) Die Gewichtszunahme im ersten Lebensjahr ist kein periodischer Vorgang, weil es keine sich wiederholenden Schwankungen gibt.

---

137 a) Die graphische Darstellung zeigt die Tagesleistungskurve von Jugendlichen. Jeder Tageszeit wird eine bestimmte Leistungsbereitschaft zugeordnet. Nach dieser Kurve erreichen Jugendliche vormittags um 10.30 Uhr ein Höchstmaß an Leistungsbereitschaft, die bis nachmittags um 16.30 Uhr abnimmt. Danach steigt die Leistungsbereitschaft wieder leicht an bis 21 Uhr und fällt dann rapide ab. Nach dem absoluten Leistungstief um 3–4 Uhr steigt die Leistungsbereitschaft stetig an bis 10.30 Uhr.

b) Auf der x-Achse sind die Uhrzeiten eines ganzen Tages aufgetragen (24 Stunden). Mit jedem neuen Tag ergeben sich also die gleichen Schwankungen der Leistungsbereitschaft, deshalb ist die Funktion periodisch.

c) Die Länge einer Periode beträgt 24 Stunden.

d) Die Nullstellen liegen bei 6 Uhr und 23 Uhr. Dazwischen liegt die Zeit, in der die Leistungsbereitschaft über null liegt, d. h. dass ein Jugendlicher in dieser Zeit Leistung erbringen kann. In der Zeit zwischen 23 Uhr und 6 Uhr liegt die Leistungsbereitschaft unter null (Schlaf).

7 Körper

138 Volumen:

$V = G \cdot h$

$V = \frac{1}{2} \cdot 6 \cdot 8 \cdot 6$

$V = 144$

Die Grundfläche ist ein rechtwinkliges Dreieck ($6^2 + 8^2 = 10^2$): $G = \frac{1}{2} \cdot 6 \cdot 8$

Oberfläche:

$O = 2 \cdot G + M$

$O = 2 \cdot \frac{1}{2} \cdot 6 \cdot 8 + 6 \cdot (10 + 8 + 6)$

$O = 192$

Das Volumen des Prismas beträgt 144 cm^3 und die Oberfläche 192 cm^2.

---

139 Gegeben: $a = 50$ cm; $c = 70$ cm; $h_T = 3{,}5$ dm $= 35$ cm; $\ell = 10$ dm $= 100$ cm

Volumen eines Trogs:

$V = G \cdot h$

$V = \frac{a + c}{2} \cdot h_T \cdot \ell$

$V = \frac{50 + 70}{2} \cdot 35 \cdot 100$

$V = 210\,000$

Das Fassungsvermögen von einem Trog beträgt 210 000 cm^3 = 210 dm^3.

$210 \cdot 25 \cdot 2 = 10\,500$ (dm^3)

Es werden täglich 10,5 m^3 Kraftfutter benötigt.

---

140 a) Bisher verwendeter Karton:

Volumen:	Oberfläche:
$V = a \cdot b \cdot h$	$O = 2(ab + ah + bh)$
$V = 9 \cdot 6 \cdot 19$	$O = 2 \cdot (9 \cdot 6 + 9 \cdot 19 + 6 \cdot 19)$
$V = 1\,026$	$O = 678$

Der bisher verwendete Karton hat eine Oberfläche von 678 cm^2. Das Volumen beträgt 1 026 $m\ell$ (1 026 cm^3).

Würfel:

Kantenlänge:	Oberfläche:
$V = a^3$	$O = 6a^2$
$1\,026 = a^3$	$O = 6 \cdot 10{,}09^2$
$a = \sqrt[3]{1\,026}$	$O \approx 610{,}85$
$a \approx 10{,}09$	

Die würfelförmige Verpackung hat eine Oberfläche von 610,85 cm^2.

Quadratische Säule:

Höhe:	Oberfläche:
$V = a^2 \cdot h$	$O = 2 \cdot G + M$
$1\,026 = 49 \cdot h$	$O = 2a^2 + 4ah$
$h \approx 20{,}94$	$O = 2 \cdot 7^2 + 4 \cdot 7 \cdot 20{,}94$
	$O = 684{,}32$

Wählt man die quadratische Säule als Verpackung, so ergibt sich eine Oberfläche von 684,32 cm^2.

Zylinder:
Es gilt: $d = h$ bzw. $2r = h$

Radius:

$V = \pi \cdot r^2 \cdot h$

$1\,026 = \pi \cdot r^2 \cdot 2r$

$1\,026 = 2\pi \cdot r^3 \quad |:2\pi$

$r^3 = \frac{1\,026}{2\pi} \quad |\sqrt[3]{\ }$

$r = \sqrt[3]{\frac{1\,026}{2\pi}}$

$r \approx 5{,}47$

Oberfläche:

$O = 2 \cdot G + M$

$O = 2\pi \cdot r^2 + 2\pi \cdot r \cdot h$

$O = 2\pi \cdot r^2 + 2\pi \cdot r \cdot 2r$

$O = 2\pi \cdot r^2 + 4\pi \cdot r^2$

$O = 6\pi \cdot r^2$

$O = 6\pi \cdot 5{,}47^2$

$O \approx 563{,}00$

Eine zylinderförmige Verpackung hat eine Oberfläche von 563 cm^2.

b) Der Materialverbrauch ist bei einer zylinderförmigen Verpackung am niedrigsten. Trotz des geringeren Verbrauchs sollte sich die Firma nicht für die zylinderförmige Verpackung entscheiden, da diese schlecht zu greifen und damit unpraktisch zu handhaben ist.
Die würfelförmige Verpackung dürfte kaum in das Seitenfach eines Kühlschrankes passen und dürfte ebenfalls mit einer Hand schlecht zu greifen sein.
Da die quadratische Säule eine größere Oberfläche als die bisherige Verpackung hat, sollte die Firma bei der bisherigen Verpackung bleiben.

141 $a = 29{,}7$ cm; $b = 21$ cm

Zylinder I:

$u_1 = a; \quad h_1 = b$

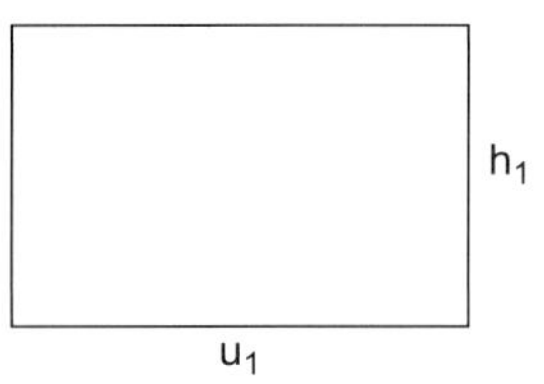

Berechnung des Radius:

$u_1 = 2\pi \cdot r_1$

$29{,}7 = 2\pi \cdot r_1 \quad |:2\pi$

$r_1 = \frac{29{,}7}{2\pi}$

$r_1 \approx 4{,}73$

Berechnung des Volumens:

$V_1 = \pi \cdot {r_1}^2 \cdot h_1$

$V_1 = \pi \cdot 4{,}73^2 \cdot 21$

$V_1 \approx 1\,476{,}02$

Zylinder II:

$u_2 = b; \quad h_2 = a$

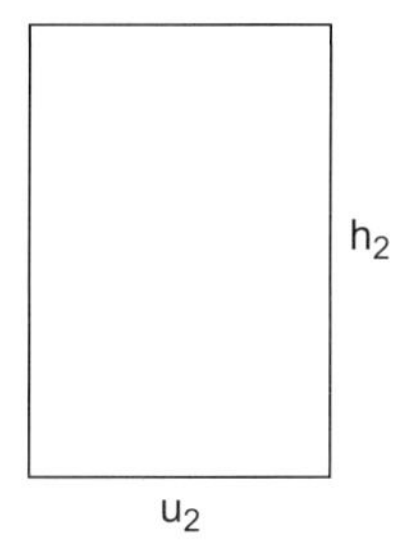

Berechnung des Radius:

$u_2 = 2\pi \cdot r_2$

$21 = 2\pi \cdot r_2 \quad |:2\pi$

$r_2 = \frac{21}{2\pi}$

$r_2 \approx 3{,}34$

Berechnung des Volumens:

$V_2 = \pi \cdot {r_2}^2 \cdot h_2$

$V_2 = \pi \cdot 3{,}34^2 \cdot 29{,}7$

$V_2 \approx 1\,040{,}88$

Der niedrigere Zylinder hat mit ca. 1 476 cm^3 das größere Volumen.

142 $r_1 = 0{,}7$ m; $r_2 = 0{,}6$ m

Volumen des Hohlkörpers:

$V = \pi \cdot ({r_1}^2 - {r_2}^2) \cdot h$

$V = \pi \cdot (0{,}7^2 - 0{,}6^2) \cdot 3{,}5$

$V \approx 1{,}43$

Die Betonröhre hat ein Volumen von 1,43 m^3.

Masse des Hohlkörpers $\left(\frac{g}{cm^3} \mathrel{\hat{=}} \frac{kg}{dm^3} \mathrel{\hat{=}} \frac{t}{m^3}\right)$:

$m = V \cdot \rho$

$m = 1{,}43 \cdot 2{,}5$

$m \approx 3{,}58$

Der Kran kann die Röhre nicht heben, da sie 3,58 t wiegt. Der Auszubildende hatte recht.

143 $r = 0{,}005\text{ mm} = 0{,}0005\text{ cm}$

$\rho = 19{,}1\,\frac{g}{cm^3}$

$m = 1\text{ g}$

Das Volumen des Drahts lässt sich über seine Masse bestimmen:

$$m = V \cdot \rho \quad |:\rho$$
$$V = \frac{m}{\rho}$$
$$V = \frac{1}{19{,}1}$$

Gleichsetzen mit der Volumenformel des Zylinders:

$$\pi \cdot r^2 \cdot h = \frac{1}{19{,}1} \qquad |:(\pi \cdot r^2)$$
$$h = \frac{1}{19{,}1 \cdot \pi \cdot r^2}$$
$$h = \frac{1}{19{,}1 \cdot \pi \cdot 0{,}0005^2}$$
$$h \approx 66\,661{,}76\text{ (cm)}$$

Ein 1 g schwerer Draht hat eine Länge von etwa 666,62 m.

---

144 Gegeben: $a = 30$ m; $s = 25$ m

Gesucht: h_a; M

Berechnung von h_a:

$$s^2 = \left(\frac{a}{2}\right)^2 + {h_a}^2 \qquad \left|-\left(\frac{a}{2}\right)^2\right.$$
$$h_a{}^2 = s^2 - \left(\frac{a}{2}\right)^2 \qquad |\sqrt{}$$
$$h_a = \sqrt{25^2 - 15^2}$$
$$h_a = 20$$

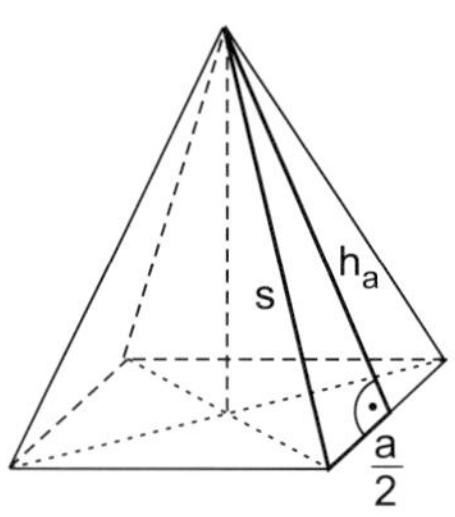

Berechnung des Mantels:

$$M = 4 \cdot \frac{1}{2} \cdot a \cdot h_a$$
$$M = 2 \cdot 30 \cdot 20$$
$$M = 1\,200$$

Der Redakteur hat übertrieben, denn die Glasfläche der Eingangspyramide beträgt nur 1 200 m^2.

---

145 Gegeben: $V = \frac{1}{4}\,\ell = 250\text{ cm}^3$;

a = 10 cm, da 3 Päckchen eine Länge von 30 cm haben und 2 Päckchen eine Länge von 20 cm

Gesucht: h; h_a; O

Berechnung von h:

$$V = \frac{1}{3} a^2 \cdot h$$
$$250 = \frac{1}{3} \cdot 10^2 \cdot h \qquad \left|\cdot \frac{3}{100}\right.$$
$$h = \frac{250 \cdot 3}{100}$$
$$h = 7{,}5$$

Berechnung von h_a:

$h_a^2 = \left(\frac{a}{2}\right)^2 + h^2$

$h_a^2 = 5^2 + 7{,}5^2 \quad |\sqrt{}$

$h_a = \sqrt{81{,}25}$

$h_a \approx 9{,}01$

Berechnung von O:

$O = a^2 + 4 \cdot \frac{1}{2} a \cdot h_a$

$O = 10^2 + 2 \cdot 10 \cdot 9{,}01$

$O = 100 + 180{,}2$

$O = 280{,}2$

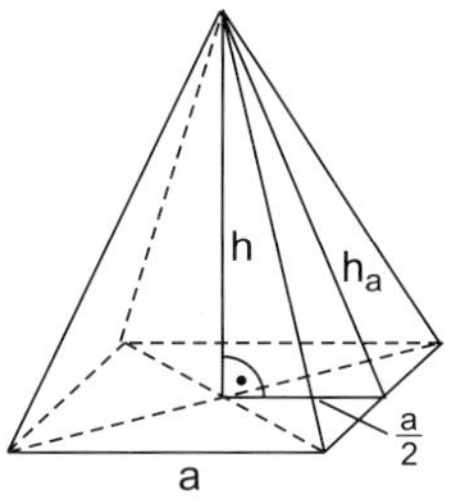

Hinzurechnen des Verschnitts:
$280{,}2 \cdot 1{,}05 = 294{,}21$

Der Materialbedarf für ein Trinkpäckchen beträgt ca. 294 cm^2.

146 a) Gegeben: a = 4 cm; b = 2 cm; V = 8 cm^3

Tim muss die Seitenhöhen h_a und h_b berechnen, damit er das Netz der Pyramide aufzeichnen und sie dann ausschneiden und zusammenfalten kann. Zur Bestimmung der Seitenhöhen muss er außerdem noch die Höhe h der Pyramide berechnen.

Berechnung der Höhe:

$V = \frac{1}{3} \cdot a \cdot b \cdot h$

$8 = \frac{1}{3} \cdot 4 \cdot 2 \cdot h \quad \left| \cdot \frac{3}{8} \right.$

$\frac{8 \cdot 3}{8} = h$

$h = 3$

Schrägbild:

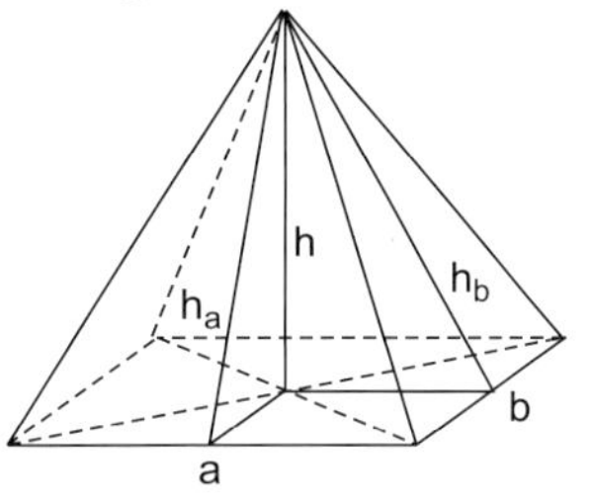

Berechnung von h_a:

$h_a^2 = \left(\frac{b}{2}\right)^2 + h^2 \quad |\sqrt{}$

$h_a = \sqrt{1^2 + 3^2}$

$h_a \approx 3{,}16$

Berechnung von h_b:

$h_b^2 = \left(\frac{a}{2}\right)^2 + h^2 \quad |\sqrt{}$

$h_b = \sqrt{2^2 + 3^2}$

$h_b \approx 3{,}61$

b) Netzbild:

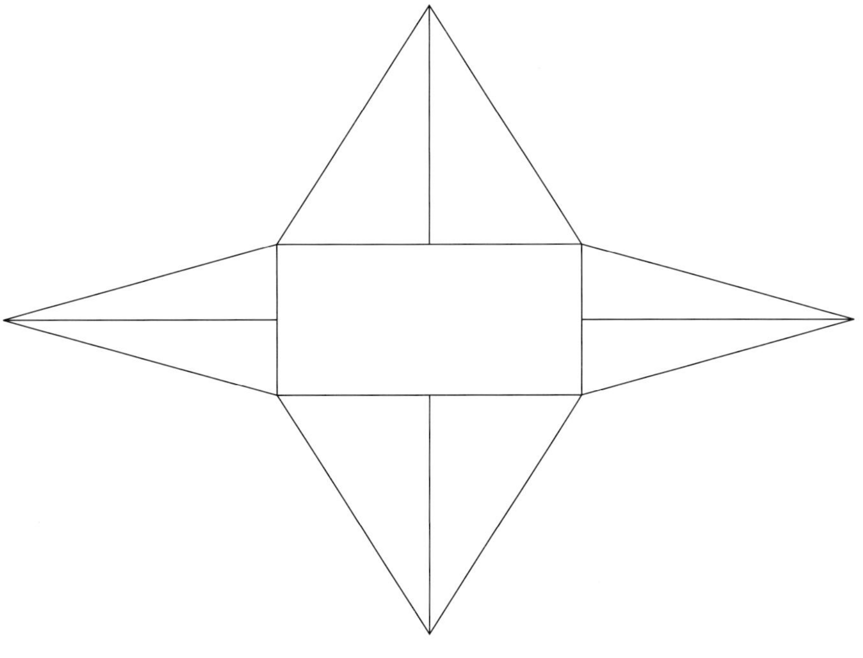

147 Berechnung des Volumens:

$V = \frac{1}{3}\pi \cdot r^2 \cdot h$

$V = \frac{1}{3}\pi \cdot 4^2 \cdot 12$

$V \approx 201{,}06\ (\text{cm}^3)$

$201{,}06\ \text{cm}^3 = 201{,}06\ m\ell$
$0{,}2\ \ell = 200\ m\ell$

In das Glas passen 0,2 ℓ Sekt, jedoch muss man vorsichtig trinken, da es fast randvoll ist.

---

148 Um den Mantel des Doppelkegels zu berechnen, muss zunächst der Mantel von einem Kegel berechnet werden. Dazu benötigt man die Länge der Mantellinie s.

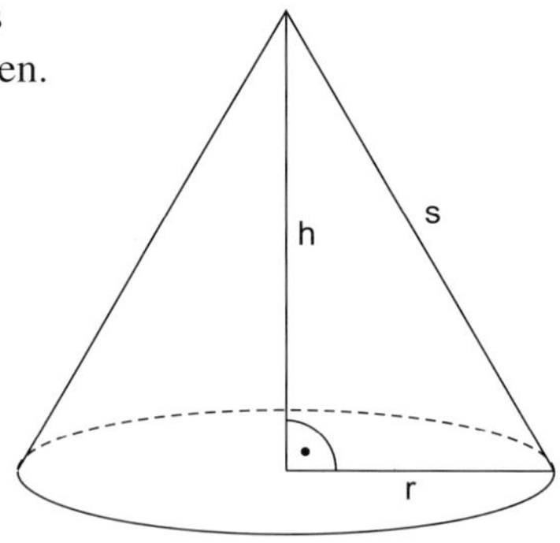

Berechnung von s:
$s^2 = r^2 + h^2$
$s^2 = 16^2 + 37{,}5^2 \quad |\sqrt{\ }$
$s = \sqrt{256 + 1\,406{,}25}$
$s \approx 40{,}77$

Berechnung der Mantelfläche:
$M = \pi \cdot r \cdot s$
$M = \pi \cdot 16 \cdot 40{,}77$
$M \approx 2\,049{,}32 \quad |\cdot 2$
$2M = 4\,098{,}64$

$4\,098{,}64 \cdot 38 = 155\,748{,}32\ (\text{cm}^2)$

Der Hafenmeister des Segelclubs muss eine Fläche von etwa 15,57 m² streichen.

---

149 Berechnung von r:

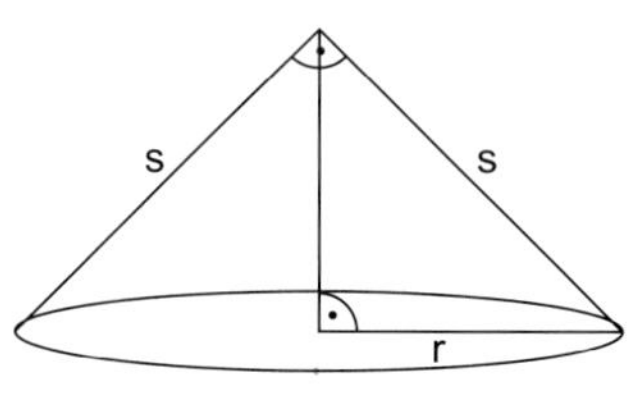

$u = 2\pi \cdot r$
$15{,}7 = 2\pi \cdot r \quad |:(2\pi)$
$r = \frac{15{,}7}{2\pi}$
$r \approx 2{,}50$

Berechnung von s:
$s^2 + s^2 = (2r)^2$
$2s^2 = 4r^2 \quad |:2$
$s^2 = 2r^2$
$s^2 = 2 \cdot 2{,}5^2 \quad |\sqrt{\ }$
$s = \sqrt{2 \cdot 2{,}5^2}$
$s \approx 3{,}54$

Berechnung der Mantelfläche:
$M = \pi \cdot r \cdot s$
$M = \pi \cdot 2{,}5 \cdot 3{,}54$
$M \approx 27{,}80$

Berechnung des Preises:
$27{,}8 \cdot 86{,}4 \cdot 1{,}19 \approx 2\,858{,}28$

Die Kosten für das 27,8 m² große Dach betragen 2 858,28 €.

150 a) Fläche eines Fußballfeldes:

$A = a \cdot b$

$A = 68 \cdot 105$

$A = 7\,140$

Oberfläche der Kugel:

$O = 4\pi \cdot r^2$

$O = 4\pi \cdot 7{,}5^2$

$O \approx 706{,}86$

Vergleich:

$7\,140 : 706{,}86 \approx 10{,}10$

Das Fußballfeld mit einer Fläche von 7 140 m^2 ist ungefähr 10-mal so groß wie die Außenhülle des Globus mit einer Fläche von 706,86 m^2.

b) Volumen des Globus:

$V = \frac{4}{3}\pi \cdot r^3$

$V = \frac{4}{3}\pi \cdot 7{,}5^3$

$V \approx 1\,767{,}15\ (m^3)$

Volumen eines Fußballs:

$V = \frac{4}{3}\pi \cdot r^3$

$V = \frac{4}{3}\pi \cdot 11^3$

$V \approx 5\,575{,}28\ (cm^3)$

Der Globus hat ein Volumen von ca. 1 767,15 m^3, ein Fußball ein Volumen von ca. 0,0056 m^3.

$$\frac{V_{Globus}}{V_{Fußball}} = \frac{1\,767{,}15}{0{,}0056} \approx 315\,562{,}5$$

☐ 3 000 ☐ 30 000 ☒ 300 000 ☐ 3 000 000 ☐ 30 000 000

Es würden ungefähr 300 000 Fußbälle in den Globus passen.

151

$$\frac{V_{Erde}}{V_{Mars}} = \frac{\frac{4}{3}\pi \cdot {r_E}^3}{\frac{4}{3}\pi \cdot {r_M}^3}$$

$$\frac{V_{Erde}}{V_{Mars}} = \frac{{r_E}^3}{{r_M}^3}$$

$$\frac{V_{Erde}}{V_{Mars}} = \left(\frac{6\,371\ km}{3\,400\ km}\right)^3$$

$$\frac{V_{Erde}}{V_{Mars}} \approx 6{,}58 \qquad | \cdot V_{Mars}$$

$$V_{Erde} \approx 6{,}58 \cdot V_{Mars}$$

Das Volumen der Erde ist ca. 6,58-mal größer als das Volumen des Mars.

---

152 Volumen:

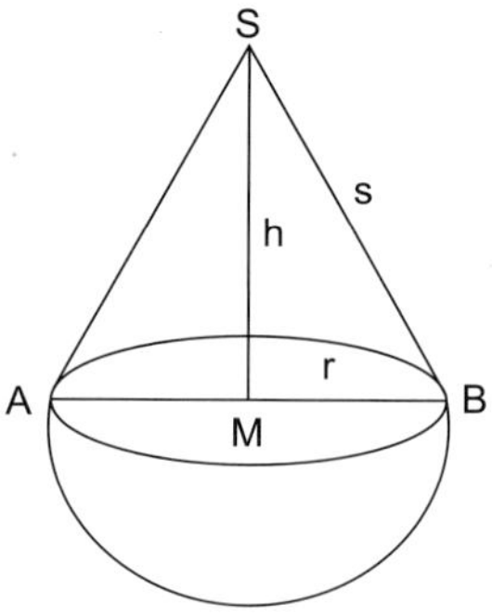

$V = V_{Halbkugel} + V_{Kegel}$

$V = \frac{1}{2} \cdot \frac{4}{3}\pi \cdot r^3 + \frac{1}{3}\pi \cdot r^2 \cdot h$

$V = \frac{2}{3}\pi \cdot 5^3 + \frac{1}{3}\pi \cdot 5^2 \cdot 7$

$V \approx 445{,}06$

Satz des Pythagoras im Dreieck MBS:

$s^2 = h^2 + r^2$

$s^2 = 7^2 + 5^2$

$s^2 = 74$

$s \approx 8{,}60$

Oberfläche:

$O = O_{Halbkugel} + M_{Kegel}$

$O = \frac{1}{2} \cdot 4\pi \cdot r^2 + \pi \cdot r \cdot s$

$O = 2\pi \cdot 5^2 + \pi \cdot 5 \cdot 8{,}60$

$O \approx 292{,}17$

Das Stehaufmännchen hat ein Volumen von ca. 445,06 cm^3 und eine Oberfläche von ca. 292,17 cm^2.

---

153 Gegeben: $m = 10$ kg; $\rho = 0{,}92\,\frac{g}{cm^3}$ bzw. $\rho = 0{,}92\,\frac{kg}{dm^3}$

Gesucht: V

Berechnung des Volumens:

$m = V \cdot \rho$

$V = \frac{m}{\rho}$

$V = \frac{10}{0{,}92}$

$V \approx 10{,}87\ (dm^3)$

Berechnung des Radius:

$V = \frac{4}{3}\pi \cdot r^3 \quad \left| \cdot \frac{3}{4\pi} \right.$

$r^3 = \frac{V \cdot 3}{4\pi}$

$r^3 = \frac{10{,}87 \cdot 3}{4\pi} \quad | \sqrt[3]{\ }$

$r = \sqrt[3]{\frac{10{,}87 \cdot 3}{4\pi}}$

$r \approx 1{,}37$

$d = 2 \cdot r = 2{,}74\ (dm)$

Das Riesenhagelkorn hätte einen Durchmesser von ca. 27,4 cm haben müssen. Somit kann die Abbildung nicht dieses Korn zeigen, denn das wäre fast so groß wie ein Medizinball (d = 30 cm). Außerdem hat es eine Masse von 10 kg und kann nicht so leicht in einer Hand gehalten werden.

8 Daten und Zufall

154 a) Gesamtzahl der abgegebenen Stimmen: 180

	Relative Häufigkeit h	als Prozentsatz
Malcom	$\frac{40}{180} \approx 0{,}2222$	22,22 %
Lisa	$\frac{7}{180} \approx 0{,}0389$	3,89 %
Dennis	$\frac{63}{180} = 0{,}35$	35 %
Marvin	$\frac{48}{180} \approx 0{,}2667$	26,67 %
Hatice	$\frac{22}{180} \approx 0{,}1222$	12,22 %

b)

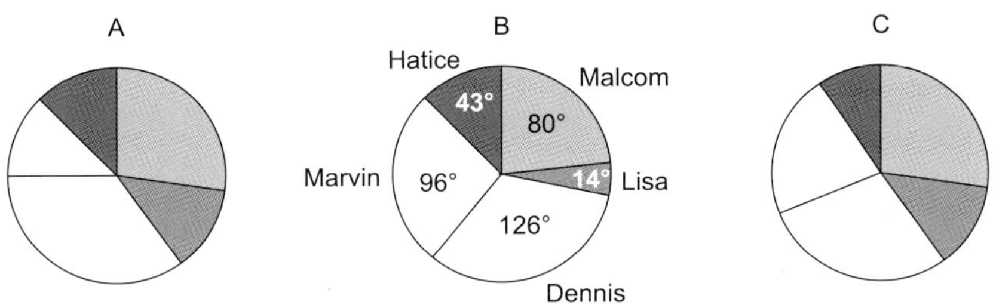

Umrechnung von Prozent in Grad (1 % ≙ 3,6°):

Malcom: 22,22 % ≙ $22{,}2 \cdot 3{,}6° \approx 80°$

Lisa: 3,89 % ≙ $3{,}89 \cdot 3{,}6° \approx 14°$

Dennis: 35 % ≙ $35 \cdot 3{,}6° = 126°$

Marvin: 26,67 % ≙ $26{,}67 \cdot 3{,}6° \approx 96°$

Hatice 12,22 % ≙ $12{,}22 \cdot 3{,}6° \approx 44°$

Das Kreisdiagramm B stellt die Daten der Befragung richtig dar, denn die Winkel stimmen.

Hinweis:
Es ist nicht nötig, alle Winkel nachzumessen, denn schon der Winkel 14° als kleinster Winkel kommt nur in diesem Diagramm vor.

c) Runde die Prozentwerte zunächst auf ganze Zahlen und rechne dann von Prozent um in Zentimeter (10 % ≙ 1 cm):

Malcom: 22,22 % ≈ 22 % ≙ 2,2 cm

Lisa: 3,89 % ≈ 4 % ≙ 0,4 cm

Dennis: 35 % ≙ 3,5 cm

Marvin: 26,67 % ≈ 27 % ≙ 2,7 cm

Hatice 12,22 % ≈ 12 % ≙ 1,2 cm

Streifendiagramm:

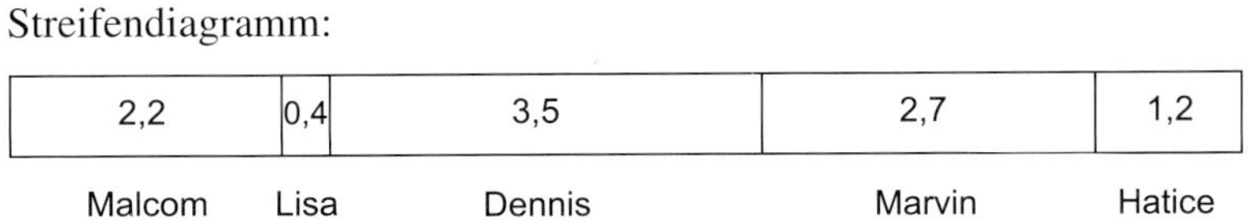

155 a) **Lösung für die Klasse 9.4:**

Rangliste (Würfe nach der Wurfweite geordnet):

Rangplatz	1	2	3	4	5	6	7	8	9	10	11	12	13	14	15	16	17
Wurfweite in m	8	12	13	15	15	15	16	17	20	27	29	33	36	37	38	38	39

Arithmetisches Mittel:
Alle Weiten werden addiert und durch die Anzahl der Schülerinnen dividiert.

$8+12+13+15+15+15+16+17+20+27+29+33+36+37+38+38+39=408$
$408:17=24$
$m=24$

Die Schülerinnen der 9.4 warfen im Durchschnitt eine Weite von 24 m.

Zentralwert (Median):
Die Anzahl der Schülerinnen ist 17, also ungerade. Der Zentralwert entspricht somit dem 9. Wert. Es liegen 8 Werte unterhalb des 9. und 8 Werte oberhalb.
$Z=20$

Spannweite:
$39-8=31$
$w=31$

Mittlere Abweichung:
Die Abstände zwischen den Wurfweiten und dem arithmetischen Mittel werden addiert und durch die Anzahl der Würfe dividiert.
1. Wurf: $|8-24|=16$
2. Wurf: $|12-24|=12$
3. Wurf: $|13-24|=11$
4. Wurf: $|15-24|=9$ usw.

Summe der Abstände:
$16+12+11+9+9+9+8+7+4+3+5+9+12+13+14+14+15=170$
$170:17=10$
$a=10$

Die Wurfweiten der Schülerinnen der 9.4 weichen im Schnitt 10 m vom arithmetischen Mittel (der Durchschnittsweite) ab.

Lösung für die Klasse 9.5:

Rangliste (Würfe nach der Wurfweite geordnet):

Rangplatz	1	2	3	4	5	6	7	8	9	10	11	12	13	14	15	16	17	18	19	20
Wurfweite in m	6	16	17	18	20	20	21	22	22	22	22	23	24	24	25	27	29	33	34	41

Arithmetisches Mittel:
Alle Weiten werden addiert und durch die Anzahl der Schülerinnen dividiert.

$6+16+17+18+20+20+21+22+22+22+22+23+24+24+25+27+29+33+34+41=466$
$466:20=23{,}3$
$m=23{,}3$

Die Schülerinnen der 9.5 warfen im Durchschnitt eine Weite von 23,3 m.

Zentralwert (Median):
Die Anzahl der Schülerinnen ist 20, also gerade. Der Zentralwert liegt zwischen dem 10. Wert und dem 11. Wert. Da beide Werte bei 22 liegen, ist der Zentralwert 22.
$Z=22$

Spannweite:
$41-6=35$
$w=35$

Mittlere Abweichung:
Die Abstände zwischen den Wurfweiten und dem arithmetischen Mittel werden addiert und durch die Anzahl der Würfe dividiert.
1. Wurf: $|6-23{,}3|=17{,}3$
2. Wurf: $|16-23{,}3|=7{,}3$
3. Wurf: $|17-23{,}3|=6{,}3$
4. Wurf: $|18-23{,}3|=5{,}3$ usw.

Summe der Abstände:
$17{,}3+7{,}3+6{,}3+5{,}3+3{,}3+3{,}3+2{,}3+1{,}3+1{,}3+1{,}3+1{,}3+0{,}3+0{,}7+0{,}7+1{,}7+3{,}7+5{,}7+9{,}7+10{,}7+17{,}7=101{,}2$
$101{,}2:20=5{,}06$
$a=5{,}06$
Die Wurfweiten der Schülerinnen der 9.5 weichen im Schnitt 5,06 m vom arithmetischen Mittel (der Durchschnittsweite) ab.

b) In der Klasse 9.4 werfen 6 Mädchen weiter als 30 m, in der Klasse 9.5 nur 3 Mädchen.

c) Der Anteil ist in der Klasse 9.4 größer.
Anteil in der Klasse 9.4: 6 von 17 bedeutet $\frac{6}{17} \approx 0{,}3529$ bzw. 35,29 %
Anteil in der Klasse 9.5: 3 von 20 bedeutet $\frac{3}{20} = 0{,}15$ bzw. 15 %

d) Die Klasse 9.5 ist „in der Spitze" am stärksten, da sie den höheren Zentralwert hat.
Klasse 9.4: Z = 20
Klasse 9.5: Z = 22

e) Boxplot für beide Klassen:

	Minimum	unteres Quartil	Zentralwert	oberes Quartil	Maximum
Klasse 9.4:	8	$(15+15):2=15$	20	$(36+37):2=36{,}5$	39
Klasse 9.5:	6	$(20+20):2=20$	22	$(25+27):2=26$	41

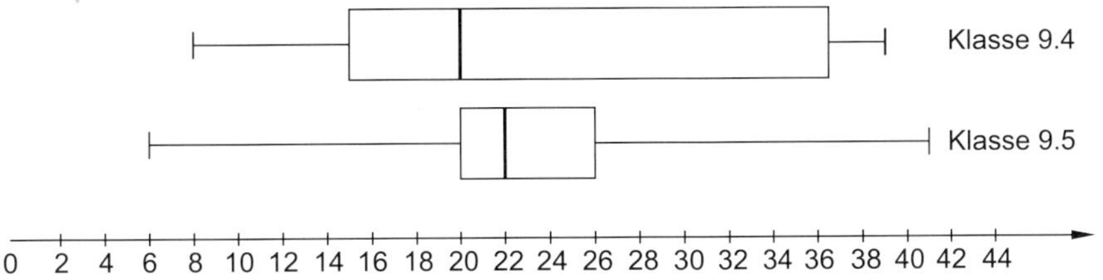

Am ausgeglichensten sind die Ergebnisse in der Klasse 9.5, da die Box am kleinsten und daher die mittlere Abweichung am geringsten ist.
Mittlere Abweichung der 9.4: $a=10$
Mittlere Abweichung der 9.5: $a=5{,}06$ (was bedeutet, dass die Werte dichter beieinander liegen)

156 a) Die Abbildung zeigt die Höhe des Kindergeldes für das erste und zweite Kind in den Jahren 2015 (188 €), 2017 (192 €) und 2019 (204 €).

b) Es wird der Eindruck vermittelt, dass das Kindergeld von 2015 bis 2019 enorm gestiegen ist. Der Kinderwagen (≙ Kindergeld) von 2019 ist um ein Vielfaches größer als der von 2015.

c) Das Säulendiagramm macht deutlich, dass die Erhöhung des Kindergeldes wesentlich geringer ausgefallen ist, als das Schaubild vermittelt. Betrachtet man die angegebenen Zahlen des Schaubilds, so ergibt sich zwischen 2015 und 2019 eine Erhöhung von lediglich 16 €, was etwa 8,5 % entspricht.

$\left(\frac{188}{100} = \frac{16}{x}\right)$

Will man die Kinderwagen miteinander vergleichen, so nähert man das Volumen mit einem Quader an.
Der kleinste Wagen als Quader betrachtet hat ungefähr die Maße 0,7 cm · 0,7 cm · 1,8 cm; der größte Wagen hat ungefähr die Maße 1,4 cm · 1,4 cm · 3,3 cm.

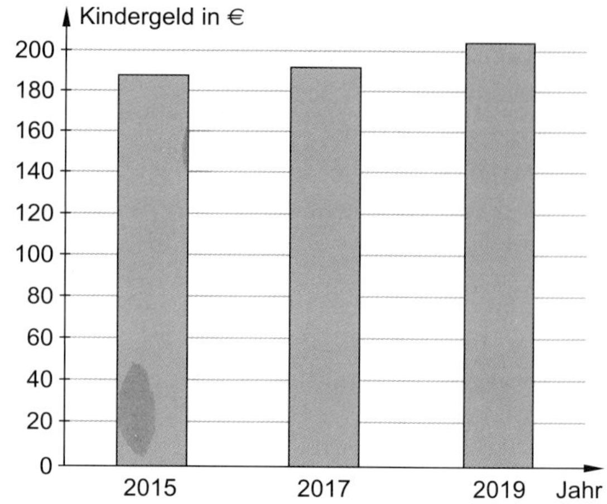

Volumen des kleinen Wagens:
$V_{\text{kleiner Wagen (2015)}} \approx 0{,}7 \cdot 0{,}7 \cdot 1{,}8$
$V_{\text{kleiner Wagen (2015)}} \approx 0{,}9\ \text{cm}^3$

Volumen des größeren Wagens:
$V_{\text{großer Wagen (2019)}} \approx 1{,}4 \cdot 1{,}4 \cdot 3{,}3$
$V_{\text{großer Wagen (2019)}} \approx 6{,}5\ \text{cm}^3$

Vergrößerung: $6{,}5 : 0{,}9 \approx 7$

Das Volumen steigt auf etwa das 7-Fache, was 700 % entspricht.

157 a)
- • Eltern
- ✗ Schüler
- • Schulleitung
- ✗ Mensabetreiber
- • Lehrer

Die Schüler haben wahrscheinlich diese Umfrage gestartet und das Diagramm erstellt, da sie gerne Süßigkeiten essen.
Der Mensabetreiber könnte ebenfalls dieses Diagramm erstellt haben, da er mit dem Verkauf von Süßigkeiten seinen Umsatz steigern kann.

b) Der dunkelgraue Bereich soll 43 % der Zustimmungen veranschaulichen, wird aber mit mehr als 50 % eingezeichnet. Es wird so der Eindruck erweckt, dass mehr als die Hälfte aller Befragten sich für den Süßwarenverkauf ausgesprochen haben, was definitiv nicht stimmt, denn 52 % der Befragten haben sich nicht dafür ausgesprochen.
Außerdem ergibt die Summe der Prozentsätze nicht 100 %, sondern nur 95 %. Das bedeutet, dass eventuell eine weitere Antwortmöglichkeit nicht ausgewertet wurde, ungültige Stimmen nicht gezählt wurden oder bei der Berechnung der relativen Häufigkeiten Fehler unterlaufen sind.

c) Kreisdiagramm:

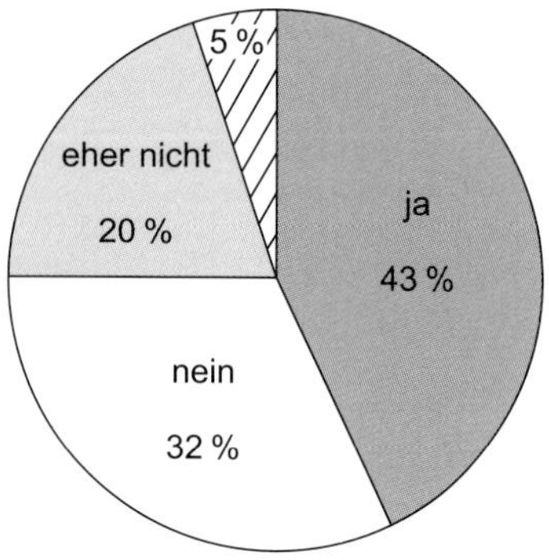

Umrechnung von Prozent in Grad:
$43\ \% \mathrel{\hat{=}} 43 \cdot 3{,}6° = 154{,}8°$
$32\ \% \mathrel{\hat{=}} 32 \cdot 3{,}6° = 115{,}2°$
$20\ \% \mathrel{\hat{=}} 20 \cdot 3{,}6° = 72°$
$5\ \% \mathrel{\hat{=}} 5 \cdot 3{,}6° = 18°$

158 a) Auf den ersten Blick scheint Herr Berner die größere Umsatzsteigerungen erzielt zu haben, da seine Kurve steil ansteigt, während die von Herrn Apel eher flach verläuft.

b) Herr Apel: 40 000 € im Januar, 57 000 € im Juni
Herr Berner: 41 000 € im Januar, 51 000 € im Juni

c) Herr Apel: Umsatzsteigerung um $p\,\% = \frac{(57\,000\,€ - 40\,000\,€) \cdot 100\,\%}{40\,000\,€} = 42{,}5\,\%$

Herr Berner: Umsatzsteigerung um $p\,\% = \frac{(51\,000\,€ - 41\,000\,€) \cdot 100\,\%}{41\,000\,€} = 24{,}39\,\%$

d) Die größere Umsatzsteigerungen hat demnach Herr Apel erzielt.

e) Herr Berner möchte sein Ergebnis in einem möglichst guten Licht erscheinen lassen. Daher wählt er die Beschriftung der y-Achse so, dass die Umsatzsteigerung als möglichst steile Kurve erscheint; insbesondere beginnt er nicht bei 0 €, sondern bei 40 000 €.

---

159 a) Diagramm 1:
A Kunden: zum Kaufanreiz und zur Bestätigung der guten Wahl
C Aktionären: zur Bestätigung der Firmenstrategie
D Konkurrenten: um zu zeigen, wie gut das Unternehmen gewirtschaftet hat
F Marketingabteilung: um mithilfe des Diagramms eine gezielte Werbekampagne zu starten

Diagramm 2:
E Betriebsrat: für Lohnverhandlungen, damit die Lohnerhöhungen möglichst gering ausfallen

Diagramm 3:
B Mitarbeitern: um zu vermitteln, dass die Anstrengungen der letzten 10 Jahre sich gelohnt haben und der Umsatz dank ihrer Arbeit und ihres Einsatzes gestiegen ist. (Die Vorlage von Diagramm 1 könnte die Mitarbeiter verleiten sich zu sehr auf den Lorbeeren auszuruhen.)

b) Diagramm 1:
Es handelt sich um eine verzerrte Darstellung, da die y-Achse erst bei 95 beginnt und die Abstände zwischen den Einheiten wesentlich größer sind als auf der x-Achse. Dadurch wird der Eindruck erweckt, dass der Umsatz in kurzer Zeit enorm angestiegen ist.

Diagramm 2:
Dies ist die sachlich richtige Darstellung der Umsatzsteigerung, da die Graphik auf beiden Achsen die gleichen Abstände zwischen den Einheiten aufweist und die y-Achse bei 0 anfängt. Man erkennt deutlich, dass es sich nur um einen geringen Anstieg handelt.

Diagramm 3:
In diesem Diagramm verzerren die vergrößerten Abstände zwischen den Einheiten auf der x-Achse das Bild. Außerdem beginnt die y-Achse bei 95 und nicht bei 0.

160

	Relative Häufigkeit	
Schüler	Kopf	Kante
1	0,756	0,244
2	0,802	0,198
3	0,739	0,261
4	0,779	0,221
5	0,793	0,207

Gesamtanzahl der Würfe: 5 000
Gesamtanzahl Kopf: 3 869
(Gesamtanzahl Kante: 1 131)
Relative Häufigkeit für das Ereignis „Reißnagel landet auf dem Kopf“:

$h = \frac{3\,869}{5\,000} \approx 0{,}774$ bzw. $77{,}4\,\%$

In rund 77 % der 5 000 Würfe landet der Reißnagel auf dem Kopf. Deshalb kann man für einen einzigen Wurf vorhersagen, dass die Kopflage eher (mit einer Wahrscheinlichkeit von ca. 77 %) eintritt.

161 a) Günstiges Ergebnis: $E = \{Silvester\}$
Mögliche Ergebnisse: $\Omega = \{alle\ Tage\ des\ Jahres\}$

Anzahl der günstigen Ergebnisse: 1
Anzahl der möglichen Ergebnisse: 365

Wahrscheinlichkeit: $P(Silvester) = \frac{1}{365} \approx 0{,}0027$ bzw. 0,27 %

b) Günstiges Ergebnis: $E = \{Sonntag\}$
Mögliche Ergebnisse: $\Omega = \{Montag, Dienstag, Mittwoch, \ldots\}$

Anzahl der günstigen Ergebnisse: 1
Anzahl der möglichen Ergebnisse: 7

Wahrscheinlichkeit: $P(Sonntag) = \frac{1}{7} \approx 0{,}1429$ bzw. 14,29 %

c) Günstige Ergebnisse: $E = \{Tage\ im\ Februar\}$
Mögliche Ergebnisse: $\Omega = \{alle\ Tage\ des\ Jahres\}$

Anzahl der günstigen Ergebnisse: 28
Anzahl der möglichen Ergebnisse: 365

Wahrscheinlichkeit: $P(Februar) = \frac{28}{365} \approx 0{,}0767$ bzw. 7,67 %

---

162 a) Günstige Ergebnisse: $E = \{2; 4; 6; 8; 10; 12; 14\}$
Mögliche Ergebnisse: $\Omega = \{1; 2; 3; \ldots; 15\}$

Anzahl der günstigen Ergebnisse: 7
Anzahl der möglichen Ergebnisse: 15

Wahrscheinlichkeit: $P(gerade\ Zahl) = \frac{7}{15} \approx 0{,}467$ bzw. 46,7 %

b) Günstige Ergebnisse: $E = \{1; 3; 5; 7; 9; 11; 13; 15\}$
Mögliche Ergebnisse: $\Omega = \{1; 2; 3; \ldots; 15\}$

Anzahl der günstigen Ergebnisse: 8
Anzahl der möglichen Ergebnisse: 15

Wahrscheinlichkeit: $P(ungerade\ Zahl) = \frac{8}{15} \approx 0{,}533$ bzw. 53,3 %

oder
Berechnung des Gegenereignisses:
$P(gerade\ Zahl) \approx 0{,}467$ (vgl. Teilaufgabe a)
$P(ungerade\ Zahl) = 1 - 0{,}467 \approx 0{,}533$ bzw. $100\,\% - 46{,}7\,\% = 53{,}3\,\%$

c) Günstige Ergebnisse: $E = \{11; 12; 13; 14; 15\}$
Mögliche Ergebnisse: $\Omega = \{1; 2; 3; \ldots; 15\}$

Anzahl der günstigen Ergebnisse: 5
Anzahl der möglichen Ergebnisse: 15

Wahrscheinlichkeit: $P(größer\ oder\ gleich\ 11) = \frac{5}{15} = \frac{1}{3} \approx 0{,}333$ bzw. 33,3 %

---

163 a) Eine mögliche Antwort:
Ich würde mich für B entscheiden, weil es 3 Kombinationsmöglichkeiten gibt [(1; 6), (2; 5), (3; 4)], im Gegensatz zu 2 bei A [(1; 4), (2; 3)] und C [(3; 6), (4; 5)] und 1 bei D [(6; 6)].

b) Die Tabelle zeigt, dass es 36 verschiedene Möglichkeiten gibt, mit zwei Würfeln Augensummen zu bilden.

Würfel 1 / Würfel 2	1	2	3	4	5	6
1	1+1=2	1+2=3	4	5	6	7
2	3	4	5	6	7	8
3	4	5	6	7	8	9
4	5	6	7	8	9	10
5	6	7	8	9	10	11
6	7	8	9	10	11	12

Augensumme 5:
Günstige Ergebnisse: $E = \{1+4; 2+3; 3+2; 4+1\}$
Mögliche Ergebnisse: $\Omega = \{$alle Werte der Tabelle$\}$

Anzahl der günstigen Ergebnisse: 4
Anzahl der möglichen Ergebnisse: 36

Wahrscheinlichkeit: $P(\text{Summe } 5) = \frac{4}{36} \approx 0{,}1111$ bzw. 11,11 %

Augensumme 7:
Günstige Ergebnisse: $E = \{1+6; 2+5; 3+4; 4+3; 2+5; 6+1\}$
Mögliche Ergebnisse: $\Omega = \{$alle Werte der Tabelle$\}$

Anzahl der günstigen Ergebnisse: 6
Anzahl der möglichen Ergebnisse: 36

Wahrscheinlichkeit: $P(\text{Summe } 7) = \frac{6}{36} \approx 0{,}1667$ bzw. 16,67 %

Augensumme 9:
Günstige Ergebnisse: $E = \{6+3; 5+4; 4+5; 3+6\}$
Mögliche Ergebnisse: $\Omega = \{$alle Werte der Tabelle$\}$

Anzahl der günstigen Ergebnisse: 4
Anzahl der möglichen Ergebnisse: 36

Wahrscheinlichkeit: $P(\text{Summe } 9) = \frac{4}{36} \approx 0{,}1111$ bzw. 11,11 %

Augensumme 12:
Günstige Ergebnisse: $E = \{6+6\}$
Mögliche Ergebnisse: $\Omega = \{$alle Werte der Tabelle$\}$

Anzahl der günstigen Ergebnisse: 1
Anzahl der möglichen Ergebnisse: 36

Wahrscheinlichkeit: $P(\text{Summe } 12) = \frac{1}{36} \approx 0{,}0278$ bzw. 2,78 %

Beim Werfen mit 2 Würfeln kommt die Summe 7 mit einer Wahrscheinlichkeit von 16,67 % am häufigsten vor.

164 a) Günstige Ergebnisse: E = {Herzbube; Karobube}
Mögliche Ergebnisse: Ω = {alle Spielkarten}

Anzahl der günstigen Ergebnisse: 2
Anzahl der möglichen Ergebnisse: 32

Wahrscheinlichkeit: $P(\text{roter Bube}) = \frac{2}{32} = 0{,}0625$ bzw. 6,25 %

b) Günstige Ergebnisse: E = {8 Karo; 8 Pik; 8 Kreuz}
Mögliche Ergebnisse: Ω = {alle Spielkarten}

Anzahl der günstigen Ergebnisse: 24
Anzahl der möglichen Ergebnisse: 32

Wahrscheinlichkeit: $P(\text{keine Herzkarte}) = \frac{24}{32} = 0{,}75$ bzw. 75 %

c) Günstige Ergebnisse: E = {7, 8, 9 von Herz, Karo, Pik, Kreuz}
Mögliche Ergebnisse: Ω = {alle Spielkarten}

Anzahl der günstigen Ergebnisse: 12
Anzahl der möglichen Ergebnisse: 32

Wahrscheinlichkeit: $P(7, 8 \text{ oder } 9) = \frac{12}{32} = 0{,}375$ bzw. 37,5 %

---

165 a) Günstige Ergebnisse: E = {weibliche Befragte}
Mögliche Ergebnisse: Ω = {alle Befragten}

Anzahl der günstigen Ergebnisse: 37
Anzahl der möglichen Ergebnisse: 100

Wahrscheinlichkeit: $P(\text{weiblich}) = \frac{37}{100} = 0{,}37$ bzw. 37 %

b) Günstige Ergebnisse: E = {Befürworter/in}
Mögliche Ergebnisse: Ω = {alle Befragten}

Anzahl der günstigen Ergebnisse: 58
Anzahl der möglichen Ergebnisse: 100

Wahrscheinlichkeit: $P(\text{Befürworter/in}) = \frac{58}{100} = 0{,}58$ bzw. 58 %

c) Günstige Ergebnisse: E = {Ablehnerinnen}
Mögliche Ergebnisse: Ω = {alle Befragten}

Anzahl der günstigen Ergebnisse: 17
Anzahl der möglichen Ergebnisse: 100

Wahrscheinlichkeit: $P(\text{Ablehnerin}) = \frac{17}{100} = 0{,}17$ bzw. 17 %

---

166 Baumdiagramm:

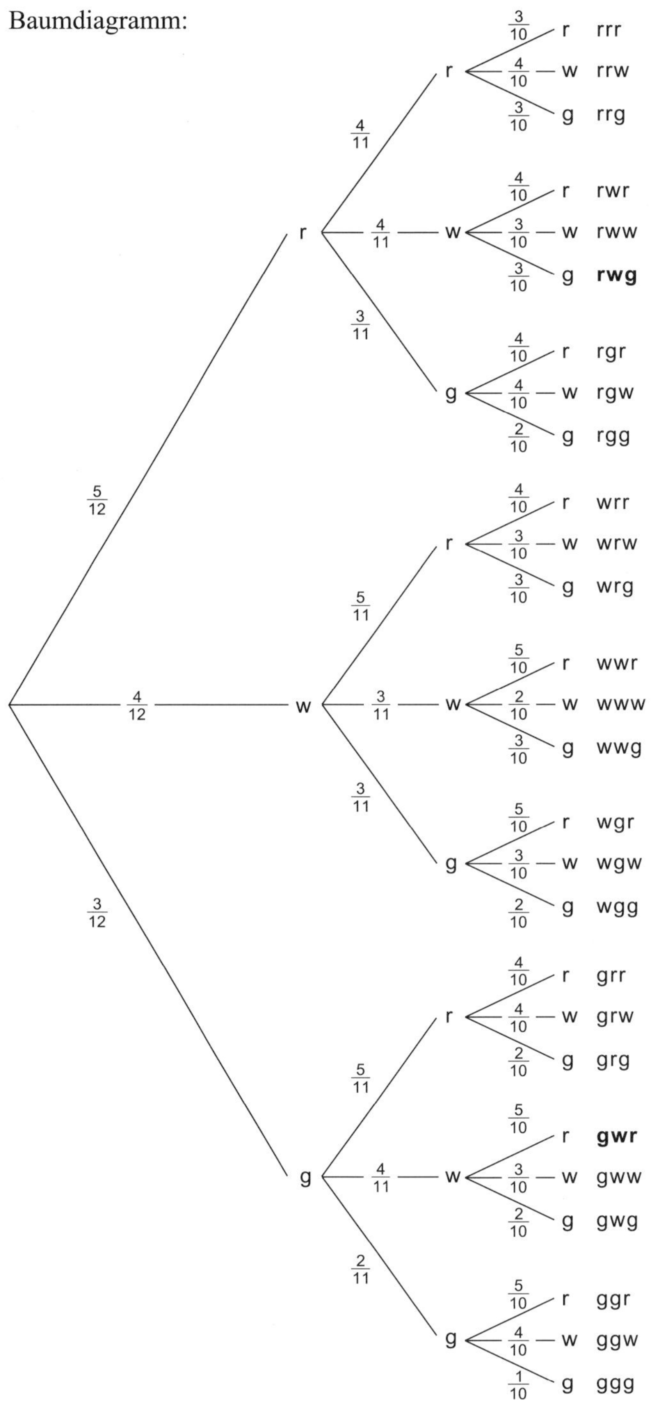

Wahrscheinlichkeit gelb-weiß-rot zu ziehen:

$$P(gwr) = \frac{3}{12} \cdot \frac{4}{11} \cdot \frac{5}{10} \approx 0{,}045$$

Wahrscheinlichkeit rot-weiß-gelb zu ziehen:

$$P(rwg) = \frac{5}{12} \cdot \frac{4}{11} \cdot \frac{3}{10} \approx 0{,}045$$

$$\frac{3}{12} \cdot \frac{4}{11} \cdot \frac{5}{10} = \frac{5}{12} \cdot \frac{4}{11} \cdot \frac{3}{10}$$

Nein, Tom hat nicht recht.

Die Wahrscheinlichkeit liegt in beiden Fällen bei 0,045 bzw. 4,5 %.

Rechts und links des Gleichheitszeichens steht das Gleiche, die Multiplikation ist kommutativ.

167 Es handelt sich um einen dreistufigen Zufallsversuch ohne Zurücklegen.
Das Baumdiagramm sieht daher folgendermaßen aus:

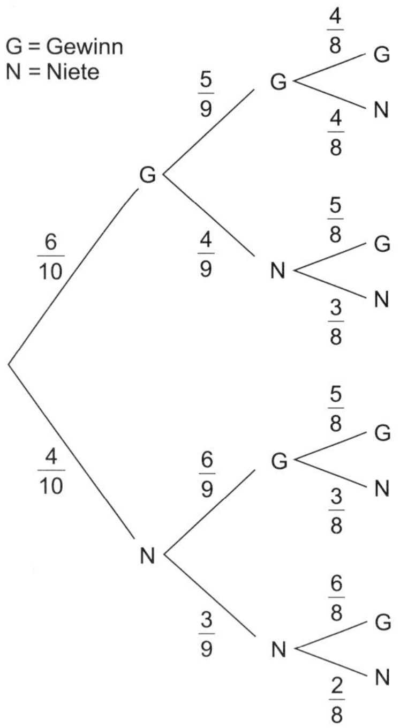

a) $P(GGG) = \frac{6}{10} \cdot \frac{5}{9} \cdot \frac{4}{8} = \frac{1}{6} \approx 0{,}167$ bzw. 16,7 %

Die Wahrscheinlichkeit, dass Henri drei Gewinne zieht, liegt bei 16,7 %.

b) $P(NNN) = \frac{4}{10} \cdot \frac{3}{9} \cdot \frac{2}{8} = \frac{1}{30} \approx 0{,}033$ bzw. 3,3 %

Die Wahrscheinlichkeit, dass er keinen Gewinn zieht, liegt bei 3,3 %.

c) Um die Wahrscheinlichkeit für „mindestens einen Gewinn" zu berechnen, muss man die Wahrscheinlichkeit von 7 der 8 Pfade bestimmen und addieren. Einfacher ist es, das Gegenereignis, also keinen Gewinn, zu berechnen. Dieses Ergebnis wird dann von 1 bzw. 100 % subtrahiert.

$P(NNN) \approx 0{,}033$ bzw. 3,3 %

$1 - 0{,}033 \approx 0{,}967$ bzw. $100\,\% - 3{,}3\,\% = 96{,}7\,\%$

d) Es gibt 3 Pfade, um genau einen Gewinn zu ziehen.

$$P(\text{genau ein Gewinn}) = \underbrace{\frac{6}{10} \cdot \frac{4}{9} \cdot \frac{3}{8}}_{P(GNN)} + \underbrace{\frac{4}{10} \cdot \frac{6}{9} \cdot \frac{3}{8}}_{P(NGN)} + \underbrace{\frac{4}{10} \cdot \frac{3}{9} \cdot \frac{6}{8}}_{P(NNG)} = \frac{1}{10} + \frac{1}{10} + \frac{1}{10} = \frac{3}{10} = 0{,}3 \text{ bzw. } 30\,\%$$

Die Wahrscheinlichkeit, genau einen Gewinn zu ziehen, liegt bei 30 %.

168 a)

Würfel 1 / Würfel 2	1	2	3	4	5	6
1	(1; 1)	(1; 2)	(1; 3)	(1; 4)	(1; 5)	(1; 6)
2	(2; 1)	(2; 2)	(2; 3)	(2; 4)	(2; 5)	(2; 6)
3	(3; 1)	(3; 2)	(3; 3)	(3; 4)	(3; 5)	(3; 6)
4	(4; 1)	(4; 2)	(4; 3)	(4; 4)	(4; 5)	(4; 6)
5	(5; 1)	(5; 2)	(5; 3)	(5; 4)	(5; 5)	(5; 6)
6	(6; 1)	(6; 2)	(6; 3)	(6; 4)	(6; 5)	**(6; 6)**

Es gibt 36 Kombinationsmöglichkeiten, mit zwei Würfeln zu würfeln. Der 6-er Pasch ist eine davon.

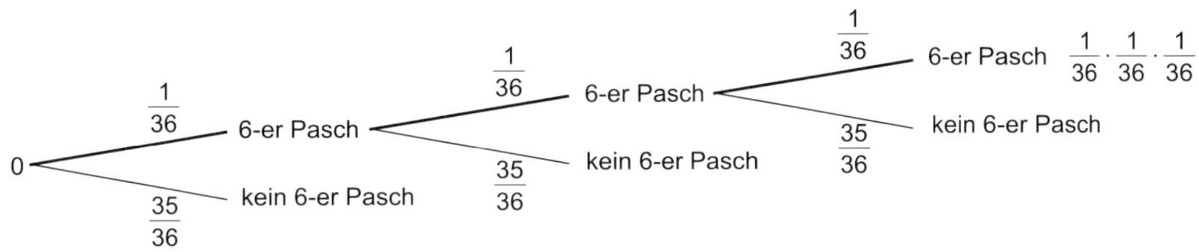

$P(3 \cdot 6\text{-er Pasch}) = \frac{1}{36} \cdot \frac{1}{36} \cdot \frac{1}{36} = \frac{1}{46\,656} \approx 0{,}00002143$ bzw. 0,0021 %

Die Wahrscheinlichkeit dreimal einen 6-er Pasch hintereinander zu würfeln liegt bei 0,0021 %.

b)

Würfel 1 / Würfel 2	1	2	3	4	5	6
1	(1; 1)	**(1; 2)**	(1; 3)	(1; 4)	(1; 5)	(1; 6)
2	**(2; 1)**	(2; 2)	(2; 3)	(2; 4)	(2; 5)	(2; 6)
3	(3; 1)	(3; 2)	(3; 3)	(3; 4)	(3; 5)	(3; 6)
4	(4; 1)	(4; 2)	(4; 3)	(4; 4)	(4; 5)	(4; 6)
5	(5; 1)	(5; 2)	(5; 3)	(5; 4)	(5; 5)	(5; 6)
6	(6; 1)	(6; 2)	(6; 3)	(6; 4)	(6; 5)	**(6; 6)**

Mäxchen würfeln:
Günstige Ergebnisse: $E = \{(1;\,2),\,(2;\,1)\}$
Mögliche Ergebnisse: $\Omega = \{(1;\,1),\,(1;\,2)\,\ldots\,(6;\,6)\}$

Anzahl der günstigen Ergebnisse: 2
Anzahl der möglichen Ergebnisse: 36

Wahrscheinlichkeit: $P((1;\,2),\,(2;\,1)) = \frac{2}{36} \approx 0{,}056$ bzw. 5,6 %

6-er-Pasch würfeln:
Günstige Ergebnisse: $E = \{(6;\,6)\}$
Mögliche Ergebnisse: $\Omega = \{(1;\,1),\,(1;\,2)\,\ldots\,(6;\,6)\}$

Anzahl der günstigen Ergebnisse: 1
Anzahl der möglichen Ergebnisse: 36

Wahrscheinlichkeit: $P(6;\,6) = \frac{1}{36} \approx 0{,}028$ bzw. 2,8 %

Lina hat recht, da die Wahrscheinlichkeit für Mäxchen bei ca. 5,6 %; die für den 6-er-Pasch bei ca. 2,8 % liegt.

c)

Würfel 2 \ Würfel 1	1	2	3	4	5	6
1	**(1; 1)**	**(1; 2)**	(1; 3)	(1; 4)	(1; 5)	(1; 6)
2	**(2; 1)**	**(2; 2)**	(2; 3)	(2; 4)	(2; 5)	(2; 6)
3	(3; 1)	(3; 2)	**(3; 3)**	(3; 4)	(3; 5)	(3; 6)
4	(4; 1)	(4; 2)	(4; 3)	**(4; 4)**	(4; 5)	(4; 6)
5	(5; 1)	(5; 2)	(5; 3)	(5; 4)	**(5; 5)**	(5; 6)
6	(6; 1)	(6; 2)	(6; 3)	(6; 4)	(6; 5)	**(6; 6)**

Melina hat noch 8 Möglichkeiten.

$P(\text{größer als } 65) = \frac{8}{36} \approx 0,2222$ bzw. 22,22 %

Die Wahrscheinlichkeit, dass Melina höher als Gregor würfelt, liegt bei 22,22 %.

---

169 Es handelt sich um einen dreistufigen Zufallsversuch „mit Zurücklegen".

Die Wahrscheinlichkeit mit einem Würfel eine 6 zu würfeln liegt bei $\frac{1}{6}$, die keine 6 zu würfeln bei $\frac{5}{6}$.

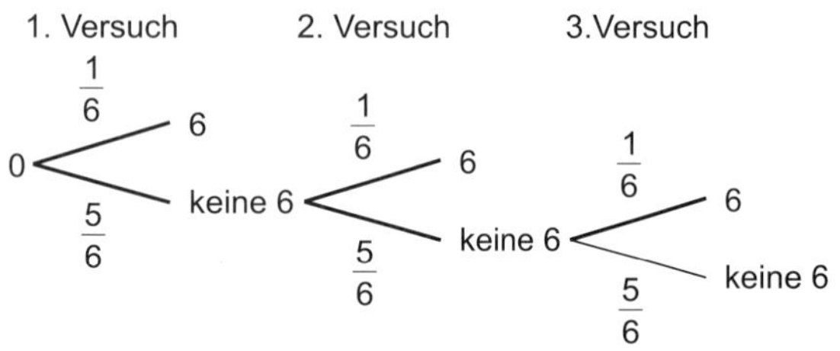

Wahrscheinlichkeit, eine 6 beim ersten Versuch zu würfeln: $\frac{1}{6}$

Wahrscheinlichkeit beim zweiten Versuch eine 6 zu würfeln: $\frac{5}{6} \cdot \frac{1}{6}$

Wahrscheinlichkeit beim dritten Versuch eine 6 zu würfeln: $\frac{5}{6} \cdot \frac{5}{6} \cdot \frac{1}{6}$

$\frac{1}{6} + \frac{5}{6} \cdot \frac{1}{6} + \frac{5}{6} \cdot \frac{5}{6} \cdot \frac{1}{6} = \frac{1}{6} + \frac{5}{36} + \frac{25}{216} = \frac{91}{216} \approx 0,421$ bzw. 42,1 %.

oder

Berechnung der Wahrscheinlichkeit des Gegenereignisses keine 6 zu würfeln:

$P(\text{keine } 6) = \frac{5}{6} \cdot \frac{5}{6} \cdot \frac{5}{6} = \frac{125}{216} \approx 0,579$ bzw. 57,9 %

Differenz:

$1 - 0,579 \approx 0,421$ bzw. $100\,\% - 57,9\,\% \approx 42,1\,\%$

Die Wahrscheinlichkeit für einen gelungenen Start beim Spiel liegt bei ca. 42 %.

9 Wachstum und Zerfall

170 a) Lineare Abnahme:
Von den ursprünglichen 5 000 ℓ werden gleichmäßig jeden Monat 250 ℓ abgezogen.
Funktionsgleichung: $y = 5\,000 - x \cdot 250 = -250x + 5\,000$

b) Exponentielle Zunahme:
Nach jeweils 20 Minuten erhöht sich die Salmonellenzahl um 100 % und erreicht 200 % der vorherigen Anzahl.
Funktionsgleichung: $y = a \cdot 2^x$

c) Lineare Zunahme:
Der Geldbetrag wächst gleichmäßig jede Woche um 2 €.
Funktionsgleichung: $y = 2x$

d) Exponentielle Abnahme:
Die Jeans verliert immer einen bestimmten Anteil (Prozentsatz) der vorhandenen Farbe. Jeder neue Farbwert bezieht sich auf den vorherigen Wert.
Funktionsgleichung: $y = a \cdot q^x$

e) Exponentielle Abnahme bei Herrn Schlemmermeier:
Herr Schlemmermeier verliert jeden Monat 1,5 % des gerade aktuellen Gewichtes, d. h., in jedem Folgemonat bringt er nur noch 98,5 % des vorherigen Gewichtes auf die Waage.
Funktionsgleichung: $y = a \cdot 0{,}985^x$
Dabei entspricht a dem Anfangsgewicht von Herrn Schlemmermeier vor der Diät.

Lineare Abnahme bei Frau Schlemmermeier:
Frau Schlemmermeier verliert gleichbleibend 1,5 kg pro Monat.
Funktionsgleichung: $y = a - x \cdot 1{,}5 = -1{,}5\,x + a$
Dabei entspricht a dem Anfangsgewicht von Frau Schlemmermeier vor der Diät.

---

171 a) Angebot I:
Es handelt sich um ein lineares Wachstum, weil jeden Monat der gleiche Wert in die Sparbüchse gesteckt wird. Insgesamt erhält Dominik:
$1\,000 + 18 \cdot 50 = 1\,000 + 900 = 1\,900$

Angebot II:
Es handelt sich um ein exponentielles Wachstum, weil der Betrag jeden Monat auf das Doppelte des Vormonats anwächst.
Anfangskapital: $K_0 = 0{,}01$
Laufzeit n: 18 Monate
Verdopplung bedeutet eine Erhöhung um 100 %, deshalb gilt:

Zinsfaktor: $q = 1 + \frac{100}{100} = 1 + 1 = 2$

Insgesamt erhält Dominik:

$$K_n = K_0 \cdot q^n$$
$$K_{18} = 0{,}01 \cdot 2^{18}$$
$$K_{18} = 2\,621{,}44$$

Bei Angebot I beträgt der Beitrag zum Führerschein 1 900 €, bei Angebot II beträgt er 2 621,44 €. Dominik sollte also Angebot II wählen.

b) Angebot I: $y = 1\,000 + x \cdot 50$

Angebot II: $y = 0{,}01 \cdot 2^x$

c) Dominik wird in 30 Monaten 19 Jahre alt (18 Monate + 12 Monate = 30 Monate).
Angebot I:
$y = 50 \cdot x + 1\,000 = 50 \cdot 30 + 1\,000 = 2\,500$
Angebot II:
$y = 0{,}01 \cdot 2^x = 0{,}01 \cdot 2^{30} = 10\,737\,418{,}24$
Der Beitrag wächst bei Angebot I auf 2 500 € und bei Angebot II auf 10 737 418,24 € an.

---

172 a) Es handelt sich um eine exponentielle Zunahme, die Funktionsgleichung hat also die Form $y = a \cdot q^x$.
Anfangswert: $a = 15$
Wachstumsrate: $p\,\% = 60\,\%$
Wachstumsfaktor: $q = 1 + \frac{p}{100} = 1 + \frac{60}{100} = 1{,}6$
Damit ergibt sich als Funktionsgleichung:
$y = a \cdot q^x = 15 \cdot 1{,}6^x$

b) Eine Zeitspanne umfasst 10 Minuten. In einer Stunde sind also 6 Zeitspannen zu je 10 Minuten enthalten.
Um die einzelnen Werte zu berechnen, muss in die Formel aus Teilaufgabe a eingesetzt werden:
Fläche nach 10 Minuten (≙ 1. Zeitspanne): $y = 15 \cdot 1{,}6^1 = 24$
Fläche nach 20 Minuten (≙ 2. Zeitspanne): $y = 15 \cdot 1{,}6^2 = 38{,}4$
Fläche nach 30 Minuten (≙ 3. Zeitspanne): $y = 15 \cdot 1{,}6^3 = 61{,}44$
Fläche nach 40 Minuten (≙ 4. Zeitspanne): $y = 15 \cdot 1{,}6^4 \approx 98{,}30$
Fläche nach 50 Minuten (≙ 5. Zeitspanne): $y = 15 \cdot 1{,}6^5 \approx 157{,}29$
Fläche nach 60 Minuten (≙ 6. Zeitspanne): $y = 15 \cdot 1{,}6^6 \approx 251{,}66$
Wertetabelle:

Zeit in Minuten	0	10	20	30	40	50	60
Fläche in mm^2	15	24	38,4	61,44	98,30	157,29	251,66

Graph:

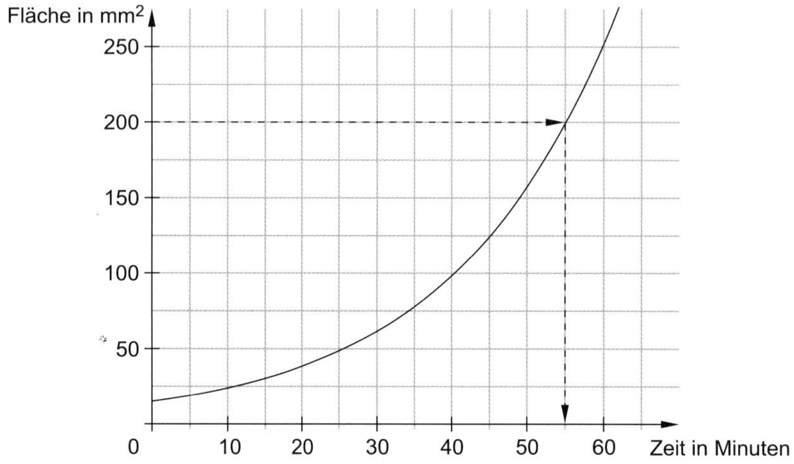

c) Die Fläche ist nach etwa 55 Minuten 200 mm^2 groß.

173 Es handelt sich um eine Zinseszinsaufgabe.

Gegeben: Kapital nach 10 Jahren: $K_{10} = 36\,408$

Zinssatz: $p\,\% = 4{,}7\,\%$

Laufzeit: $n = 10$ Jahre

Gesucht: K_0

Berechnung des Zinsfaktors q:

$$q = 1 + \frac{p}{100} = 1 + \frac{4{,}7}{100} = 1{,}047$$

Berechnung des Anfangskapitals K_0:

$$K_n = K_0 \cdot q^n$$

$$36\,408 = K_0 \cdot 1{,}047^{10} \quad |:1{,}047^{10}$$

$$\frac{36\,408}{1{,}047^{10}} = K_0$$

$$K_0 \approx 23\,000{,}11$$

Die Erbschaft betrug rund 23 000 €.

---

174 Allgemeine Funktionsgleichung: $y = a \cdot q^x$.

Anfangswert: $a = 100\,\%$

Zerfallsrate: $p\,\% = 50\,\%$

Zerfallsfaktor: $q = 1 - \frac{p}{100} = 1 - \frac{50}{100} = 0{,}5$

Damit ergibt sich als Funktionsgleichung: $y = a \cdot q^x = 100 \cdot 0{,}5^x$

Halbwertszeit: 6 Stunden $\hat{=}$ 1 Zeitspanne

2 Tage = 48 Stunden $\hat{=}$ 8 Zeitspannen

$y = 100 \cdot 0{,}5^x$

$y = 100 \cdot 0{,}5^8$

$y \approx 0{,}39$

Nach 2 Tagen sind noch ungefähr 0,39 % des radioaktiven Stoffes im Körper der Patientin zu finden.

oder

Die Halbwertszeit von 6 Stunden besagt, dass nach 6 Stunden die Hälfte des Stoffes zerfallen ist. Man kann die prozentuale Stoffkonzentration im Körper auch schrittweise berechnen:

Anfangswert:	100 %
Nach 6 Stunden	50 %
Nach 12 Stunden	25 %
Nach 18 Stunden	12,5 %
Nach 24 Stunden	6,25 %
Nach 30 Stunden	3,125 %
Nach 36 Stunden	1,5625 %
Nach 42 Stunden	0,78125 %
Nach 48 Stunden	0,390625 %

Nach 2 Tagen sind noch ungefähr 0,39 % des radioaktiven Stoffes im Körper der Patientin zu finden.

10 Prüfungsähnliche Aufgaben

175 a) Es wird der Zahlenstrahl betrachtet:

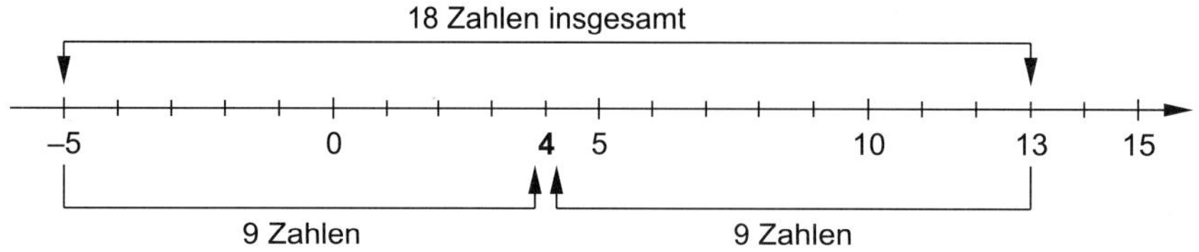

+4 liegt in der Mitte.

oder

Lösung über Mittelwertberechnung:

$(-5+13):2 = 8:2 = 4$

+4 liegt in der Mitte.

b) Lösung mit dem Dreisatz:

$$\begin{aligned} 100\text{ g Gouda} &\mathrel{\hat=} 1{,}45\text{ €} \quad &&|:100 \\ 1\text{ g Gouda} &\mathrel{\hat=} \frac{1{,}45}{100}\text{ €} \quad &&|\cdot 240 \\ 240\text{ g Gouda} &\mathrel{\hat=} \frac{1{,}45\cdot 240}{100}\text{ €} \\ &= 3{,}48\text{ €} \end{aligned}$$

Markus muss **3,48 €** bezahlen.

oder

Lösung über proportionale Zuordnung:

$$\frac{x}{240} = \frac{1{,}45}{100} \quad |\cdot 240$$

$$x = \frac{1{,}45\cdot 240}{100}$$

$$x = 3{,}48$$

Markus muss **3,48 €** bezahlen.

c) Anzahl der Ergebnisse „Kopf“: 12

Anzahl der Ergebnisse „Zahl“: 8

Relative Häufigkeit:

$$h(\text{„Kopf“}) = \frac{\text{Anzahl der Ergebnisse „Kopf“}}{\text{Anzahl aller Würfe}} = \frac{\mathbf{12}}{\mathbf{20}} = \mathbf{0{,}6} = \mathbf{60\ \%}$$

d) Darstellen der Zahlen als Dezimalzahlen:

$5\cdot 10^{-2} = 5\cdot\frac{1}{100} = \frac{5}{100} = 0{,}05 \qquad -0{,}9 \qquad \sqrt{0{,}25} = \sqrt{0{,}5^2} = 0{,}5 \qquad -\frac{7}{10} = -0{,}7$

Es gilt: $-0{,}9 < -0{,}7 < 0{,}05 < 0{,}5$

Geordnete Zahlen: $-0{,}9;\ -\frac{7}{10};\ 5\cdot 10^{-2};\ \sqrt{0{,}25}$

e) Bei einer Raute sind alle Seiten gleich lang und hier gilt offensichtlich $\overline{AB} = \overline{BC}$. Die Diagonalen einer Raute stehen senkrecht aufeinander und halbieren sich gegenseitig:

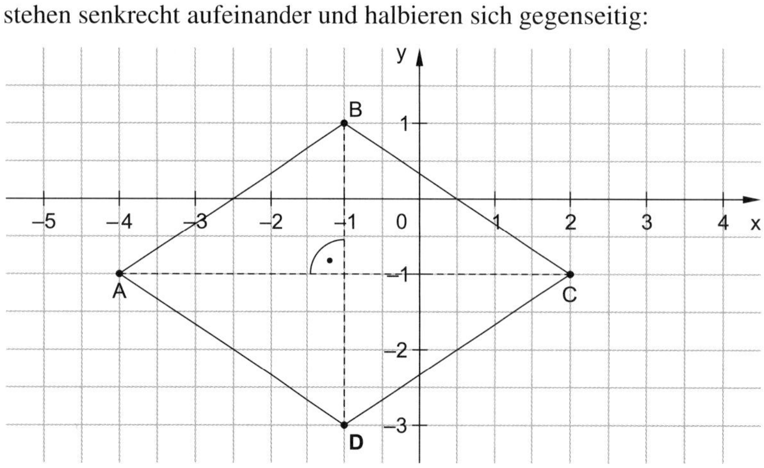

Es gilt: D(**–1** | **–3**)

f) Gegeben: Quadervolumen: $V = 1\,500\ \text{cm}^3$
Quaderhöhe: $h = 15$ cm

Gesucht: Länge a, Breite b

Volumen des Quaders:

$V = a \cdot b \cdot h$

$1\,500 = a \cdot b \cdot 15 \quad |:15$

$100 = a \cdot b$

Mögliche Werte für a und b:

$a = 10$ cm und $b = 10$ cm, weil $10 \cdot 10 = 100$.
$a = 5$ cm und $b = 20$ cm, weil $5 \cdot 20 = 100$.
$a = 4$ cm und $b = 25$ cm, weil $4 \cdot 25 = 100$.
$a = 2$ cm und $b = 50$ cm, weil $2 \cdot 50 = 100$.
usw.

g) ☐ $3{,}2^{-4}$ ☐ $3{,}2 \cdot 10^4$ ☒ $3{,}2 \cdot 10^{-4}$ ☐ $-3{,}2 \cdot 10^4$ ☒ 0,00032

Es gilt: $0{,}2^5 = 3{,}2 \cdot 10^{-4}$ (Taschenrechner)
$0{,}2^5 = 0{,}00032$, denn $0{,}2^5 = 0{,}2 \cdot 0{,}2 \cdot 0{,}2 \cdot 0{,}2 \cdot 0{,}2$

h) Die Hälfte von $\frac{1}{4}$ ist $\mathbf{\frac{1}{8}} = 1 : 8 = \mathbf{0{,}125}$. **oder** Es gilt: $\frac{1}{4} : 2 = \frac{1}{4 \cdot 2} = \mathbf{\frac{1}{8}} = \mathbf{0{,}125}$

i) Anzahl der Hauptgewinne: 5
Anzahl aller Lose: $5 + 75 = 80$

Wahrscheinlichkeit:

$$P(\text{„Hauptgewinn“}) = \frac{\text{Anzahl der Hauptgewinne}}{\text{Anzahl aller Lose}} = \mathbf{\frac{5}{80}} = 0{,}0625 = \mathbf{6{,}25\ \%}$$

j) Das Doppelte bedeutet zweimal so viel, d. h.: $2 \cdot 2^9 = 2^1 \cdot 2^9 = 2^{1+9} = 2^{10}$

Das Doppelte von 2^9 ist das Gleiche wie:

☐ 2^{18} ☒ 2^{10} ☐ 4^9 ☐ 4^{18} ☐ 4^{10}

k) **A** und **D** sind richtig.

ℓ) Lösen der Gleichung:

$10 - 5x = 20 \quad |-10$

$-5x = 10 \quad |:(-5)$

$x = \mathbf{-2}$

m) *1. Möglichkeit:* Berechnung über die Rabatthöhe
Berechnung der Rabatthöhe (20 %):

Lösung mit dem Dreisatz:

$$\begin{array}{r} 100\ \% \mathrel{\hat{=}} 120\ € \\ :100\ \ 1\ \% \mathrel{\hat{=}} 1{,}20\ €\ \ :100 \\ \cdot 20\ \ 20\ \% \mathrel{\hat{=}} 24\ €\ \ \cdot 20 \end{array}$$

oder

Lösung über proportionale Zuordnung:

$\frac{x}{20} = \frac{120}{100} \quad |\cdot 20$

$x = \frac{120 \cdot 20}{100}$

$x = 24$

Berechnung des neuen Preises:
120 € – 24 € = **96 €**

Der neue Preis beträgt 96 €.

oder

2. Möglichkeit: Direkte Berechnung
Da die Schuhe um 20 % reduziert wurden, beträgt der neue Preis 100 % – 20 % = 80 % vom alten Preis.

Berechnung des neuen Preises:

Lösung mit dem Dreisatz:

$$\begin{array}{rcl} & 100\,\% \mathrel{\hat=} 120\,€ & \\ :100 & 1\,\% \mathrel{\hat=} 1{,}20\,€ & :100 \\ \cdot 80 & 80\,\% \mathrel{\hat=} 96\,€ & \cdot 80 \end{array}$$

Der neue Preis beträgt **96 €**.

oder

Lösung über proportionale Zuordnung:

$$\frac{x}{80} = \frac{120}{100} \quad |\cdot 80$$

$$x = \frac{120 \cdot 80}{100}$$

$$x = 96$$

Der neue Preis beträgt **96 €**.

Ausgefülltes Plakat:

n) Umwandlung aller Werte in die Einheit kg:
$1\,005\text{ g} + 2{,}4\text{ kg} + 45\text{ g} + 0{,}75\text{ kg} = 1{,}005\text{ kg} + 2{,}4\text{ kg} + 0{,}045\text{ kg} + 0{,}75\text{ kg} = \mathbf{4{,}2\text{ kg}}$

Es sind insgesamt 4,2 kg.

o) Da die Wahrscheinlichkeit, ein grünes Gummibärchen zu ziehen, $\frac{2}{3}$ beträgt, sind $\frac{2}{3}$ der 45 Gummibärchen grün.
$\frac{1}{3}$ von 45 Gummibärchen sind $\frac{1}{3} \cdot 45 = 45 : 3 = 15$ Gummibärchen.

$\frac{2}{3}$ von 45 Gummibärchen sind $2 \cdot 15 = 30$ Gummibärchen.

Somit gilt:

☐ 25 ☒ 30 ☐ 32 ☐ 35 ☐ 40

---

176 Gegeben: Höhe der Pyramide: $h = 8$ cm
Grundseitenlänge: $a = 8$ cm

a) Volumen einer Schokoladenpyramide:
$$V = \frac{1}{3} \cdot a^2 \cdot h = \frac{1}{3} \cdot 8^2 \cdot 8 \approx \mathbf{170{,}67}$$

b) α' ist die Hälfte des gesuchten Winkels.
Berechnung von α':
$$\tan\alpha' = \frac{\text{Gegenkathete}}{\text{Ankathete}}$$
$$\tan\alpha' = \frac{4}{8}$$
$$\alpha' \approx 26{,}57°$$
Berechnung von α:
$$\alpha = 2 \cdot \alpha' = \mathbf{53{,}14°}$$
Der Winkel an der Spitze hat eine Größe von 53,14°.

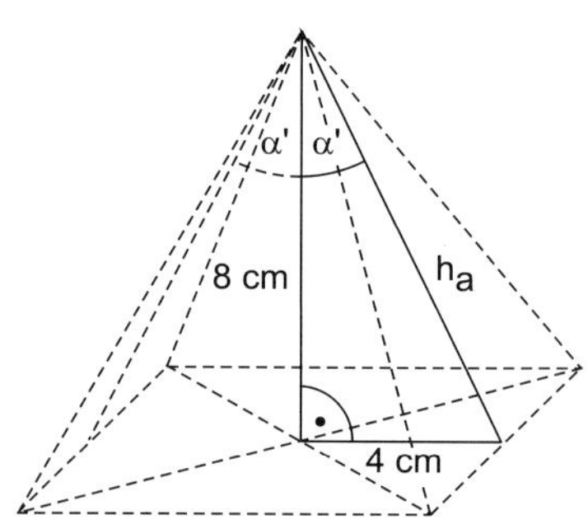

c) Berechnung der Höhe der Seitenfläche mit dem Satz von Pythagoras:
$$h_a^2 = 4^2 + 8^2$$
$$h_a^2 = 80 \quad |\sqrt{\ }$$
$$h_a \approx 8{,}94$$

Berechnung des Flächeninhalts einer Seitenfläche:

$A = \frac{a \cdot h_a}{2}$

$A = \frac{8 \cdot 8,94}{2}$

$A = 35,76$

Berechnung der gesamten Oberfläche:

$O = a^2 + 4 \cdot A$

$O = 8^2 + 4 \cdot 35,76$

$O = 207,04$

Gesamtbedarf (10 % hinzurechnen):

$207,04 \cdot 1,10 = 227,744$

Für eine Schokoladenpyramide braucht man ca. **227,74 cm²** Verpackung.

d) Berechnung der Masse:

$m = V \cdot \rho$

$m = 170,67 \cdot 0,88$

$m \approx 150,19$

Es steht die Gewichtsangabe **150 g** auf der Verpackung.

e) Gegeben: $d = 18$ mm $\Rightarrow$ $r = 9$ mm $= 0,9$ cm

Volumen einer Schokoladenkugel:

$V_K = \frac{4}{3}\pi \cdot r^3 = \frac{4}{3}\pi \cdot 0,9^3 \approx 3,05$

Volumen der Schokoladenpyramide (siehe Teilaufgabe a):

$V = 170,67$

Anzahl der Schokoladenkugeln, die man aus der Pyramide herstellen kann:

$V : V_K = 170,67 : 3,05 \approx 55,96$

Aus einer Schokoladenpyramide erhält man ca. **55** Schokoladenkugeln.

177 a) Zeichnung:

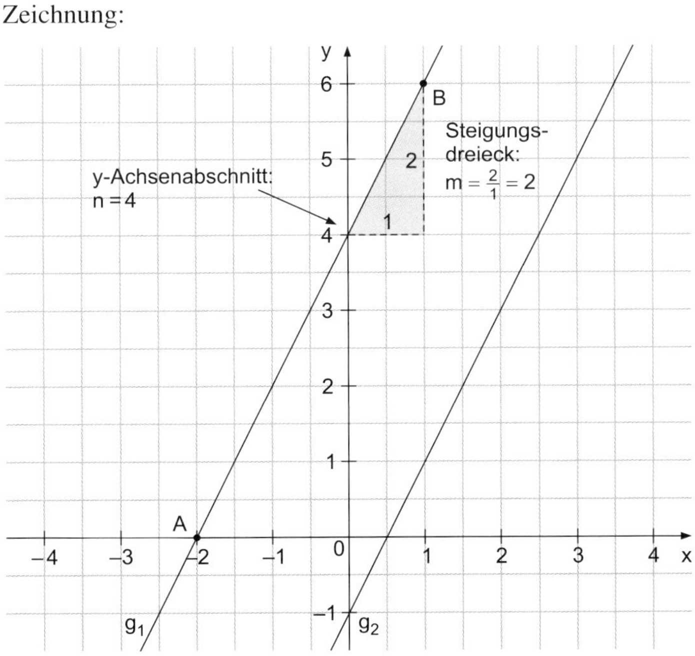

b) A(–2 | 0) und B(1 | 6) liegen auf g_1.

Einsetzen in die Geradengleichung $y = m \cdot x + n$:

I $0 = -2m + n$

II $6 = 1m + n \quad |\cdot(-1)$

Additionsverfahren:

$$\left.\begin{array}{ll} \text{I} & 0 = -2m + n \\ \text{II} & -6 = -m - n \end{array}\right\} +$$

I + II $-6 = -3m \quad |:(-3)$

$m = 2$

m = 2 in II:

$6 = 2 + n \quad |-2$

$n = 4$

Funktionsgleichung: $\mathbf{y = 2x + 4}$ oder $\mathbf{g_1(x) = 2x + 4}$

oder Entnimm die Funktionsgleichung mithilfe des Steigungsdreiecks und des Achsenabschnitts direkt aus der grafischen Darstellung.

c) Einsetzen von P(20 | 48) in die Geradengleichung $y = 2x + 4$:

$48 \stackrel{?}{=} 2 \cdot 20 + 4$

$48 \stackrel{?}{=} 40 + 4$

$48 \neq 44$

P liegt **nicht** auf g_1.

d) Einzeichnen der Geraden g_2: Die Steigung m ist dieselbe wie bei der Geraden g_1, der y-Achsenabschnitt ist –1. Funktionsgleichung: $\mathbf{y = 2x - 1}$ oder $\mathbf{g_2(x) = 2x - 1}$

e) Berechnung des Flächeninhalts:

Bestimmen der Schnittpunkte mit den Achsen:

x-Achse:

$0 = 2x + 4 \quad |-4$

$-4 = 2x \quad |:2$

$x = -2$

y-Achse:

$y = 2 \cdot 0 + 4$

$y = 4$

oder Bestimmen der Schnittpunkte mit den Achsen durch Ablesen aus der Zeichnung:

$x_0 = -2;\ y_0 = 4$

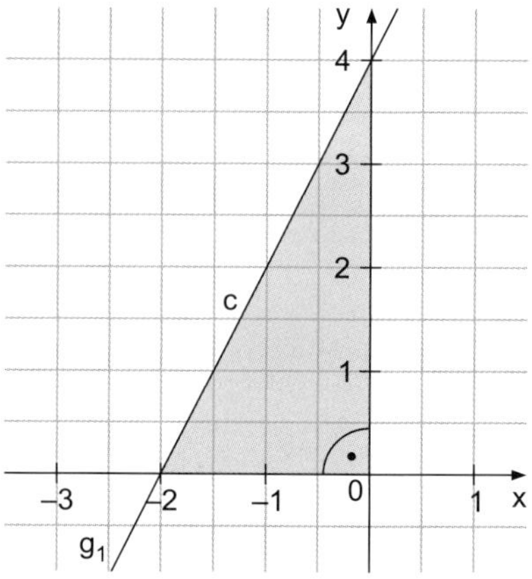

Flächeninhalt des Dreiecks:

$$A = \frac{g \cdot h}{2} = \frac{2 \cdot 4}{2} = 4$$

Berechnung des Umfangs:

Berechnung der Hypotenuse mit dem Satz von Pythagoras:

$c^2 = 2^2 + 4^2$

$c^2 = 4 + 16$

$c^2 = 20 \quad |\sqrt{\ }$

$c \approx 4{,}47$

Umfang des Dreiecks:

$u = 2 + 4 + 4{,}47 = 10{,}47$

Der Flächeninhalt des Dreiecks beträgt **4 FE** (Flächeneinheiten) und der Umfang **10,47 LE** (Längeneinheiten).

f) ☐ Aus 20 kg Äpfeln gewinnt man 10 kg Apfelmus.

Passt nicht, weil man aus 0 kg Äpfeln 0 kg Apfelmus erhält und der zugehörige Graph somit durch den Nullpunkt geht. Die zugehörige Funktionsgleichung lautet $y = 0{,}5x$.

☒ Die Leihgebühr für ein E-Bike beträgt 2 € pro Stunde, dazu kommen einmalig 4 € Verwaltungsgebühr.

Passt, die Funktionsgleichung lautet $y = 2x + 4$; x entspricht der Stundenzahl und y dem Gesamtpreis.

☐ In einer Tonne steht das Wasser 40 cm hoch. Durch ein Loch nimmt der Pegel stündlich um 2 cm ab.

Passt nicht, weil der Wasserstand abnimmt. Der zugehörige Graph ist eine fallende Gerade mit der Funktionsgleichung $y = -2x + 40$.

178 a) Berechnung des arithmetischen Mittels:

$78+75+80+73+78+75+83+72+79+98+72+190=1\,053$

$1\,053:12=87{,}75$

Das arithmetische Mittel liegt bei $\mathbf{87{,}75\ \frac{km}{h}}$.

b) Der Größe nach geordnete Datenmenge:

72 72 73 75 75 **78 / 78** 79 80 83 98 190

Der Median liegt bei $\mathbf{78\ \frac{km}{h}}$.

c) Bei der Testmessung haben 9 von 12 Fahrzeugen die Höchstgeschwindigkeit nicht überschritten.

Absolute Häufigkeit: **9**

Relative Häufigkeit: 9 von 12, d. h. $\frac{9}{12}=\frac{3}{4}=0{,}75=\mathbf{75\ \%}$

d) Eine Geschwindigkeit von $80\ \frac{km}{h}$ bedeutet:

Das Auto fährt 80 km in einer Stunde, d. h., das Auto fährt 80 km in 60 Minuten.

Lösung mit dem Dreisatz:

$$\begin{aligned} &80\text{ km} \mathrel{\hat=} 60\text{ min} && :80 \\ &1\text{ km} \mathrel{\hat=} \frac{60}{80}\text{ min} && \cdot 12 \\ &12\text{ km} \mathrel{\hat=} \frac{60\cdot 12}{80}\text{ min} \\ &= 9\text{ min} \end{aligned}$$

Das Auto braucht mindestens **9 Minuten**.

oder

Lösung über proportionale Zuordnung:

$$\frac{x}{12}=\frac{60}{80} \quad |\cdot 12$$

$$x=\frac{60\cdot 12}{80}$$

$$x=9$$

Das Auto braucht mindestens **9 Minuten**.

e) Berechnung des prozentualen Anteils:

Lösung mit dem Dreisatz:

$$\begin{aligned} &1{,}339\text{ €} \mathrel{\hat=} 100\ \% && :1{,}339 \\ &1\text{ €} \mathrel{\hat=} \frac{100}{1{,}339}\ \% && \cdot 1{,}469 \\ &1{,}469\text{ €} \mathrel{\hat=} \frac{100\cdot 1{,}469}{1{,}339}\ \% \\ &\approx 109{,}71\ \% \end{aligned}$$

oder

Lösung über proportionale Zuordnung:

$$\frac{x}{1{,}469}=\frac{100}{1{,}339} \quad |\cdot 1{,}469$$

$$x=\frac{100\cdot 1{,}469}{1{,}339}$$

$$x\approx 109{,}71$$

Berechnung der prozentualen Steigerung:

$109{,}71\ \%-100\ \%=\mathbf{9{,}71\ \%}$

Die prozentuale Steigerung beträgt etwa 9,71 %.

oder

Berechnung der preislichen Steigerung:

$1{,}469\text{ €}-1{,}339\text{ €}=0{,}13\text{ €}$

Berechnung der prozentualen Steigerung:

Lösung mit dem Dreisatz:

$$\begin{aligned} &1{,}339\text{ €} \mathrel{\hat=} 100\ \% && :1{,}339 \\ &1\text{ €} \mathrel{\hat=} \frac{100}{1{,}339}\ \% && \cdot 0{,}13 \\ &0{,}13\text{ €} \mathrel{\hat=} \frac{100\cdot 0{,}13}{1{,}339}\ \% \\ &\approx 9{,}71\ \% \end{aligned}$$

Die prozentuale Steigerung beträgt etwa **9,71 %**.

oder

Lösung über proportionale Zuordnung:

$$\frac{x}{0{,}13}=\frac{100}{1{,}339} \quad |\cdot 0{,}13$$

$$x=\frac{100\cdot 0{,}13}{1{,}339}$$

$$x\approx 9{,}71$$

Die prozentuale Steigerung beträgt etwa **9,71 %**.

f) *1. Möglichkeit:* Werte stufenweise berechnen

nach dem 1. Jahr:
$\frac{x}{80} = \frac{23\,000}{100}$
$x = 18\,400$

nach dem 2. Jahr:
$\frac{x}{92} = \frac{18\,400}{100}$
$x = 16\,928$

nach dem 3. Jahr:
$\frac{x}{92} = \frac{16\,928}{100}$
$x = 15\,573{,}76$

nach dem 4. Jahr:
$\frac{x}{92} = \frac{15\,573{,}76}{100}$
$x \approx 14\,327{,}86$

oder

2. Möglichkeit: Werte mithilfe von Potenzen berechnen

nach dem 1. Jahr:
$\frac{x}{80} = \frac{23\,000}{100}$
$x = 18\,400$

nach 3 weiteren Jahren:
$18\,400 \cdot 0{,}92^3 \approx 14\,327{,}86$

Berechnung des Wertverlusts:
$23\,000 - 14\,327{,}86 = 8\,672{,}14$

Er muss mit einem Verlust von **8 672,14 €** rechnen.

---

179 a) *Hinweis:* Die Besucherzahlen sind in 1 000 angegeben. „Besucher" wird im Folgenden mit BS abgekürzt.

- Überprüfung von Aussage A:
  Berechnung der Differenz der Besucherzahlen:
  $2\,075\,000 - 1\,036\,000 = 1\,039\,000$
  Aussage A ist **falsch**, der Zoologische Garten hatte 1 039 000 Besucher mehr als der Tierpark.

- Überprüfung von Aussage B:
  Anzahl der Besucher im Zoologischen Garten 2012: 2 077 000
  Anzahl der Besucher im Zoologischen Garten 2013: 2 075 000

  Berechnung des prozentualen Anteils der Besucherzahlen:

  Lösung mit dem Dreisatz:

  $$\begin{aligned} &2\,077\,000 \text{ BS} \mathrel{\hat{=}} 100\,\% && (:2\,077\,000)\\ &1 \text{ BS} \mathrel{\hat{=}} \frac{100}{2\,077\,000}\,\% && (\cdot 2\,075\,000)\\ &2\,075\,000 \text{ BS} \mathrel{\hat{=}} \frac{100 \cdot 2\,075\,000}{2\,077\,000}\,\% \\ &\approx 99{,}90\,\% \end{aligned}$$

  oder

  Lösung über proportionale Zuordnung:

  $$\frac{x}{2\,075\,000} = \frac{100}{2\,077\,000} \quad | \cdot 2\,075\,000$$
  $$x = \frac{100 \cdot 2\,075\,000}{2\,077\,000}$$
  $$x \approx 99{,}90$$

  Berechnung der prozentualen Abnahme der Besucherzahlen:
  $100\,\% - 99{,}90\,\% = \mathbf{0{,}10\,\%}$

  Aussage B ist **richtig**, die Besucherzahlen sind um ca. 0,10 % gesunken.

  oder

  Berechnung der Abnahme der Besucherzahlen:
  $2\,077\,000 - 2\,075\,000 = 2\,000$

  Berechnung der prozentualen Abnahme der Besucherzahlen:

  Lösung mit dem Dreisatz:

  $$\begin{aligned} &2\,077\,000 \text{ BS} \mathrel{\hat{=}} 100\,\% && (:2\,077\,000)\\ &1 \text{ BS} \mathrel{\hat{=}} \frac{100}{2\,077\,000}\,\% && (\cdot 2\,000)\\ &2\,000 \text{ BS} \mathrel{\hat{=}} \frac{100 \cdot 2\,000}{2\,077\,000}\,\% \\ &\approx 0{,}10\,\% \end{aligned}$$

  oder

  Lösung über proportionale Zuordnung:

  $$\frac{x}{2\,000} = \frac{100}{2\,077\,000} \quad | \cdot 2\,000$$
  $$x = \frac{100 \cdot 2\,000}{2\,077\,000}$$
  $$x \approx 0{,}10$$

  Aussage B ist **richtig**, die Besucherzahlen sind um ca. 0,10 % gesunken.

- Überprüfung von Aussage C:
  Anzahl aller Besucher 2013: $2\,075\,000 + 984\,000 + 1\,036\,000 = 4\,095\,000$
  Anzahl aller Besucher 2014: $4\,400\,000$

  Berechnung des prozentualen Anteils der Besucherzahlen:

  Lösung mit dem Dreisatz:

  $$\begin{aligned} &:4\,095\,000 \quad & 4\,095\,000 \text{ BS} &\hat{=} 100\,\% & :4\,095\,000 \\ &\cdot 4\,400\,000 \quad & 1 \text{ BS} &\hat{=} \frac{100}{4\,095\,000}\,\% & \cdot 4\,400\,000 \\ && 4\,400\,000 \text{ BS} &\hat{=} \frac{100 \cdot 4\,400\,000}{4\,095\,000}\,\% \\ &&& \approx 107{,}45\,\% \end{aligned}$$

  oder

  Lösung über proportionale Zuordnung:

  $$\begin{aligned} \frac{x}{4\,400\,000} &= \frac{100}{4\,095\,000} \quad \big| \cdot 4\,400\,000 \\ x &= \frac{100 \cdot 4\,400\,000}{4\,095\,000} \\ x &\approx 107{,}45 \end{aligned}$$

  Berechnung der prozentualen Zunahme der Besucherzahlen:
  $107{,}45\,\% - 100\,\% = \mathbf{7{,}45\,\%}$

  Aussage C ist **falsch**, der Zuwachs beträgt sogar ca. 7,45 %.

  oder

  Berechnung der Zunahme der Besucherzahlen:
  $4\,400\,000 - 4\,095\,000 = 305\,000$

  Berechnung der prozentualen Zunahme der Besucherzahlen:

  Lösung mit dem Dreisatz:

  $$\begin{aligned} &:4\,095\,000 \quad & 4\,095\,000 \text{ BS} &\hat{=} 100\,\% & :4\,095\,000 \\ &\cdot 305\,000 \quad & 1 \text{ BS} &\hat{=} \frac{100}{4\,095\,000}\,\% & \cdot 305\,000 \\ && 305\,000 \text{ BS} &\hat{=} \frac{100 \cdot 305\,000}{4\,095\,000}\,\% \\ &&& \approx 7{,}45\,\% \end{aligned}$$

  oder

  Lösung über proportionale Zuordnung:

  $$\begin{aligned} \frac{x}{305\,000} &= \frac{100}{4\,095\,000} \quad \big| \cdot 305\,000 \\ x &= \frac{100 \cdot 305\,000}{4\,095\,000} \\ x &\approx 7{,}45 \end{aligned}$$

  Aussage C ist **falsch**, der Zuwachs beträgt sogar ca. 7,45 %.

b) Da es drei Neugeborene sind, handelt es sich um ein dreistufiges Baumdiagramm.
Einzelwahrscheinlichkeiten:

Neugeborenes ist männlich (m): $P(m) = 50\,\% = \frac{1}{2}$

Neugeborenes ist weiblich (w): $P(w) = 50\,\% = \frac{1}{2}$

Baumdiagramm:

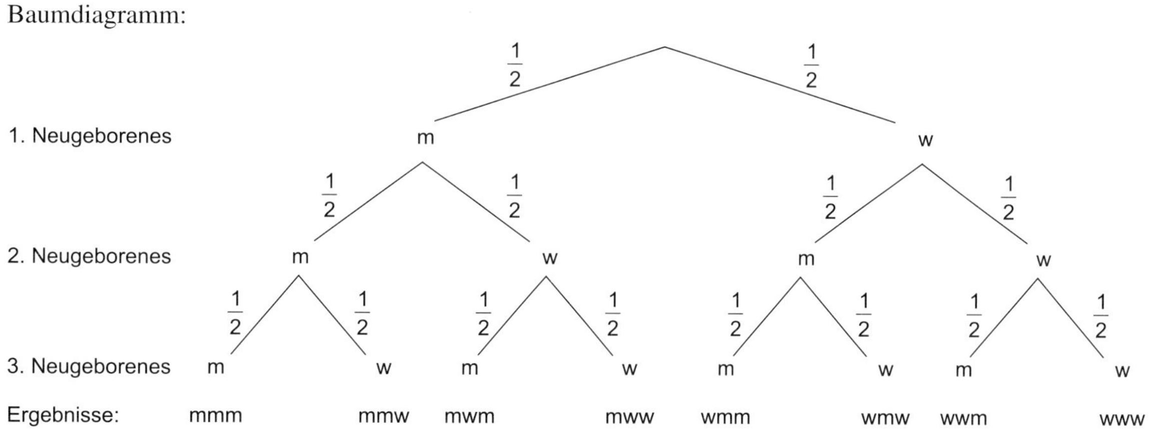

1. Möglichkeit: Berechnung über das Gegenereignis
Da 7 von 8 Pfaden zum Ereignis „mind. ein männl. Neugeborenes“ führen, ist es günstig, zunächst die Wahrscheinlichkeit des Gegenereignisses „kein männl. Neugeborenes“ (www) mit der 1. Pfadregel zu berechnen.

Berechnung der Wahrscheinlichkeit des Gegenereignisses mithilfe der 1. Pfadregel:

$P(www) = \frac{1}{2} \cdot \frac{1}{2} \cdot \frac{1}{2} = \frac{1}{8} = 0{,}125 = 12{,}5\ \%$

Berechnung der Wahrscheinlichkeit des Ereignisses:

P(mind. ein männl. Neugeborenes) $= 1 - P(www) = 1 - 0{,}125 = 0{,}875 = \mathbf{87{,}5\ \%}$

Die Wahrscheinlichkeit, dass von den 3 Neugeborenen mindestens eines männlich ist, beträgt 87,5 %.

2. Möglichkeit: Direkte Berechnung (1. und 2. Pfadregel)

P(mind. ein männl. Neugeborenes) $= P(mmm) + P(mmw) + P(mwm) + P(mww) + P(wmm) + P(wmw) + P(wwm)$

$$= \frac{1}{2}\cdot\frac{1}{2}\cdot\frac{1}{2} + \frac{1}{2}\cdot\frac{1}{2}\cdot\frac{1}{2} + \frac{1}{2}\cdot\frac{1}{2}\cdot\frac{1}{2} + \frac{1}{2}\cdot\frac{1}{2}\cdot\frac{1}{2} + \frac{1}{2}\cdot\frac{1}{2}\cdot\frac{1}{2} + \frac{1}{2}\cdot\frac{1}{2}\cdot\frac{1}{2} + \frac{1}{2}\cdot\frac{1}{2}\cdot\frac{1}{2}$$

$$= \frac{1}{8} + \frac{1}{8} + \frac{1}{8} + \frac{1}{8} + \frac{1}{8} + \frac{1}{8} + \frac{1}{8}$$

$$= \frac{7}{8} = 0{,}875 = \mathbf{87{,}5\ \%}$$

Die Wahrscheinlichkeit, dass von den 3 Neugeborenen mindestens eines männlich ist, beträgt 87,5 %.

c) Gegeben: $a = \overline{AK} = 750$ m; $k = \overline{KB} = 1\,040$ m; $b = \overline{BR} = 610$ m
$\sphericalangle ARB = \gamma = 110°$

Das allgemeine Viereck KBRA wird durch Einzeichnen der Diagonale $d = \overline{AB}$ in das rechtwinklige Teildreieck AKB und das allgemeine Dreieck ABR zerlegt.

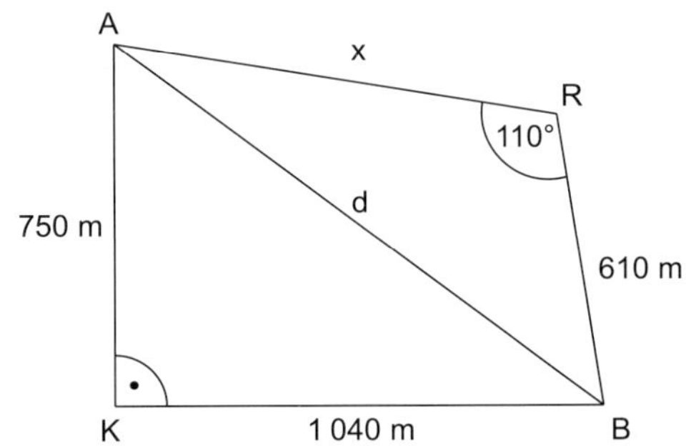

Berechnung von d mit dem Satz von Pythagoras im rechtwinkligen Dreieck AKB:

$d^2 = 750^2 + 1\,040^2$

$d^2 = 1\,644\,100 \quad |\sqrt{\ }$

$d \approx 1\,282{,}22$

Betrachtung des Dreiecks ABR:

Um mithilfe des Sinussatzes die Länge der Strecke x berechnen zu können, muss zunächst der Winkel β berechnet werden. Dazu wird zunächst der Winkel α bestimmt.

Berechnung von α mithilfe des Sinussatzes im Dreieck ABR:

$\frac{610}{\sin\alpha} = \frac{1\,282{,}22}{\sin 110°} \quad |\cdot \sin 110° \quad |\cdot \sin\alpha$

$610 \cdot \sin 110° = 1\,282{,}22 \cdot \sin\alpha \quad |:1\,282{,}22$

$\sin\alpha = \frac{610 \cdot \sin 110°}{1\,282{,}22}$

$\sin\alpha = 0{,}44704\ldots$

$\alpha \approx 26{,}55°$

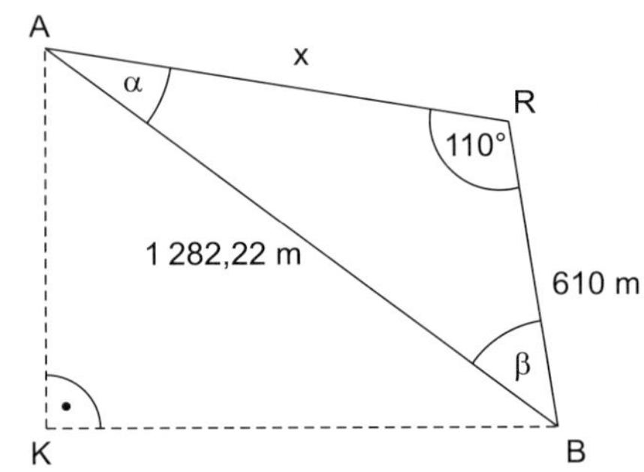

Berechnung von β mithilfe der Innenwinkelsumme im Dreieck:

$26{,}55° + \beta + 110° = 180°$

$\beta + 136{,}55° = 180° \quad |-136{,}55°$

$\beta = 43{,}45°$

Berechnung von x mithilfe des Sinussatzes im Dreieck ABR:

$\frac{x}{\sin 43{,}45°} = \frac{610}{\sin 26{,}55°} \quad |\cdot \sin 43{,}45°$

$x = \frac{610 \cdot \sin 43{,}45°}{\sin 26{,}55°}$

$x \approx 938{,}55$

oder

$\frac{x}{\sin 43{,}45°} = \frac{1\,282{,}22}{\sin 110°} \quad |\cdot \sin 43{,}45°$

$x = \frac{1\,282{,}22 \cdot \sin 43{,}45°}{\sin 110°}$

$x \approx 938{,}40$

Hinweis: Die unterschiedlichen Nachkommastellen von x sind die Folge vom Rechnen mit gerundeten Werten. Sie sind aber für die weitere Rechnung unerheblich.

Berechnung der Gesamtlänge Krokodilhaus – Bärenanlage – Raubtierhaus – Affenhaus – Krokodilhaus:
$1\,040\text{ m} + 610\text{ m} + 938{,}55\text{ m} + 750\text{ m} = 3\,338{,}55\text{ m} \approx 3{,}3\text{ km}$

Ben hat **nicht recht**. Die Klasse muss nur ca. 3,3 km laufen.

---

180 a) Da Kira zwei weiße Lose gezogen hat, erhält sie 20 % Rabatt.

1. Möglichkeit: Berechnung über die Rabatthöhe
Berechnung der Rabatthöhe (20 %):

Lösung mit dem Dreisatz:

$$\begin{array}{l} :100 \left(\begin{array}{r} 100\,\% \triangleq 69{,}90\text{ €} \\ 1\,\% \triangleq 0{,}699\text{ €} \end{array} \right) :100 \\ \cdot 20 \left(\begin{array}{r} 20\,\% \triangleq 13{,}98\text{ €} \end{array} \right) \cdot 20 \end{array}$$

oder

Lösung über proportionale Zuordnung:

$$\frac{x}{20} = \frac{69{,}90}{100} \quad | \cdot 20$$
$$x = \frac{69{,}90 \cdot 20}{100}$$
$$x = 13{,}98$$

Berechnung des neuen Preises:
$69{,}90\text{ €} - 13{,}98\text{ €} = \mathbf{55{,}92\text{ €}}$

Kira muss 55,92 € bezahlen.

oder

2. Möglichkeit: Direkte Berechnung
Da die Halskette um 20 % reduziert wird, beträgt der neue Preis 100 % – 20 % = 80 % vom alten Preis.

Berechnung des neuen Preises:

Lösung mit dem Dreisatz:

$$\begin{array}{l} :100 \left(\begin{array}{r} 100\,\% \triangleq 69{,}90\text{ €} \\ 1\,\% \triangleq 0{,}699\text{ €} \end{array} \right) :100 \\ \cdot 80 \left(\begin{array}{r} 80\,\% \triangleq 55{,}92\text{ €} \end{array} \right) \cdot 80 \end{array}$$

Kira muss **55,92 €** bezahlen.

oder

Lösung über proportionale Zuordnung:

$$\frac{x}{80} = \frac{69{,}90}{100} \quad | \cdot 80$$
$$x = \frac{69{,}90 \cdot 80}{100}$$
$$x = 55{,}92$$

Kira muss **55,92 €** bezahlen.

b) Die Aussage stimmt nicht, denn durch das Ziehen nur eines Loses gewinnt man nichts. Erst durch das zweifache Ziehen hat man überhaupt Gewinnchancen, aber auch nur dann, wenn man zwei gleiche Farben zieht. Bei den Farbkombinationen „Rot – Weiß“ und „Weiß – Rot“ gewinnt man nichts, deshalb ist die Aussage irreführend und nicht korrekt.

c) Es handelt sich um einen zweistufigen Zufallsversuch „ohne Zurücklegen“. Es sind insgesamt 50 Lose im Topf, davon sind 42 weiß (w) und 8 rot (r).

Baumdiagramm:

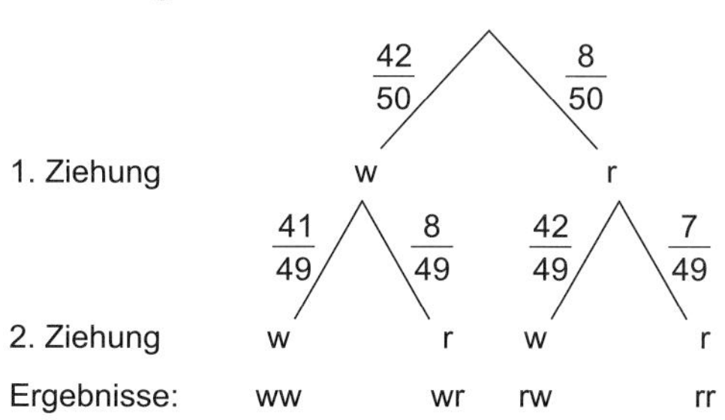

d) Man erhält 20 % Rabatt, wenn man 2 weiße Lose zieht.

Berechnung der Wahrscheinlichkeit mithilfe der 1. Pfadregel:

$$P(ww) = \frac{42}{50} \cdot \frac{41}{49} \approx 0{,}7029 = \mathbf{70{,}29\ \%}$$

Die Wahrscheinlichkeit, 20 % Rabatt zu erhalten, beträgt etwa 70,29 %.

e) Man erhält 50 % Rabatt, wenn man 2 rote Lose zieht.

Berechnung der Wahrscheinlichkeit mithilfe der 1. Pfadregel:

$P(rr) = \frac{8}{50} \cdot \frac{7}{49} \approx 0,0229 = \mathbf{2,29\ \%}$

Die Wahrscheinlichkeit, 50 % Rabatt zu erhalten, beträgt etwa 2,29 %.

f) Berechnung des Prozentsatzes der Kunden, die keinen Rabatt erhalten:

Berechnung über das Gegenereignis:

Wahrscheinlichkeit, einen Rabatt zu erhalten:

$P(\text{Rabatt}) = P(ww) + P(rr)$
$= 70,29\ \% + 2,29\ \%$
$= 72,58\ \% = 0,7258$

Wahrscheinlichkeit, keinen Rabatt zu erhalten:

$P(\text{kein Rabatt}) = 1 - P(\text{Rabatt})$
$= 1 - 0,7258$
$= 0,2742 = 27,42\ \%$

oder

Direkte Berechnung:

Wahrscheinlichkeit, keinen Rabatt zu erhalten:

$P(\text{kein Rabatt}) = P(wr) + P(rw)$
$= \frac{42}{50} \cdot \frac{8}{49} + \frac{8}{50} \cdot \frac{42}{49}$
$\approx 0,1371 + 0,1371$
$= 0,2742 = 27,42\ \%$

Prüfen der Behauptung von Frau Neumann:

Frau Neumann behauptet, dass jeder dritte Kunde keinen Rabatt erhält. „Jeder dritte Kunde“ bedeutet dasselbe wie „ein Drittel aller Kunden“.

$\frac{1}{3} = 0,\overline{3} \approx 33,33\ \%$

Die Rechnung von Frau Neumann stimmt **nicht**. Es sind nicht etwa 33 %, sondern nur etwa 27 % aller Kunden, die durchschnittlich keinen Rabatt erhalten.

---

181 a) Beschriften des Koordinatensystems:

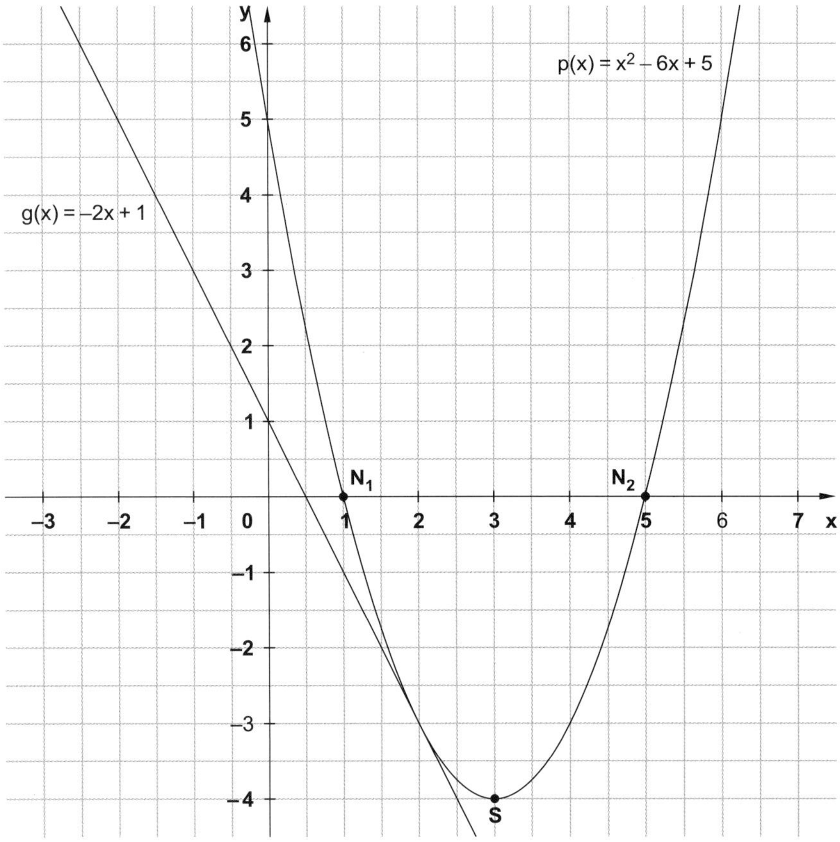

Ablesen der Werte aus der Zeichnung: S(**3** | **–4**) und N_1(**1** | **0**) und N_2(**5** | **0**)

b) *1. Möglichkeit:* Nachweis über die Scheitelpunktformen

- Scheitelpunktform der abgebildeten Parabel:
  Die allgemeine Scheitelpunktform ist $y = (x + d)^2 + e$ mit Scheitelpunkt $S(-d \mid e)$. Die abgebildete Parabel hat den Scheitelpunkt $S(3 \mid -4)$ und damit lautet ihre Scheitelpunktform:
  $y = (x - 3)^2 - 4$

- Scheitelpunktform der gegebenen Funktionsgleichung:
  Die gegebene allgemeine Form $y = x^2 - 6x + 5$ wird mittels quadratischer Ergänzung in die Scheitelpunktform umgewandelt:
  $y = x^2 - 6x + 5$
  $y = x^2 - 6x + \left(\frac{6}{2}\right)^2 - \left(\frac{6}{2}\right)^2 + 5$
  $y = x^2 - 6x + 9 - 9 + 5$
  $y = (x - 3)^2 - 4$

Da die Scheitelpunktformen übereinstimmen, gehört die gegebene Funktionsgleichung zur Parabel.

oder

2. Möglichkeit: Bestimmung der Funktionsgleichung über die Scheitelpunktform
Um die Funktionsgleichung der abgebildeten Parabel zu bestimmen, wird der Scheitelpunkt $S(3 \mid -4)$, allgemein $S(-d \mid e)$, in die Scheitelpunktform der verschobenen Normalparabel $y = f(x) = (x + d)^2 + e$ eingesetzt.

Für den Scheitelpunkt $S(3 \mid -4)$, also $d = -3$ und $e = -4$, erhält man:
$y = (x - 3)^2 - 4$
$y = x^2 - 6x + 9 - 4$
$y = x^2 - 6x + 5$
Die gegebene Funktionsgleichung gehört somit zur abgebildeten Parabel.

oder

3. Möglichkeit: Überprüfung der Punkte der Parabel anhand einer Wertetabelle
Berechnung der y-Werte von $y = x^2 - 6x + 5$:

x	0	1	2	3	4	5	6
y	5	0	–3	–4	–3	0	5

Die Koordinaten der Punkte auf der Parabel stimmen mit den berechneten Koordinaten der Wertetabelle überein. Damit gehört die gegebene Funktionsgleichung zur abgebildeten Parabel.

Hinweis: Da eine verschobene Normalparabel durch 2 Punkte eindeutig festgelegt ist, hätte es genügt zu zeigen, dass 2 berechnete Punkte mit Punkten auf der Parabel übereinstimmen.

c) Nullstellen sind die x-Koordinaten der Schnittpunkte der Parabel mit der x-Achse. Da für jeden Schnittpunkt mit der x-Achse die y-Koordinate 0 wird, setzt man $y = 0$. Die Berechnung der Nullstellen erfolgt mithilfe der p-q-Formel:

$x^2 - 6x + 5 = 0$ (Normalform; $p = -6$; $q = 5$)

$x_{1/2} = -\frac{p}{2} \pm \sqrt{\left(\frac{p}{2}\right)^2 - q}$

$x_{1/2} = -\frac{-6}{2} \pm \sqrt{\left(\frac{-6}{2}\right)^2 - 5}$

$x_{1/2} = 3 \pm \sqrt{9 - 5}$

$x_{1/2} = 3 \pm \sqrt{4}$

$x_{1/2} = 3 \pm 2$

$x_1 = 3 + 2 = 5$; $x_2 = 3 - 2 = 1$

Der Graph schneidet die x-Achse an den Stellen $x_1 = 1$ und $x_2 = 5$.

d) Da es um die Berechnung eines Schnittpunktes der Parabel p mit der Geraden g geht, werden die zugehörigen Funktionsgleichungen $p(x) = x^2 - 6x + 5$ und $g(x) = -2x + n$ gleichgesetzt:

Berechnung der x-Koordinaten x_S mithilfe der p-q-Formel:

$$p(x_S) = g(x_S)$$

$$x_S^2 - 6x_S + 5 = -2x_S + n \quad | + 2x_S - n$$

$$x_S^2 - 4x_S + 5 - n = 0 \quad \text{(Normalform; } p = -4;\ q = 5 - n)$$

Einsetzen in die p-q-Formel:

$$x_{1/2} = -\frac{p}{2} \pm \sqrt{\left(\frac{p}{2}\right)^2 - q}$$

$$x_{1/2} = -\frac{-4}{2} \pm \sqrt{\left(\frac{-4}{2}\right)^2 - (5 - n)}$$

$$x_{1/2} = 2 \pm \sqrt{4 - 5 + n}$$

$$x_{1/2} = 2 \pm \sqrt{-1 + n}$$

Damit die Parabel und die Gerade nur einen Schnittpunkt haben, sich also für x_s nur eine Lösung ergibt, muss der Ausdruck unter dem Wurzelzeichen (Diskriminante) $-1 + n$ null werden:

$$-1 + n = 0 \quad | + 1$$

$$n = 1$$

Wenn n in der Geradengleichung durch 1 ersetzt wird, haben die Parabel und die Gerade nur einen gemeinsamen Punkt (an der Stelle $x_s = 2$). Die Geradengleichung lautet: $\mathbf{g(x) = -2x + 1}$

Einzeichnen der Geraden g in das vorhandene Koordinatensystem: siehe Seite 80

---

182 a) Der viereckige Garten hat die Form eines Trapezes.

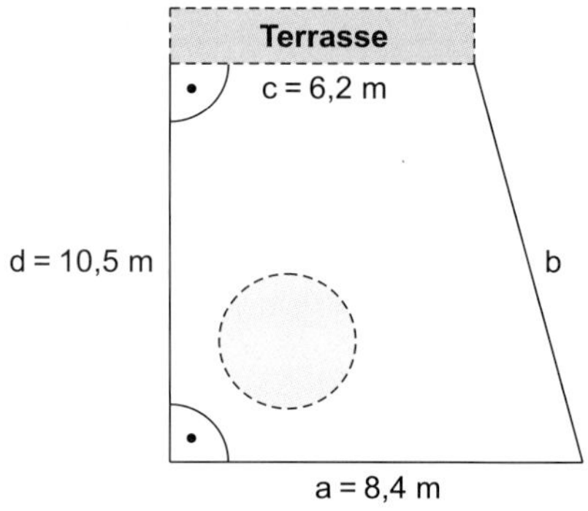

Berechnung des Flächeninhalts:

Gegeben: parallele Seiten: $a = 8{,}4$ m; $c = 6{,}2$ m

Trapezhöhe: $h = d = 10{,}5$ m

Gesucht: A

$$A = \frac{1}{2}(a + c) \cdot h$$

$$A = \frac{1}{2}(8{,}4 + 6{,}2) \cdot 10{,}5$$

$$A = 76{,}65$$

Der Flächeninhalt des Gartens beträgt **76,65 m²** und ist somit **etwas größer** als im Kaufvertrag angegeben.

b) • Länge der Hecke:

Durch Einzeichnen der Höhe h findet man ein rechtwinkliges Dreieck.

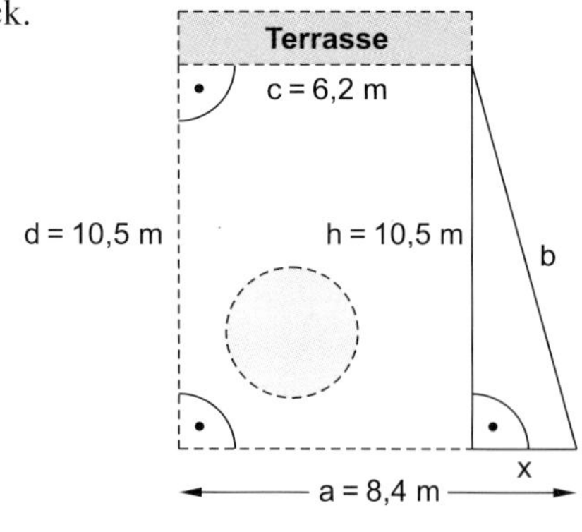

Kathetenlängen im rechtwinkligen Dreieck:

$h = d = 10{,}5$ m

$x = a - c = 8{,}4\text{ m} - 6{,}2\text{ m} = 2{,}2$ m

Berechnung der Seite b mit dem Satz von Pythagoras:

$$b^2 = h^2 + x^2$$

$$b^2 = 10{,}5^2 + 2{,}2^2$$

$$b^2 = 115{,}09 \quad |\sqrt{\ }$$

$$b \approx 10{,}73$$

Berechnung der Länge der gesamten Hecke:

$d + a + b = 10{,}5\text{ m} + 8{,}4\text{ m} + 10{,}73\text{ m} = \mathbf{29{,}63\text{ m}}$

Die gesamte Hecke wird etwa 29,63 m lang.

- Anzahl der Buchsbaum-Pflanzen für die 29,63 m lange Hecke:

Lösung mit dem Dreisatz: **oder** Lösung über proportionale Zuordnung:

$$\cdot 29{,}63 \left(\begin{array}{r} 1\text{ m} \mathrel{\hat{=}} 10\text{ Pflanzen} \\ 29{,}63\text{ m} \mathrel{\hat{=}} 296{,}3\text{ Pflanzen} \end{array} \right) \cdot 29{,}63$$
$$\approx 296\text{ Pflanzen}$$

$$\frac{x}{29{,}63} = \frac{10}{1} \quad | \cdot 29{,}63$$
$$x = 10 \cdot 29{,}63$$
$$x = 296{,}3$$
$$x \approx 296$$

Für die Hecke braucht man insgesamt **296 Buchsbaum-Pflanzen.**

Hinweis: Man kann nur ganze Pflanzen kaufen.

- Vergleich der Angebote:

Angebot 1:

Wenn Familie Gärtner 296 Pflanzen zum Preis von 1,20 € pro Pflanze kauft, zahlt sie insgesamt:
$296 \cdot 1{,}20\text{ €} = 355{,}20\text{ €}$

Wenn Familie Gärtner 300 Pflanzen zum billigeren Preis von 1,10 € pro Pflanze kauft, zahlt sie insgesamt:
$300 \cdot 1{,}10\text{ €} = 330\text{ €}$

Bei Angebot 1 zahlt Familie Gärtner im billigsten Fall 330 €.

Angebot 2:

Die Pflanzen werden in 9er-Packen zum Preis von jeweils 10 € verkauft. Familie Gärtner braucht für ihre 296 Pflanzen $296 : 9 \approx 32{,}89 \approx 33$ solche 9er-Packe. Dafür zahlt sie insgesamt:
$33 \cdot 10\text{ €} = 330\text{ €}$

Vergleich der Angebote:
Familie Gärtner sollte **Angebot 1** wählen.

Begründung:

Bei beiden Angeboten beträgt der günstigste Gesamtpreis 330 €. Bei Angebot 1 erhält Familie Gärtner dafür 300 Pflanzen, während sie bei Angebot 2 nur $33 \cdot 9 = 297$ Pflanzen bekommt. Die zusätzlichen Pflanzen kann sie anderweitig einpflanzen oder verkaufen.

c)
- Es handelt sich um einen **exponentiellen** Wachstumsvorgang.

Begründung:

Der Flächeninhalt der Wasserlinsenfläche wächst jeden Tag auf das Doppelte des vorherigen Wertes an, d. h., nach jedem Tag wird die vorhandene Flächengröße mit dem Faktor 2 multipliziert. Der Wachstumsfaktor ist also 2. Wäre es ein linearer Wachstumsvorgang, würde sich der Flächeninhalt von Tag zu Tag um denselben (festen) Wert erhöhen.

- Schrittweise Berechnung der Fläche der Wasserlinsen am darauffolgenden Donnerstag:

Die Fläche der Wasserlinsen verdoppelt sich pro Tag. Es gilt also:

Fläche am Freitag:	$y = 100\text{ cm}^2$
Fläche am Samstag:	$y = 2 \cdot 100\text{ cm}^2 = 200\text{ cm}^2$
Fläche am Sonntag:	$y = 2 \cdot 200\text{ cm}^2 = 400\text{ cm}^2$
Fläche am Montag:	$y = 2 \cdot 400\text{ cm}^2 = 800\text{ cm}^2$
Fläche am Dienstag:	$y = 2 \cdot 800\text{ cm}^2 = 1\,600\text{ cm}^2$
Fläche am Mittwoch:	$y = 2 \cdot 1\,600\text{ cm}^2 = 3\,200\text{ cm}^2$
Fläche am **Donnerstag**:	$y = 2 \cdot 3\,200\text{ cm}^2 = \mathbf{6\,400\text{ cm}^2}$

oder

Berechnung der Fläche der Wasserlinsen mithilfe der allgemeinen Funktionsgleichung $y = a \cdot q^x$:

Anfangswert: $a = 100$

Wachstumsrate: $p\,\% = 100\,\%$ (Da sich die Fläche verdoppelt, nimmt sie jeweils um 100 % zu.)

Wachstumsfaktor: $q = 1 + \frac{p}{100} = 1 + \frac{100}{100} = 1 + 1 = 2$

Damit ergibt sich als Funktionsgleichung: $y = a \cdot q^x = 100 \cdot 2^x$

Berechnung der Flächengröße am darauffolgenden Donnerstag:
Anzahl der Tage (von Freitag bis Donnerstag): $x = 6$
$y = 100 \cdot 2^6 = \mathbf{6\,400}$

Berechnung der Gesamtfläche des Teichs in cm^2:
Gegeben: $d = 2{,}5$ m $\Rightarrow$ $r = 1{,}25$ m $= 125$ cm
Gesucht: A
$A = \pi \cdot r^2$
$A = \pi \cdot (125)^2$
$A \approx 49\,087{,}39$
Der Teich hat eine Fläche von etwa **49 087,39 cm²**.

Berechnung des prozentualen Anteils der Fläche der Wasserlinsen am Teich:

Lösung mit dem Dreisatz:

$$49\,087{,}39\ \text{cm}^2 \triangleq 100\,\% \quad \Big)\ :49\,087{,}39$$
$$1\ \text{cm}^2 \triangleq \frac{100}{49\,087{,}39}\,\% \quad \Big)\ \cdot 6\,400$$
$$6\,400\ \text{cm}^2 \triangleq \frac{100 \cdot 6\,400}{49\,087{,}39}\,\% \approx 13{,}04\,\%$$

oder

Lösung über proportionale Zuordnung:

$$\frac{x}{6\,400} = \frac{100}{49\,087{,}39} \quad | \cdot 6\,400$$
$$x = \frac{100 \cdot 6\,400}{49\,087{,}39}$$
$$x \approx 13{,}04$$

Am Donnerstag sind etwa **13 %** des Teichs mit Wasserlinsen bedeckt.

- *1. Möglichkeit:* Lösung über den Prozentsatz
  Schrittweise Berechnung der Anzahl der Tage, bis der Teich vollständig bedeckt ist:
  Am Donnerstag sind 13 % des Teichs mit Wasserlinsen bedeckt. Da sich die Fläche der Wasserlinsen pro Tag verdoppelt, verdoppelt sich auch der Prozentsatz, den sie vom Teich einnehmen. Damit gilt:
  Fläche am Donnerstag: $13\,\%$
  Fläche am Freitag: $2 \cdot 13\,\% = 26\,\%$
  Fläche am Samstag: $2 \cdot 26\,\% = 52\,\%$
  Fläche am Sonntag: $2 \cdot 52\,\% = 104\,\%$
  Nach **drei weiteren Tagen** ist der Teich vollständig mit Wasserlinsen bedeckt.

  oder
  2. Möglichkeit: Lösung über den Flächeninhalt
  Am Donnerstag sind 6 400 cm² des 49 087,39 cm² großen Teichs mit Wasserlinsen bedeckt. Die Fläche verdoppelt sich weiterhin pro Tag:
  Fläche am Donnerstag: $y = 6\,400\ \text{cm}^2$
  Fläche am Freitag: $y = 2 \cdot 6\,400\ \text{cm}^2 = 12\,800\ \text{cm}^2$
  Fläche am Samstag: $y = 2 \cdot 12\,800\ \text{cm}^2 = 25\,600\ \text{cm}^2$
  Fläche am Sonntag: $y = 2 \cdot 25\,600\ \text{cm}^2 = 51\,200\ \text{cm}^2$
  Nach **drei weiteren Tagen** ist der Teich vollständig mit Wasserlinsen bedeckt.

---

183 a) Frau Kauf fährt auf ihrer Rolltreppe von oben nach unten und erreicht nach 12 Sekunden die 8 m tiefer liegende Etage.
Herr Rausch fährt auf seiner Rolltreppe von unten nach oben und erreicht nach 16 Sekunden die 8 m höher liegende Etage. Somit ist seine Rolltreppe langsamer.

b) Der Graph der Rolltreppe von Herrn Rausch ist eine Ursprungsgerade und entspricht damit dem Graphen einer proportionalen Zuordnung.

Rolltreppe von Frau Kauf:
$y = -\frac{2}{3}x + 8$ **oder** $f_1(x) = -\frac{2}{3}x + 8$

Rolltreppe von Herrn Rausch:
$y = \frac{1}{2}x$ **oder** $f_2(x) = 0{,}5x$

c) *Rechnerische Lösung:*

$$-\frac{2}{3}x+8=\frac{1}{2}x \quad \left| +\frac{2}{3}x\right.$$

$$8=\frac{1}{2}x+\frac{2}{3}x$$

$$8=\frac{3}{6}x+\frac{4}{6}x$$

$$8=\frac{7}{6}x \quad \left| \cdot\frac{6}{7}\right.$$

$$x\approx 6{,}86$$

Frau Kauf und Herr Rausch treffen sich nach **6,86 Sekunden** Fahrtzeit.

$x=6{,}86$ in $y=\frac{1}{2}x$ einsetzen:

$$y=\frac{1}{2}\cdot 6{,}86=3{,}43$$

Der Treffpunkt hat die Koordinaten **(6,86 | 3,43)**.

oder

Grafische Lösung:

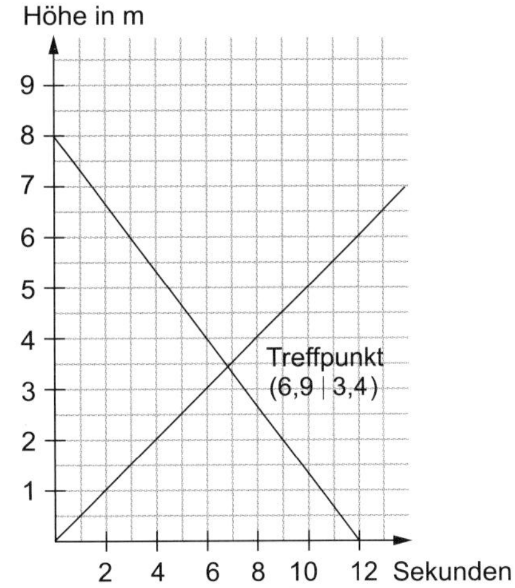

Frau Kauf und Herr Rausch treffen sich nach **6,9 Sekunden** Fahrtzeit.
Der Treffpunkt hat die Koordinaten **(6,9 | 3,4)**.

d) • Zeichnung:

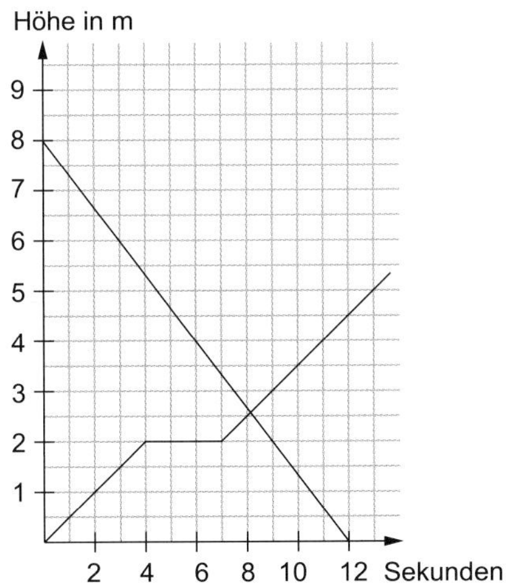

• Sie fahren in einer Höhe von etwa **2,5 m** bzw. **2,6 m** aneinander vorbei. (exakte Lösung: 2,57 m)

184 a) Bezeichnung an der x-Achse: Zeit in Jahren
Bezeichnung an der y-Achse: Preis in Cent

Hinweis:
Auch die Beschriftung mit „Zeit" und „Preis" oder „Jahre" und „Cent" wird akzeptiert.

b)

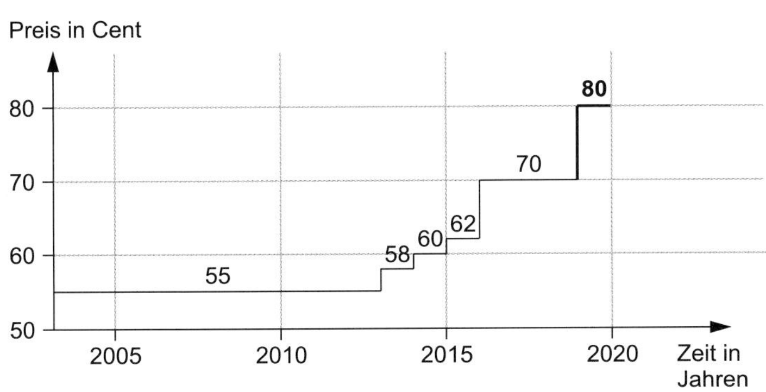

c)

	wahr	falsch
Im Jahr 2016 stieg das Porto um 0,08 €.	☒	☐

Begründung:
Es ist zu prüfen, ob die Differenz des Portos aus den Jahren 2016 und 2015 0,08 € beträgt:
Porto 2016 – Porto 2015 = 70 ct – 62 ct = 8 ct
Ergebnis: 8 ct = 0,08 €
Die Aussage ist richtig.

2019 stieg der Preis für einen Standardbrief um mehr als 14 %.	☒	☐

Begründung:
Es ist zu prüfen, ob das Porto im Jahr 2019 um mehr als 14 % gegenüber dem Vorjahr gestiegen ist, also auf mehr als 114 % angestiegen ist.
Porto 2018: 70 ct; Porto 2019: 80 ct

Lösung über Dreisatz:

$$\begin{aligned} &70\text{ ct} \mathrel{\hat{=}} 100\,\% && :70 \\ &1\text{ ct} \mathrel{\hat{=}} \frac{100}{70}\,\% && \cdot 80 \\ &80\text{ ct} \mathrel{\hat{=}} \frac{100 \cdot 80}{70}\,\% \\ &\approx 114{,}29\,\% \end{aligned}$$

oder

Lösung über proportionale Zuordnung:

$$\frac{100}{70} = \frac{x}{80} \quad |\cdot 80$$
$$x = \frac{100 \cdot 80}{70}$$
$$x \approx 114{,}29$$

Ergebnis: 114,29 % > 114 %
Die Aussage ist richtig.

Von 2012 bis 2020 ist das Porto 4-mal erhöht worden.	☐	☒

Begründung:
Erste Erhöhung auf 58 ct: 2013
Zweite Erhöhung auf 60 ct: 2014
Dritte Erhöhung auf 62 ct: 2015
Vierte Erhöhung auf 70 ct: 2016
Fünfte Erhöhung auf 80 ct: 2019

Ergebnis: Das Porto ist 5-mal erhöht worden. Die Aussage ist falsch.

d) Lena könnte folgende Begründungen für die falsche Darstellung vorbringen (Das korrekte Säulendiagramm ist rechts abgebildet.):

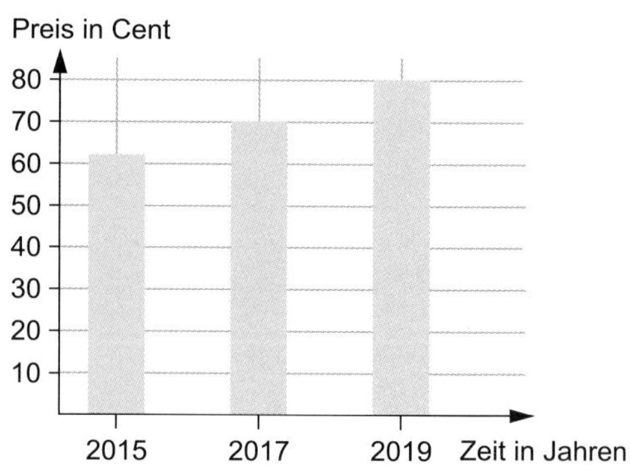

- Nikos Diagramm ist kein Säulendiagramm, so wie es in der Aufgabenstellung verlangt war. In einem Säulendiagramm unterscheiden sich die Säulen nur durch ihre Höhe, die Breite der Säulen bleibt immer gleich.
- In Nikos Diagramm beginnt die Einteilung der y-Achse nicht bei 0 ct, sondern bei 55 ct. Dadurch werden die Abstände zwischen den Einheiten wesentlich größer und es entsteht der Eindruck, als wäre das Porto zweimal enorm gestiegen. Tatsächlich betragen die Änderungen „nur" 8 ct bzw. 10 ct.
- Die Verwendung von Briefmarken als Darstellungsmittel passt zwar zum Thema, verfälscht aber durch die Vergrößerung der gesamten Briefmarkenfläche den Sachverhalt. Es wird nicht nur die Höhe der Briefmarke verändert, sondern auch die Breite. So ist z. B. die Briefmarke, die das Jahr 2017 darstellt, etwa doppelt so lang und breit wie die Briefmarke für das Jahr 2015, hat also einen viermal so großen Flächeninhalt. Tatsächlich beträgt die Erhöhung aber nicht, wie dem Betrachter vorgetäuscht wird, 400 %, sondern nur 13 %.

Mittlerer Schulabschluss und erweiterte Berufsbildungsreife 2016

Aufgabe 1

a) Das arithmetische Mittel m ist die Summe aller Werte dividiert durch die Anzahl aller Werte: $m = \frac{x_1 + x_2 + \ldots + x_n}{n}$

Es gilt:

$m = \frac{8+40+60}{3} = \frac{108}{3} = \mathbf{36}$

b) Die Satzteile werden der Reihe nach in eine Gleichung übersetzt:

$8x - 12 = 36$

Das Achtfache einer Zahl → $8x$; **vermindert um 12** → -12; **ist gleich 36.** → $= 36$

c) Bei fallenden Geraden ist die Steigung $m < 0$.
Bei steigenden Geraden ist die Steigung $m > 0$.
Es werden also die Steigungen der beiden Geraden betrachtet.

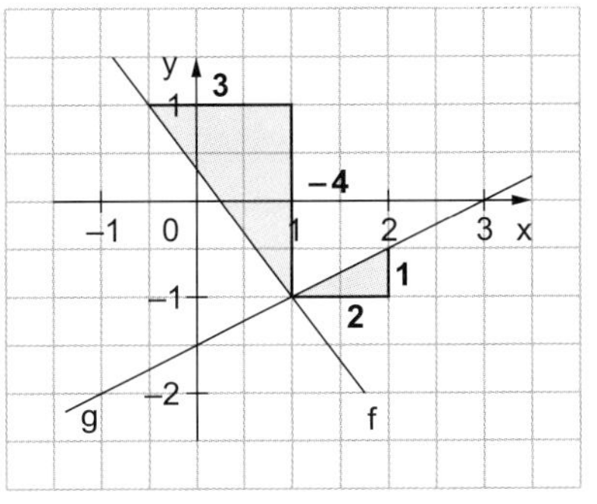

Lösung über das Steigungsdreieck:

- Für f: „Gehe 3 LE nach rechts und 4 LE nach unten", also: $m_f = \frac{-4}{3} = -\frac{4}{3}$
- Für g: „Gehe 2 LE nach rechts und 1 LE nach oben", also: $m_g = \frac{1}{2}$

Da $m_f = -\frac{4}{3} < 0$, ist f die richtige Lösung.

oder

Bei einer fallenden Gerade ist die Steigung negativ. Das bedeutet, dass die Funktionswerte immer kleiner werden, je größer der x-Wert wird. Im Koordinatensystem verläuft also die zugehörige Gerade von links oben nach rechts unten. Da dies auf Graph f, aber nicht auf Graph g zutrifft, verläuft nur Graph f fallend.

Lösung:

☒ f

☐ g

d) Lösung mit dem Dreisatz:

: 100	100 g Leberwurst ≙ 30 g Fett	: 100
	1 g Leberwurst ≙ 0,3 g Fett	
· 20	20 g Leberwurst ≙ **6 g Fett**	· 20

oder

Lösung über proportionale Zuordnung:

$\frac{x}{20} = \frac{30}{100} \quad | \cdot 20$

$x = \frac{30 \cdot 20}{100}$

$x = 6$

Lösung: **6 g Fett**

e) Beim Parallelogramm sind gegenüberliegende Seiten parallel und gleich lang. Also sind gegenüberliegende Winkel gleich groß ($\alpha = \gamma$ und $\beta = \delta$). Parallelogramme, die gleich große benachbarte Winkel oder vier gleich große Winkel haben, sind zugleich Rechtecke und deshalb Sonderfälle.

In jedem Parallelogramm sind …

☐ benachbarte Winkel gleich groß.

☒ gegenüberliegende Winkel gleich groß.

☐ alle Winkel gleich groß.

f) Ereignis E: „Energiesparlampe ist kaputt“

Anzahl der kaputten Energiesparlampen: 5
Anzahl aller Energiesparlampen: 100

Wahrscheinlichkeit für das Ereignis E:

$$P(E) = \frac{\text{Anzahl der kaputten Energiesparlampen}}{\text{Anzahl aller Energiesparlampen}} = \frac{5}{100}$$

Es gilt also: $\mathbf{P = \frac{5}{100}}$ **oder** $\mathbf{P = 0{,}05}$ **oder** $\mathbf{P = 5\ \%}$

g) Die Scheitelpunktform der verschobenen Normalparabel lautet $y = (x + \mathbf{d})^2 + \mathbf{e}$. Dabei ist $S(\mathbf{-d} \mid \mathbf{e})$ der zugehörige Scheitelpunkt. Wenn der Scheitelpunkt $(d \mid e) = (-(-d) \mid e)$ ist, ändert sich in der Scheitelpunktform das Rechenzeichen:
$y = [x + (-d)]^2 + e = (x - d)^2 + e$

Einsetzen der Koordinaten des Scheitelpunktes $S(1 \mid 3)$ in diese Scheitelpunktform liefert:
$y = (x - 1)^2 + 3$

oder
Einsetzen der Koordinaten des Scheitelpunktes $S(1 \mid 3)$ in die drei Gleichungen, um zu prüfen, auf welchem der zugehörigen Graphen S liegt:

1. Lösungsvorschlag:
$\mathbf{3} \stackrel{?}{=} (\mathbf{1} + 1)^2 + 3$
$3 \stackrel{?}{=} 4 + 3$
$3 \neq 7$

2. Lösungsvorschlag:
$\mathbf{3} \stackrel{?}{=} (\mathbf{1} - 1)^2 - 3$
$3 \stackrel{?}{=} 0 - 3$
$3 \neq -3$

3. Lösungsvorschlag:
$\mathbf{3} \stackrel{?}{=} (\mathbf{1} - 1)^2 + 3$
$3 \stackrel{?}{=} 0 + 3$
$3 = 3$

oder
Bestimmung der Scheitelpunkte für die drei Lösungsvorschläge:
Der Scheitelpunkt von $y = (x + 1)^2 + 3$ ist: $(-1 \mid 3)$
Der Scheitelpunkt von $y = (x - 1)^2 - 3 = [x + (-1)]^2 + (-3)$ ist: $(1 \mid -3)$
Der Scheitelpunkt von $y = (x - 1)^2 + 3 = [x + (-1)]^2 + 3$ ist: $\mathbf{(1 \mid 3)}$

Lösung:

☐ $y = (x + 1)^2 + 3$ ☐ $y = (x - 1)^2 - 3$ ☒ $y = (x - 1)^2 + 3$

h) Lösung über den Taschenrechner:
$8{,}5 \cdot 10^5 = \mathbf{850\,000}$

oder
Bei der Multiplikation einer Zahl mit einer Zehnerpotenz 10^n mit positivem n wird das Komma um n Stellen nach rechts verschoben. Hier ist der Exponent 5, daher muss das Komma um 5 Stellen nach rechts verschoben werden:
$8{,}5 \cdot 10^5 = 8\,5\,0\,0\,0\,0{,}0 = \mathbf{850\,000}$
→→→→→

i) Die Werte $a = 2$, $b = -4$ und $c = -2$ werden in den gegebenen Term eingesetzt:

$$\frac{a + b}{c} = \frac{2 + (-4)}{-2} = \frac{2 - 4}{-2} = \frac{-2}{-2} = 1$$

Termwert: **1**

j) In einem Würfel liegen Grund- und Deckfläche einander gegenüber. Im Würfelnetz muss also genau eine Fläche zwischen der Grund- und der Deckfläche liegen.

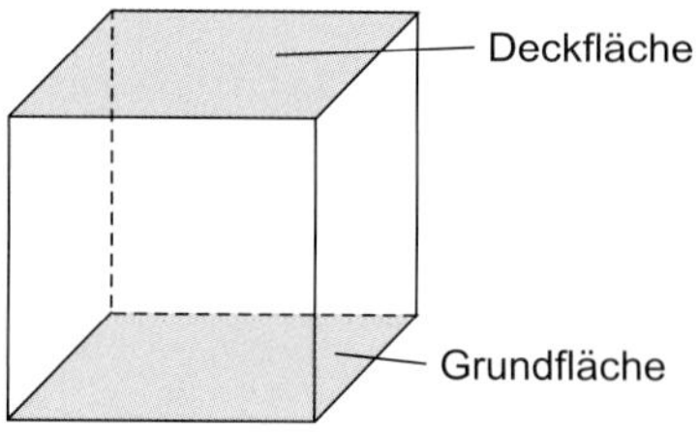

Netz:

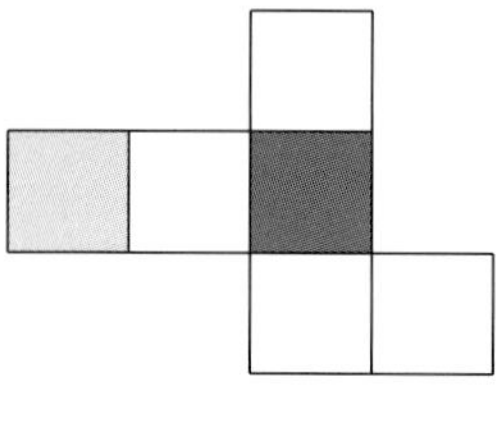

Aufgabe 2

Vorüberlegungen zum Diagramm:

- Die Besucherzahlen der verschiedenen Jahre sind durch die Säulenhöhen dargestellt und werden an der y-Achse abgelesen.
- Die Einheit der Werte auf der y-Achse ist „Besucher in Tausend". Deshalb müssen die angegebenen Zahlen mit 1 000 multipliziert werden, um die tatsächlichen Besucherzahlen zu erhalten.
- Auf der y-Achse liegen zwischen 0 und 100, 100 und 200 usw. jeweils 5 Teileinheiten. Somit ist der Wert bei jeder (Teil-)Einheit immer um $100:5=20$ höher als der Wert bei der (Teil-)Einheit darunter.

a) Die Besucherzahl 300 000 findet man auf der y-Achse an der Stelle 300. Alle Säulen, deren Höhe unterhalb der Höhe 300 liegt, stehen für eine Besucherzahl niedriger als 300 000.

Jahre mit einer Besucherzahl niedriger als 300 000:
2011, 2012, 2013 und 2015

Hinweis: Eine Jahresangabe reicht.

b) Liest man die Höhe der Säule für das Jahr 2015 ab, liegt der Wert genau zwischen den Teileinheiten 240 und 260 und beträgt deshalb 250 (Besucher in Tausend).
$250 \cdot 1\,000 = \mathbf{250\,000}$
Die Besucherzahl im Jahr 2015 lag bei 250 000.

c) Die Besucherzahlen für 2009 und 2010 werden aus dem Diagramm abgelesen:
Besucherzahl im Jahr 2009: 320 000
Besucherzahl im Jahr 2010: 400 000

Berechnung des prozentualen Anteils:

Lösung mit dem Dreisatz:

$$\begin{aligned} :320\,000 \quad & 320\,000 \text{ Besucher} \mathrel{\hat{=}} 100\,\% & :320\,000 \\ \cdot 400\,000 \quad & 1 \text{ Besucher} \mathrel{\hat{=}} \frac{100}{320\,000}\,\% & \cdot 400\,000 \\ & 400\,000 \text{ Besucher} \mathrel{\hat{=}} \frac{100 \cdot 400\,000}{320\,000}\,\% \\ & = 125\,\% \end{aligned}$$

oder

Lösung über proportionale Zuordnung:

$$\begin{aligned} \frac{320\,000}{100} &= \frac{400\,000}{x} && |\cdot 100 \;|\cdot x \\ 320\,000 \cdot x &= 400\,000 \cdot 100 && |:320\,000 \\ x &= \frac{400\,000 \cdot 100}{320\,000} \\ x &= 125 \end{aligned}$$

Berechnung des prozentualen Anstiegs:
$125\,\% - 100\,\% = \mathbf{25\,\%}$

oder

Berechnung des tatsächlichen Anstiegs:
$400\,000 - 320\,000 = 80\,000$

Berechnung des prozentualen Anstiegs:

Lösung mit dem Dreisatz:

$$\begin{aligned} :320\,000 \quad & 320\,000 \text{ Besucher} \mathrel{\hat{=}} 100\,\% & :320\,000 \\ \cdot 80\,000 \quad & 1 \text{ Besucher} \mathrel{\hat{=}} \frac{100}{320\,000}\,\% & \cdot 80\,000 \\ & 80\,000 \text{ Besucher} \mathrel{\hat{=}} \frac{100 \cdot 80\,000}{320\,000}\,\% \\ & = 25\,\% \end{aligned}$$

oder

Lösung über proportionale Zuordnung:

$$\begin{aligned} \frac{320\,000}{100} &= \frac{80\,000}{x} && |\cdot 100 \;|\cdot x \\ 320\,000 \cdot x &= 80\,000 \cdot 100 && |:320\,000 \\ x &= \frac{80\,000 \cdot 100}{320\,000} \\ x &= 25 \end{aligned}$$

Die Besucherzahl stieg um **25 %**.

d) Der Eintritt für das 3-jährige Kind ist kostenlos. Es müssen also nur Eintrittskarten für Vater, Mutter, ein 6-jähriges Kind, ein 10-jähriges Kind, Oma und Opa gekauft werden. Dafür gibt es vier verschiedene infrage kommende Möglichkeiten:

<table>
<tr><th></th><th>Möglichkeit 1:
Für jeden 1 Einzelkarte</th><th>Möglichkeit 2:
1 Familienkarte und 2 Einzelkarten</th><th>Möglichkeit 3:
1 Oma-Opa-Enkel-Ticket und 2 Einzelkarten</th><th>Möglichkeit 4:
1 Familienkarte und 1 Oma-Opa-Enkel-Ticket</th></tr>
<tr><td>Vater</td><td>21 €</td><td rowspan="4">60 €</td><td>21 €</td><td rowspan="4">60 €</td></tr>
<tr><td>Mutter</td><td>21 €</td><td>21 €</td></tr>
<tr><td>6-jähriges Kind</td><td>14 €</td><td rowspan="4">34 €</td></tr>
<tr><td>10-jähriges Kind</td><td>14 €</td></tr>
<tr><td>Oma</td><td>21 €</td><td>21 €</td><td rowspan="2">34 €</td></tr>
<tr><td>Opa</td><td>21 €</td><td>21 €</td></tr>
<tr><td>Gesamtpreis</td><td>112 €</td><td>102 €</td><td>76 €</td><td>94 €</td></tr>
</table>

Der günstigste Eintrittspreis beträgt **76 €**.

Aufgabe 3

a) *Hinweis:* Ein englischer Fuß $\approx 0{,}305$ m

Berechnung des Durchmessers in m:

$d = 7$ englische Fuß

$d = 7 \cdot 0{,}305$ m

$d = 2{,}135$ m

$d \approx \mathbf{2{,}14\ m}$

Damit ist nachgewiesen, dass der Durchmesser des Abwurfrings etwa 2,14 m beträgt.

b) Gegeben: $d = 2{,}14$ m

Gesucht: A

Berechnung des Radius:

$r = \frac{d}{2} = \frac{2{,}14}{2} = 1{,}07$

Berechnung des Flächeninhalts des Kreises:

$A = \pi \cdot r^2$

$A = \pi \cdot 1{,}07^2$

$A \approx \mathbf{3{,}60}$

Der Abwurfring hat einen Flächeninhalt von etwa 3,60 m^2.

c) Gegeben: $d = 12$ cm

Gesucht: V

Berechnung des Radius:

$r = \frac{d}{2} = \frac{12}{2} = 6$

Berechnung des Volumens der Kugel für Männer:

$V = \frac{4}{3} \cdot \pi \cdot r^3$

$V = \frac{4}{3} \cdot \pi \cdot 6^3$

$V \approx \mathbf{904{,}78}$

Die Kugel für Männer hat ein Volumen von etwa 904,78 cm^3.

d) Gegeben: $m = 4\,000$ g (Masse)

$\rho = 7{,}8\ \frac{g}{cm^3}$ (Dichte)

Gesucht: V

Berechnung des Volumens der Kugel für Frauen:

$$\rho = \frac{m}{V}$$

$$7{,}8 = \frac{4\,000}{V} \qquad |\cdot V$$

$$7{,}8 \cdot V = 4\,000 \qquad |:7{,}8$$

$$V \approx \mathbf{512{,}82}$$

Die Kugel für Frauen hat ein Volumen von etwa 512,82 cm³.

Aufgabe 4

a) Berechnung der fehlenden Werte in der Tabelle:
Zu Beginn werden 5 mg Technetium verabreicht. Die Masse des Technetiums nimmt pro Stunde um 11 % ab, d. h., nach jeder verstrichenen Stunde sind noch 100 % − 11 % = 89 % des vorherigen Wertes vorhanden.

- Berechnung des ersten fehlenden Werts:

Dreisatz:

$$:100 \left(\begin{array}{l} 100\,\% \triangleq 5\text{ mg} \\ 1\,\% \triangleq 0{,}05\text{ mg} \end{array} \right) :100$$

$$\cdot 89 \left(\begin{array}{l} 1\,\% \triangleq 0{,}05\text{ mg} \\ 89\,\% \triangleq \mathbf{4{,}45\text{ mg}} \end{array} \right) \cdot 89$$

oder

proportionale Zuordnung:

$$\frac{5}{100} = \frac{x}{89} \qquad |\cdot 89$$

$$x = \frac{5 \cdot 89}{100}$$

$$x = \mathbf{4{,}45}$$

- Berechnung des zweiten fehlenden Werts:
Da die 2. Lücke zwischen 2 Stunden und 5 Stunden liegt, muss man überprüfen, ob die Masse des Technetiums nach 3 **oder** nach 4 Stunden 3,14 mg beträgt. Der Grundwert ist nun die Masse nach 2 Stunden, 3,96 mg.

Masse nach 3 Stunden:

Dreisatz:

$$:100 \left(\begin{array}{l} 100\,\% \triangleq 3{,}96\text{ mg} \\ 1\,\% \triangleq 0{,}0396\text{ mg} \end{array} \right) :100$$

$$\cdot 89 \left(\begin{array}{l} 1\,\% \triangleq 0{,}0396\text{ mg} \\ 89\,\% \triangleq 3{,}5244\text{ mg} \end{array} \right) \cdot 89$$

$$\approx 3{,}52\text{ mg}$$

oder

proportionale Zuordnung:

$$\frac{3{,}96}{100} = \frac{x}{89} \qquad |\cdot 89$$

$$x = \frac{3{,}96 \cdot 89}{100}$$

$$x \approx 3{,}52$$

Masse nach 4 Stunden:

Dreisatz:

$$:100 \left(\begin{array}{l} 100\,\% \triangleq 3{,}52\text{ mg} \\ 1\,\% \triangleq 0{,}0352\text{ mg} \end{array} \right) :100$$

$$\cdot 89 \left(\begin{array}{l} 1\,\% \triangleq 0{,}0352\text{ mg} \\ 89\,\% \triangleq 3{,}1328\text{ mg} \end{array} \right) \cdot 89$$

$$\approx 3{,}13\text{ mg}$$

oder

proportionale Zuordnung:

$$\frac{3{,}52}{100} = \frac{x}{89} \qquad |\cdot 89$$

$$x = \frac{3{,}52 \cdot 89}{100}$$

$$x \approx 3{,}13$$

Zur Masse 3,14 g gehört die Stundenzahl **4**.
Hinweis: Aufgrund von Rundungsungenauigkeiten erhält man hier 3,13 und nicht 3,14.

oder

Nach jeder verstrichenen Stunde beträgt die Masse des Technetiums nur noch 100 % − 11 % = 89 % des vorherigen Wertes, d. h., jeder Wert verringert sich mit dem Faktor $\frac{89}{100} = 0{,}89$.

Anfangswert: $y = 5{,}00 \Rightarrow y = 5$
Nach 1 Stunde: $y = 5 \cdot 0{,}89 \Rightarrow y = \mathbf{4{,}45}$
Nach 2 Stunden: $y = 5 \cdot 0{,}89 \cdot 0{,}89 \Rightarrow y \approx 3{,}96$
Nach 3 Stunden: $y = 5 \cdot 0{,}89 \cdot 0{,}89 \cdot 0{,}89 \Rightarrow y \approx 3{,}52$
Nach **4** Stunden: $y = 5 \cdot 0{,}89 \cdot 0{,}89 \cdot 0{,}89 \cdot 0{,}89 \Rightarrow y \approx 3{,}14$

Tabelle:

Zeit in h	0	1	2	**4**	5	6	8
Masse des Technetiums in mg	5,00	**4,45**	3,96	3,14	2,79	2,48	1,97

b) *Vorüberlegungen:*

- *Wahl der Achsen:* Üblicherweise wird auf der x-Achse die unabhängige und auf der y-Achse die abhängige Variable dargestellt. Die Masse des noch vorhandenen Technetiums ist von der Zeit abhängig, in der sie abgebaut wird. Deshalb wird die x-Achse mit „Zeit in h" und die y-Achse mit „Masse des Technetiums in mg" beschriftet.
- *Einteilung der x-Achse:* Es müssen Werte für 0 bis 8 Stunden eingetragen werden. Die Vormarkierungen passen genau und müssen nur noch mit den Zahlen 1 – 8 beschriftet werden.
- *Einteilung der y-Achse:* Es müssen Werte bis 5 mg eingetragen werden. Dazu werden die Vormarkierungen mit den Zahlen 1 – 7 beschriftet.
- Beim Einzeichnen muss beachtet werden, dass für $x = 3$ und $x = 7$ Lücken entstehen, weil keine y-Werte vorhanden sind.

Zeichnung:

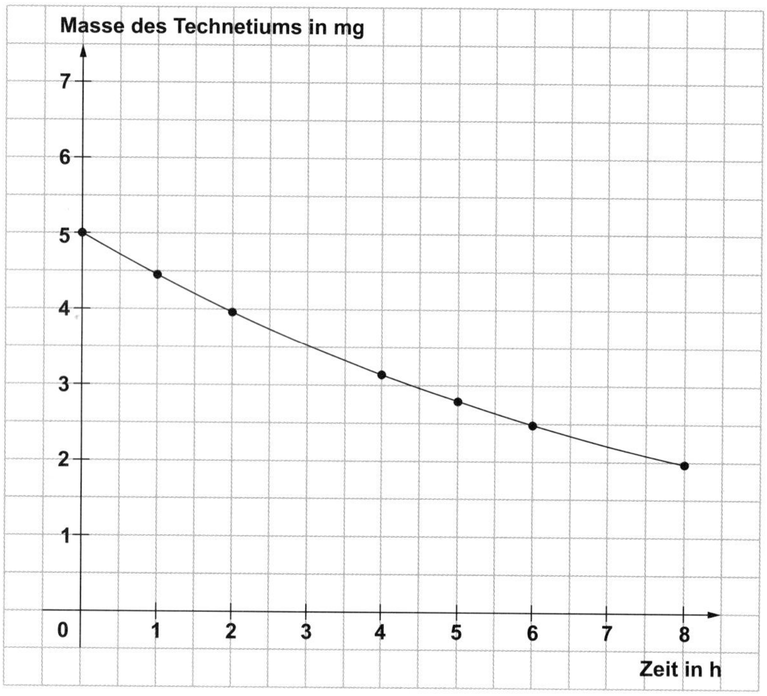

c) Zu Beginn werden 5 mg verabreicht. Da die Hälfte davon 2,5 mg sind, ist die Zeit gesucht, nach der noch 2,5 mg Technetium vorhanden sind.

1. Möglichkeit: Lösung mit der Tabelle

Der Tabelle kann man entnehmen, dass nach 6 Stunden noch 2,48 mg ≈ 2,5 mg vorhanden sind.
Nach ca. **6 Stunden** ist noch die Hälfte der Technetium-Masse vorhanden.

oder

2. Möglichkeit: Zeichnerische Lösung

Bei 2,5 auf der y-Achse legt man die Horizontale bis zum Graphen, von dort die Vertikale bis zur x-Achse und liest den Wert **6** ab.

Nach ca. **6 Stunden** ist noch die Hälfte der Technetium-Masse vorhanden.

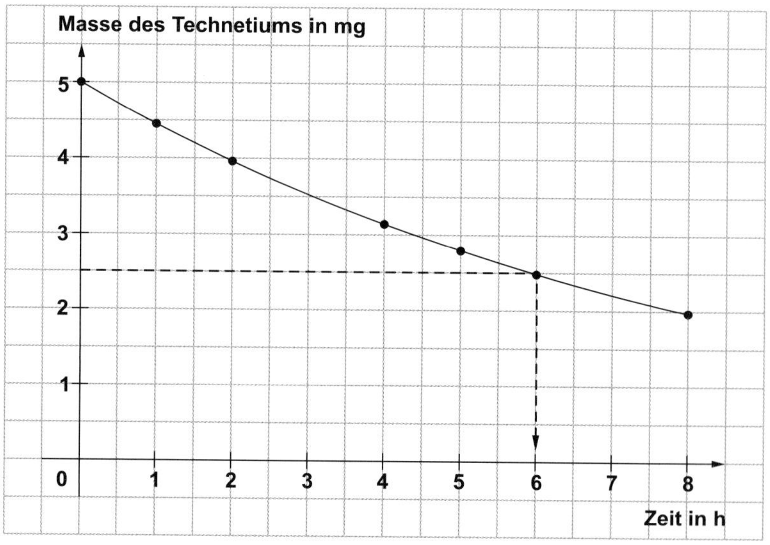

d) **Aussage II** ist richtig.

Mögliche Begründungen:

Es handelt sich hier nicht um eine lineare Abnahme, weil …

- der Graph keine Gerade ist.
- die Masse des Technetiums nach jeder Stunde nicht um immer den gleichen Wert abnimmt.

Es handelt sich um eine exponentielle Abnahme, weil …

- die Masse des Technetiums pro Stunde um 11 % abnimmt und der neue Wert sich somit auf den vorherigen Wert bezieht.
- nach jeder Stunde nur noch 89 % der vorherigen Technetium-Masse vorhanden sind.
- die Masse des Technetiums im Stundentakt immer mit demselben Faktor 0,89 abnimmt.

e) Es handelt sich um eine Exponentialfunktion mit der allgemeinen Funktionsgleichung $y = a \cdot q^x$.

Anfangswert: $a = 5$ (Masse des Technetiums zu Beginn)

Abnahmerate: $p\,\% = 11\,\%$

Abnahmefaktor: $q = 1 - \frac{p}{100} = 1 - \frac{11}{100} = 1 - 0{,}11 = 0{,}89$

Damit ergibt sich als Funktionsgleichung: $y = 5 \cdot 0{,}89^x$

Masse y des Technetiums nach einem Tag, also für $x = 24$:

$y = 5 \cdot 0{,}89^{24} \approx \mathbf{0{,}31}$

Nach 24 Stunden sind noch etwa 0,31 mg des Technetiums vorhanden.

Aufgabe 5

a) Um aus den drei Ziffern 2, 3 und 6 die größte dreistellige Zahl zu bilden, wählt man für die Hunderterstelle die größte Ziffer, für die Zehnerstelle die zweitgrößte Ziffer und für die Einerstelle die kleinste Ziffer.

Größte dreistellige Gewinnzahl:
632

b)
- Mögliche dreistellige Gewinnzahlen (aus den Ziffern 2, 3 und 6):
  236; 263; 326; 362; 623; 632

- Gerade dreistellige Gewinnzahlen (aus den Ziffern 2, 3 und 6):
  236; 326; 362; 632

  Anzahl der geraden dreistelligen Gewinnzahlen: 4
  Anzahl aller dreistelligen Gewinnzahlen: 6

  Wahrscheinlichkeit, dass die dreistellige Gewinnzahl gerade ist:

  $$P(\text{gerade dreistellige Gewinnzahl}) = \frac{\text{Anzahl der geraden dreistelligen Gewinnzahlen}}{\text{Anzahl aller dreistelligen Gewinnzahlen}} = \frac{4}{6} = \mathbf{\frac{2}{3} \approx 0{,}67 = 67\,\%}$$

  Mit der Wahrscheinlichkeit von $\frac{2}{3}$ ist die dreistellige Gewinnzahl eine gerade Zahl.

  Hinweis: Auch $\frac{4}{6}$, 0,67 oder 67 % werden als Lösung akzeptiert.

c) Mia und Lukas haben Lose mit den Zahlen von 101 bis 900 verkauft, also insgesamt $900 - 101 + 1 = 800$ Lose. Eins davon bringt den Hauptgewinn. Also gilt:

Anzahl der Lose mit dem Hauptgewinn: 1
Anzahl aller Lose: 800

Wahrscheinlichkeit, den Hauptpreis zu ziehen:

$$P(E) = \frac{\text{Anzahl der Lose mit dem Hauptgewinn}}{\text{Anzahl aller Lose}} = \frac{1}{800}$$

oder

Mia und Lukas stellen Lose mit den Zahlen von 101 bis 900 her, also insgesamt 800 Lose. Eins davon bringt den Hauptgewinn. Somit beträgt dessen Anteil an den Losen und damit die Wahrscheinlichkeit, mit der es gezogen wird, $\frac{1}{800}$.

d) *Bemerkung:*
Im Lostopf sind 800 Lose mit den Zahlen von 101 bis 900. Jedes Los mit den beiden Endziffern 26 gewinnt einen Trostpreis, nicht aber die Zahl 326, denn für diese Zahl bekommt man ja den Hauptgewinn. Annes Los zeigt als letzte Ziffer eine 6. Wie groß ist nun die Wahrscheinlichkeit, dass dieses Los als vorletzte Ziffer eine 2, aber als erste Ziffer keine 3 hat? Zu klären ist also, wie viele Lose die Endziffer 6 tragen (mögliche Ergebnisse) und wie viele von diesen Losen die Endziffern 26 besitzen und nicht 326 sind (günstige Ergebnisse).

Betrachtet wird das Ereignis E: „Ein Los mit der Endziffer 6 gewinnt einen Trostpreis".
Mögliche Ergebnisse:
Alle Lose mit der Endziffer 6.

Günstige Ergebnisse:
Alle Lose mit den Endziffern 26 außer dem Los mit der Zahl 326 (= Hauptgewinn), also:
126; 226; 426; 526; 626; 726; 826

Bestimmung der Anzahl der möglichen Ergebnisse:
Mögliche Ergebnisse, also alle Lose mit der Endziffer 6:

10 Spalten

8 Zeilen:

106; 116; 126; 136; 146; 156; 166; 176; 186; 196
206; 216; … 296
⋮
806; 816; … 896

Anzahl der möglichen Ergebnisse: $8 \cdot 10 = 80$

Anzahl der günstigen Ergebnisse: 7

Wahrscheinlichkeit, dass ein Los mit der Endziffer 6 einen Trostpreis gewinnt:

$$P(E) = \frac{\text{Anzahl der für E günstigen Ergebnisse}}{\text{Anzahl aller möglichen Ergebnisse}} = \frac{7}{80}$$

Anne hat mit ihrer Aussage recht. Die Wahrscheinlichkeit, dass sie eine Schokolade als Trostpreis gewinnt, liegt bei $\frac{7}{80}$.

Aufgabe 6

a) • **Graph I: Busunternehmen „Reiselust"**
Graph II: Busunternehmen „Sonnenschein"

• *Mögliche Begründungen:*
– Beim Busunternehmen „Sonnenschein" fallen schon 200 € als Grundpreis an, bevor auch nur 1 km zurückgelegt wurde. Deshalb muss der zugehörige Graph auf der y-Achse bei 200 € beginnen. Dies trifft nur auf Graph II zu.
– Der Preis pro gefahrenem km ist beim Busunternehmen „Sonnenschein" niedriger als beim Busunternehmen „Reiselust". Deshalb steigt der zu „Sonnenschein" gehörende Graph nicht so stark an wie der zu „Reiselust" gehörende. Da Graph II eine geringere Steigung als Graph I hat, muss er zum Busunternehmen „Sonnenschein" gehören.

b) • *Hinweis:* Die Strecken für die Hin- und Rückfahrt betragen jeweils 175 km, also rechnet man mit insgesamt 350 km.

1. Möglichkeit: Rechnerische Lösung
Berechnung der Preise:

Gesamtpreis des Busunternehmens „Sonnenschein":

Grundpreis:		200 €
Preis für 1 km:	1,50 €	
Preis für 350 km:	$350 \cdot 1{,}50\,€ =$	525 €
Gesamt:		725 €

Gesamtpreis des Busunternehmens „Reiselust":

Grundpreis:		–
Preis für 1 km:	2,00 €	
Preis für 350 km:	$350 \cdot 2\,€ =$	700 €
Gesamt:		700 €

Das **Busunternehmen „Reiselust"** ist günstiger.

oder

2. Möglichkeit: Zeichnerische Lösung

Die Fahrtkosten für die gefahrenen $x = 350$ km werden für beide Graphen aus dem Diagramm abgelesen:

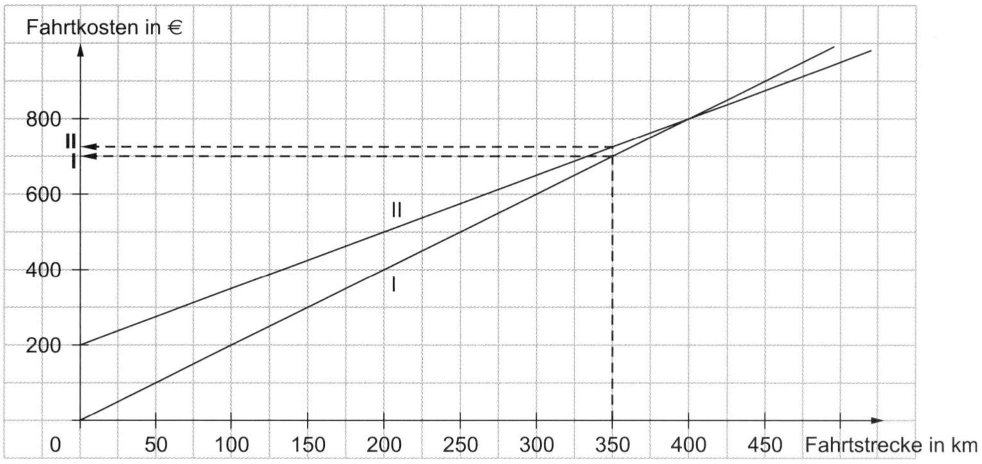

Graph I (Unternehmen „Reiselust“) liegt für $x = 350$ km unter Graph II (Unternehmen „Sonnenschein“). Also ist die Höhe für die Fahrkosten bei Graph I niedriger als bei Graph II. Das **Busunternehmen „Reiselust“** ist somit günstiger.

- *Hinweis:* Es kommen nun noch weitere 100 km für eine Tagesfahrt hinzu, also rechnet man mit insgesamt 450 km.

  1. Möglichkeit: Rechnerische Lösung

  Berechnung der Preise:

Gesamtpreis des Busunternehmens „Sonnenschein“:	
Grundpreis:	200 €
Preis für 1 km:	1,50 €
Preis für 450 km:	$450 \cdot 1{,}50\,€ = 675\,€$
Gesamt:	875 €

Gesamtpreis des Busunternehmens „Reiselust“:	
Grundpreis:	–
Preis für 1 km:	2,00 €
Preis für 450 km:	$450 \cdot 2\,€ = 900\,€$
Gesamt:	900 €

  Kommen noch 100 km hinzu, ist das **Busunternehmen „Sonnenschein“** günstiger.

  oder

  2. Möglichkeit: Zeichnerische Lösung

  Betrachtet man das Diagramm, liegt für $x = 450$ km der Graph II (Unternehmen „Sonnenschein“) unter dem Graphen I (Unternehmen „Reiselust“). Also ist die Höhe für die Fahrtkosten bei Graph II niedriger als bei Graph I. Kommen noch 100 km hinzu, ist somit das **Busunternehmen „Sonnenschein“** günstiger.

c) Da Graph II eine Gerade ist, handelt es sich um eine lineare Funktion mit der allgemeinen Funktionsgleichung:

$$y = m \cdot x + n$$

Steigung (m) y-Achsenabschnitt (n)

1. Möglichkeit: Rechnerische Lösung

Aufstellen der Funktionsgleichung aus den Vorgaben:

Der Aufgabenstellung entnimmt man:

- x entspricht der Zahl der gefahrenen km und y entspricht den Fahrtkosten.
- Jeder gefahrene Kilometer kostet 1,50 €. Somit ist die Steigung $m = 1{,}50\,\frac{€}{\text{km}}$.
- Der Grundpreis beträgt 200 €. Somit ist der y-Achsenabschnitt $n = 200$ €.

Die Fahrtkosten berechnen sich somit aus $1{,}50\,\frac{€}{\text{km}}$ mal der gefahrenen km-Zahl plus 200 € Grundpreis:

$y = 1{,}50\,\frac{€}{\text{km}} \cdot x + 200\,€$

Die Funktionsgleichung lautet also: $\mathbf{y = 1{,}5x + 200}$

oder

Aufstellen der Funktionsgleichung über 2 Punkte:

Die Punkte $P_1(0\,|\,200)$ und $P_2(400\,|\,800)$ liegen auf dem Graphen II. Einsetzen der Koordinaten x und y liefert folgendes lineares Gleichungssystem:

I $200 = m \cdot 0 + n$

II $800 = m \cdot 400 + n$

Aus I folgt $n = 200$. Einsetzen in II liefert:

$800 = m \cdot 400 + 200 \quad |-200$

$600 = 400m \quad |:400$

$m = 1{,}5$

Die Funktionsgleichung lautet: $\mathbf{y = 1{,}5x + 200}$

oder

2. Möglichkeit: Zeichnerische Lösung

Bestimmung der Funktionsgleichung über das Ablesen der Steigung m und des y-Achsenabschnitts n aus der Zeichnung:

- Der Schnittpunkt mit der y-Achse liegt bei 200, also ist $n = 200$.
- Durch Einzeichnen eines Steigungsdreiecks „200 LE nach rechts und 300 LE nach oben" ergibt sich für die Steigung:

  $m = \frac{300}{200} = \frac{3}{2}$

Die Funktionsgleichung lautet also:

$\mathbf{y = \frac{3}{2}x + 200}$ **oder** $\mathbf{y = 1{,}5x + 200}$

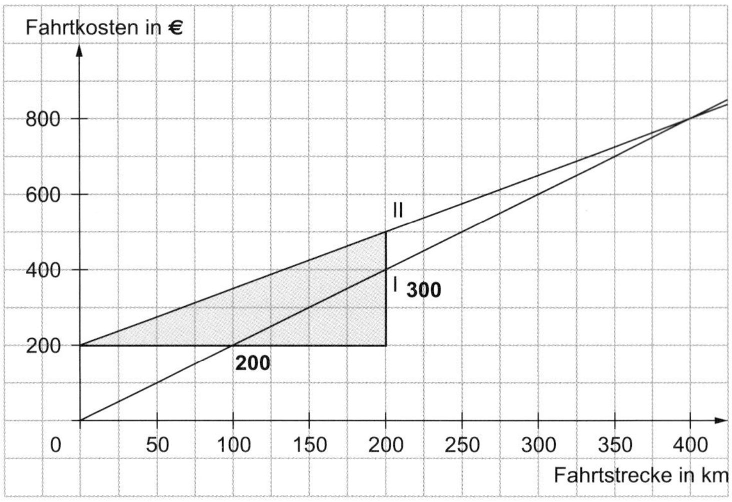

d) Gesucht werden die Anzahl der Drei-Bett-Zimmer und die Anzahl der Fünf-Bett-Zimmer. Es handelt sich bei dieser Aufgabe um ein lineares Gleichungssystem mit zwei Unbekannten x und y.

Rechnerisches Lösungsverfahren:

1. Schritt: Festlegen der Variablen x und y
Anzahl der Drei-Bett-Zimmer: x
Anzahl der Fünf-Bett-Zimmer: y

2. Schritt: Gleichungen I und II aufstellen
Anzahl der Zimmer: I $x + y = 16$
Anzahl der Betten: II $3x + 5y = 66$

3. Schritt: Gleichungssystem nach einem geeigneten Verfahren lösen

Additionsverfahren:

I $x + y = 16 \quad |\cdot(-3)$
II $3x + 5y = 66$

I $-3x - 3y = -48$
II $3x + 5y = 66$ } +

I + II $2y = 18 \quad |:2$
$y = 9$

$y = 9$ einsetzen in I:
$x + 9 = 16 \quad |-9$
$x = 7$

⇒ **7 Drei-Bett-Zimmer und 9 Fünf-Bett-Zimmer**

oder

Einsetzungsverfahren:

I $x + y = 16 \quad |-y$
II $3x + 5y = 66$

I $x = 16 - y$
II $3x + 5y = 66$

Term I in II einsetzen:
$3\cdot(16 - y) + 5y = 66$
$48 - 3y + 5y = 66 \quad |-48$
$2y = 18 \quad |:2$
$y = 9$

$y = 9$ einsetzen in I:
$x + 9 = 16 \quad |-9$
$x = 7$

⇒ **7 Drei-Bett-Zimmer und 9 Fünf-Bett-Zimmer**

4. Schritt: Probe am Text
7 Drei-Bett-Zimmer und 9 Fünf-Bett-Zimmer ergeben insgesamt 16 Zimmer. Diese haben insgesamt $7 \cdot 3 + 9 \cdot 5 = 66$ Betten.

5. Schritt: Antwortsatz
Es stehen 7 Drei-Bett-Zimmer und 9 Fünf-Bett-Zimmer zur Verfügung.

Aufgabe 7

a) Aus der Zeichnung sind die Längen der Strecken $\overline{AC}$ und $\overline{CD}$ zu entnehmen und anschließend zu addieren.

$\overline{AC}$:	920 m
$\overline{CD}$:	+ 541 m
Gesamt:	**1 461 m**

Ein Besucher musste 1 461 m zurücklegen, um vom Ausflugslokal über den Bioladen zur Brücke zu kommen.

b) Berechnung der Länge der Strecke $\overline{AD}$ im rechtwinkligen Dreieck CAD:

Mithilfe des Satzes von Pythagoras:

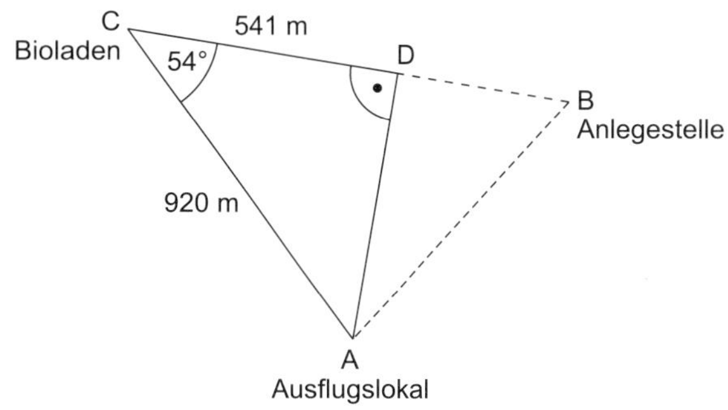

$\overline{DC}^2 + \overline{AD}^2 = \overline{CA}^2$

$541^2 + \overline{AD}^2 = 920^2 \quad | -541^2$

$\overline{AD}^2 = 920^2 - 541^2$

$\overline{AD}^2 = 846\,400 - 292\,681$

$\overline{AD}^2 = 553\,719 \quad | \sqrt{\ }$

$\overline{AD} \approx \mathbf{744{,}12}$

Die Länge des Weges $\overline{AD}$ beträgt etwa 744,12 m.

oder

Mithilfe des Sinus:

$\sin 54° = \frac{\text{Gegenkathete}}{\text{Hypotenuse}}$

$\sin 54° = \frac{\overline{AD}}{920} \quad | \cdot 920$

$\overline{AD} = 920 \cdot \sin 54°$

$\overline{AD} \approx \mathbf{744{,}30}$

Die Länge des Weges $\overline{AD}$ beträgt etwa 744,30 m.

oder

Mithilfe des Tangens:

$\tan 54° = \frac{\text{Gegenkathete}}{\text{Ankathete}}$

$\tan 54° = \frac{\overline{AD}}{541} \quad | \cdot 541$

$\overline{AD} = 541 \cdot \tan 54°$

$\overline{AD} \approx \mathbf{744{,}62}$

Die Länge des Weges $\overline{AD}$ beträgt etwa 744,62 m.

Hinweis: Die unterschiedlichen Nachkommastellen von $\overline{AD}$ sind Folge des Rechnens mit gerundeten Werten.

oder

Mithilfe einer maßstäblichen Zeichnung (Maßstab 1 : 10 000):

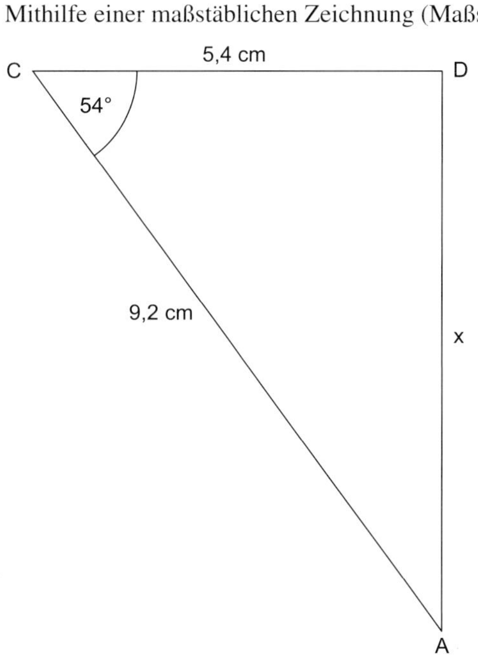

Maßstab 1 : 10 000 bedeutet:

1 cm im Bild ≙ 10 000 cm = 100 m in Wirklichkeit

Also gilt für die Längen in der Zeichnung:

$\overline{CA} = 9{,}2$ cm und $\overline{DC} = 5{,}41$ cm $\approx 5{,}4$ cm

Abgelesene Länge für $\overline{AD}$: 7,4 cm ≙ **740 m**

Die Länge des Weges $\overline{AD}$ beträgt etwa 740 m.

c) Bestimmung des Winkels β im Dreieck ABC:
Die Winkelsumme im Dreieck beträgt 180°. Damit gilt:

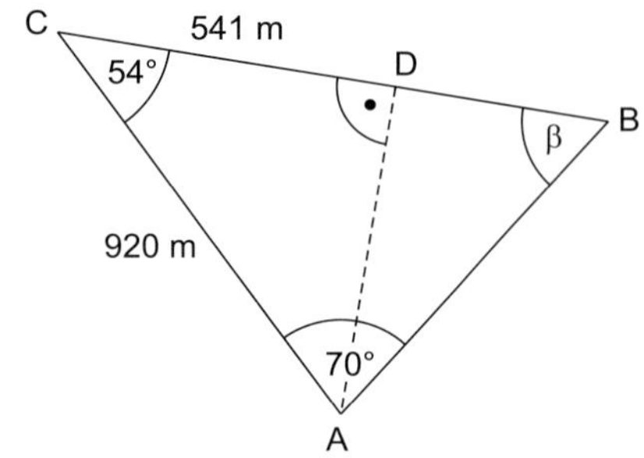

$$70° + \beta + 54° = 180°$$
$$\beta + 124° = 180° \quad |-124°$$
$$\beta = 56°$$

Zunächst Berechnung der Länge $\overline{BC}$ mithilfe des Sinussatzes:

$$\frac{\overline{BC}}{\sin 70°} = \frac{\overline{CA}}{\sin\beta}$$
$$\frac{\overline{BC}}{\sin 70°} = \frac{920}{\sin 56°} \quad |\cdot \sin 70°$$
$$\overline{BC} = \frac{920 \cdot \sin 70°}{\sin 56°}$$
$$\overline{BC} \approx 1\,042{,}8$$

Berechnung der Länge $\overline{BD}$:
$\overline{BD} = \overline{BC} - \overline{DC} = 1\,042{,}8\text{ m} - 541\text{ m} = \mathbf{501{,}8}$

Die Länge des Weges $\overline{BD}$ beträgt etwa 501,8 m.

oder
Berechnung der Länge $\overline{BD}$ mithilfe des Tangens im Dreieck ABD:

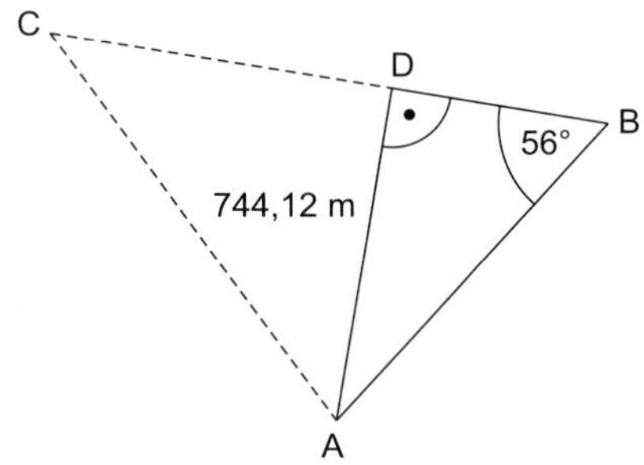

$$\tan 56° = \frac{\text{Gegenkathete}}{\text{Ankathete}}$$
$$\tan 56° = \frac{744{,}12}{\overline{BD}} \quad |\cdot \overline{BD}$$
$$\overline{BD} \cdot \tan 56° = 744{,}12 \quad |:\tan 56°$$
$$\overline{BD} = \frac{744{,}12}{\tan 56°}$$
$$\overline{BD} \approx \mathbf{501{,}9}$$

Die Länge des Weges $\overline{BD}$ beträgt 501,9 m.

oder
Mithilfe einer maßstäblichen Zeichnung (Maßstab 1 : 10 000):

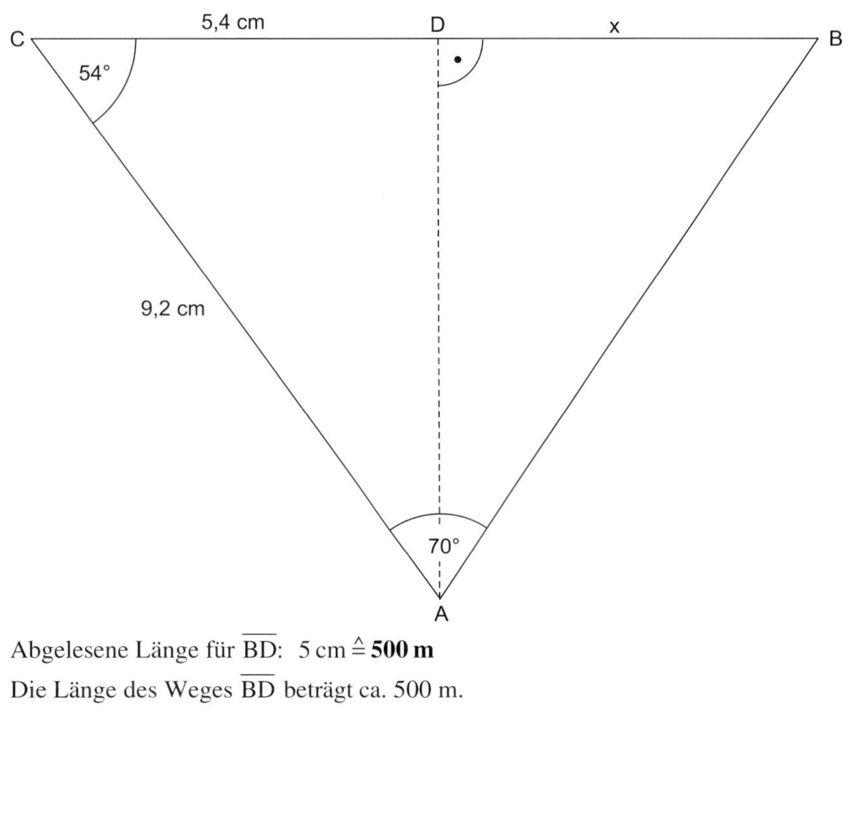

Abgelesene Länge für $\overline{BD}$: 5 cm $\hat{=}$ **500 m**
Die Länge des Weges $\overline{BD}$ beträgt ca. 500 m.

Mittlerer Schulabschluss und erweiterte Berufsbildungsreife 2017

Aufgabe 1

a) Lösung über die Spaltenzahl:
Das gesamte Rechteck weist 7 senkrechte Spalten auf.
$\frac{6}{7}$ bedeutet „6 von 7". Es müssen also 6 von 7 Spalten schraffiert werden.

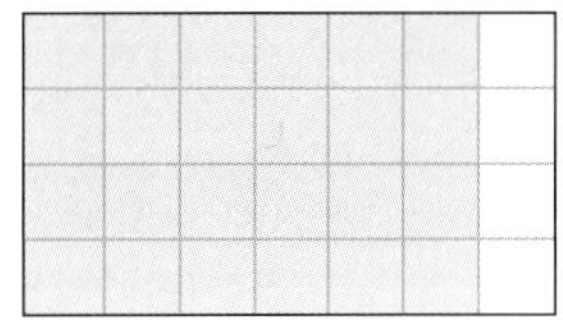

oder

Lösung mit dem Dreisatz:
Das ganze Rechteck besteht aus $4 \cdot 7 = 28$ Kästchen.

$$:7 \left(\begin{array}{l} 1\,\text{Ganzes} \mathrel{\hat{=}} 28\ \text{Kästchen} \\ \frac{1}{7} \mathrel{\hat{=}} 4\ \text{Kästchen} \end{array} \right) :7$$

$$\cdot 6 \left(\begin{array}{l} \frac{1}{7} \mathrel{\hat{=}} 4\ \text{Kästchen} \\ \frac{6}{7} \mathrel{\hat{=}} 24\ \text{Kästchen} \end{array} \right) \cdot 6$$

Es müssen insgesamt 24 Kästchen schraffiert werden.

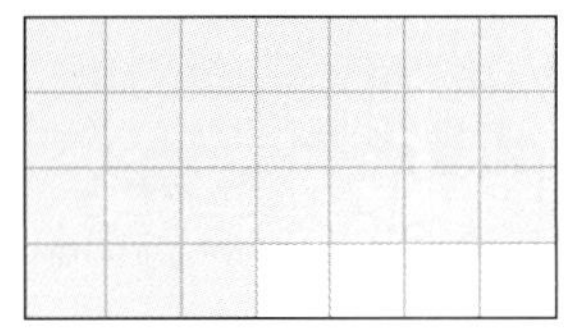

b) Lösung durch Kopfrechnen:
10 % von 120 € sind 12 €.
20 % von 120 €, das Doppelte dieser 10 %, sind demzufolge auch das Doppelte von 12 €, also **24 €**.

oder

Lösung mit dem Dreisatz:

$$:100 \left(\begin{array}{l} 100\,\% \mathrel{\hat{=}} 120\,€ \\ 1\,\% \mathrel{\hat{=}} 1{,}20\,€ \end{array} \right) :100$$

$$\cdot 20 \left(\begin{array}{l} 1\,\% \mathrel{\hat{=}} 1{,}20\,€ \\ 20\,\% \mathrel{\hat{=}} \mathbf{24\,€} \end{array} \right) \cdot 20$$

oder

Lösung über proportionale Zuordnung:

$$\frac{120}{100} = \frac{x}{20} \quad |\cdot 20$$

$$x = \frac{120 \cdot 20}{100}$$

$$x = 24$$

Lösung: **24 €**

c) *Überlegungen:*

- Eine *Pyramide* besteht aus einer Grundfläche und dreieckigen Seitenflächen, die sich in der Spitze der Pyramide treffen. Der abgebildete Körper hat keine Spitze und auch die Seitenflächen sind nicht alle dreieckig, deshalb ist Pyramide als Lösung falsch.
- Ein *Prisma* besteht aus einer Grundfläche, einer dazu kongruenten Deckfläche und gleich langen, zueinander parallelen Seitenkanten. Im abgebildeten Körper bilden die kongruenten Dreiecke vorne und hinten die Grund- und Deckfläche, die drei Seitenkanten verlaufen parallel und sind gleich lang. Deshalb ist Prisma als Lösung richtig.
- Ein *Quader* besteht aus sechs rechteckigen Seitenflächen. Der abgebildete Körper weist auch dreieckige Seitenflächen auf, deshalb ist Quader als Lösung falsch.

Es gilt:

☐ Pyramide

☒ Prisma

☐ Quader

d) Dieses Dreieck ist rechtwinklig mit der Hypotenuse z und den beiden Katheten x und y. Im rechtwinkligen Dreieck gilt der Satz des Pythagoras:
Hypotenusenquadrat = Summe der Kathetenquadrate

$$z^2 \quad = \quad x^2 \quad + \quad y^2$$

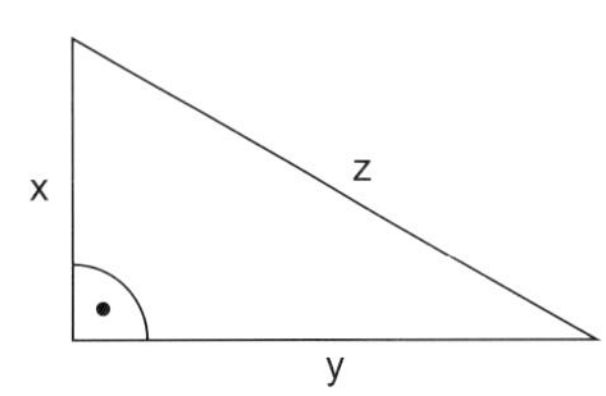

Damit gilt:

☐ $x^2 = y^2 + z^2$ ☐ $z^2 = x^2 - y^2$ ☐ $z^2 \cdot y^2 = x^2$ ☒ $z^2 = x^2 + y^2$

e) Die Zahlen lassen sich besser vergleichen, wenn sie als Dezimalzahlen vorliegen:

$-0{,}01$	$-10^3 = -10 \cdot 10 \cdot 10$	$-10^2 = -10 \cdot 10$	$-0{,}1$
$= -0{,}01$	$= -1\,000$	$= -100$	$= -0{,}1$

Weil $-1\,000 = -10^3$ die kleinste Zahl ist, gilt:

☐ $-0{,}01$ ☒ -10^3 ☐ -10^2 ☐ $-0{,}1$

f) *Hinweis:* Diese Aufgabe stammt nicht aus der Wahrscheinlichkeitsrechnung und es handelt sich hier auch nicht um ein Zufallsexperiment. Die Fragestellung zielt nur darauf ab, wie viele verschiedene Kombinationen entstehen können, wenn zwei gleiche, nicht unterscheidbare Münzen gleichzeitig geworfen werden.

Anzahl der möglichen Ergebnisse:
Die oben liegenden Münzseiten können gleich aussehen (2-mal Wappen oder 2-mal Zahl) oder ungleich aussehen (Wappen und Zahl). Es gibt also **3 mögliche Ergebnisse**.

g) Eine Zehnerpotenz ist eine Potenz mit der Basis 10 und einem ganzzahligen Exponenten. Bei dieser Aufgabe ist der Exponent gesucht. Es gilt also herauszufinden, wie oft 10 mit sich selber multipliziert werden muss, damit das Ergebnis 100 000 ist.

Umwandlung in eine Zehnerpotenz:

$$\underbrace{100\,000}_{\text{5 Nullen}} = \underbrace{10 \cdot 10 \cdot 10 \cdot 10 \cdot 10}_{\text{5-mal}} = \mathbf{10^5}$$

h) Der Durchschnitt oder das arithmetische Mittel ist die Summe aller Werte dividiert durch die Anzahl aller Werte:

$$m = \frac{x_1 + x_2 + \ldots + x_n}{n}$$

Es gilt:

$$m = \frac{1{,}8 + 1{,}7 + 1{,}6 + 1{,}7}{4} = 1{,}7$$

Der Durchschnitt der vorgegebenen Längen beträgt **1,7 m**.

i) Die Satzteile werden der Reihe nach in einen Term übersetzt:

$$\underbrace{\mathbf{3x}}_{\text{das Dreifache einer Zahl}} \ \underbrace{\mathbf{-}}_{\text{vermindert}} \ \underbrace{\mathbf{5}}_{\text{um fünf}}$$

Es gilt:

☐ $3(x-5)$ ☐ $5-3x$ ☒ $3x-5$ ☐ $3x-5x$

j) Der Sinus eines Winkels wird im rechtwinkligen Dreieck durch das Seitenverhältnis von Gegenkathete zur Hypotenuse bestimmt:

$$\sin\beta = \frac{\text{Gegenkathete}}{\text{Hypotenuse}}$$

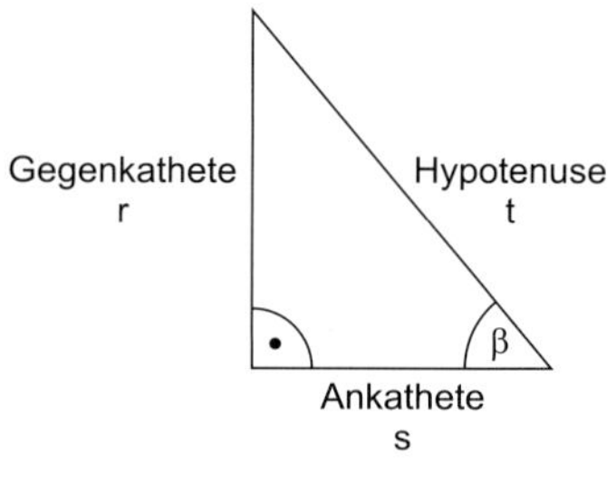

Vom Winkel β aus betrachtet ist die Seite r die Gegenkathete und die Seite t die Hypotenuse.
Damit gilt für das abgebildete Dreieck:

$$\mathbf{\sin\beta = \frac{r}{t}}$$

Aufgabe 2

a) Im Jahr 2013 wurden 8 512 Kinder mehr geboren als im Jahr 2012, d. h. umgekehrt:
Im Jahr 2012 wurden 8 512 Kinder weniger geboren als im Jahr 2013.

Anzahl der Kinder, die im Jahr 2012 geboren wurden:
$682\,069 - 8\,512 = \mathbf{673\,557}$

Im Jahr 2012 wurden in Deutschland 673 557 Kinder geboren.

b) Alle Kinder, die als zweites, drittes, viertes oder weiteres Kind der Mutter geboren wurden, haben mindestens ein Geschwisterkind.

Berechnung des Prozentsatzes für Kinder mit mindestens einem Geschwisterkind:

zweites Kind	34,4 %
drittes Kind	11,2 %
viertes oder weiteres Kind	5,0 %
Summe:	50,6 %

Der Professor hat recht. Insgesamt 50,6 % der im Jahr 2013 geborenen Kinder hatten mindestens ein Geschwisterkind und 50,6 % ist etwas mehr als die Hälfte.

oder

49,4 % aller Kinder wurden 2013 als erstes Kind der Mutter geboren und hatten somit kein Geschwisterkind. Alle anderen im Jahr 2013 geborenen Kinder müssen also mindestens ein Geschwisterkind haben.

Berechnung des Prozentsatzes für Kinder mit mindestens einem Geschwisterkind:
$100\,\% - 49{,}4\,\% = 50{,}6\,\%$

50,6 % ist etwas mehr als die Hälfte. Der Professor hat also recht.

c) • Lösung durch Ausschlussverfahren:
Es ist zu prüfen, welcher Prozentsatz aus der Tabelle (49,4 %, 34,4 %, 11,2 % oder 5,0 %) dem markierten Winkel entspricht.

- Für 49,4 % wäre fast die Hälfte des Kreises markiert. ⇒ Kommt *nicht* als richtige Lösung infrage.
- Für 34,4 % wäre mehr als ein Drittel des Kreises markiert. ⇒ Kommt *nicht* als richtige Lösung infrage.
- Für 11,2 % wäre mehr als ein Zehntel des Kreises (ca. 40°) markiert. ⇒ Kommt *nicht* als richtige Lösung infrage.
  Hinweis: Dass dieser Prozentsatz Gegenstand der nächsten Aufgabenstellung ist, weist ebenfalls darauf hin, dass er wahrscheinlich nicht dargestellt ist. Diese Aussage zählt natürlich nicht als Begründung, sofern eine gefordert ist.

Es bleibt für die Beschriftung also nur „viertes oder weiteres Kind der Mutter".

oder

Lösung durch Berechnung des Prozentsatzes, der dem eingezeichneten Winkel entspricht:
Eine Messung ergibt eine Winkelgröße von ungefähr 18°. Der gesamte Kreis hat einen Mittelpunktswinkel von 360°, das entspricht 100 %. Damit kann der Prozentsatz berechnet werden, der 18° entspricht.

Lösung mit dem Dreisatz:

$$\begin{array}{lcl} & 360^\circ \mathrel{\hat{=}} 100\,\% & \\ :360 & & :360 \\ & 1^\circ \mathrel{\hat{=}} \frac{100}{360}\,\% & \\ \cdot 18 & & \cdot 18 \\ & 18^\circ \mathrel{\hat{=}} 5\,\% & \end{array}$$

oder

Lösung über proportionale Zuordnung:

$$\frac{100}{360} = \frac{x}{18} \quad |\cdot 18$$
$$x = \frac{18 \cdot 100}{360}$$
$$x = 5$$

Der farbige Anteil stellt also „viertes oder weiteres Kind der Mutter" dar und wird entsprechend beschriftet.

Beschriftetes Kreisdiagramm:

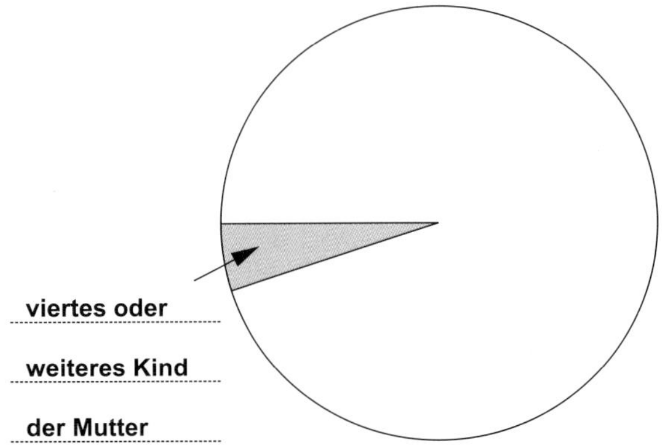

- Berechnung der Winkelgröße für 11,2 % als Anteil am Vollkreis:
  100 % entsprechen dem gesamten Kreis mit 360°.

  Lösung mit dem Dreisatz:

  $$\begin{aligned} 100\,\% &\mathrel{\hat=} 360° \quad &|:100 \\ 1\,\% &\mathrel{\hat=} 3{,}6° \quad &|\cdot 11{,}2 \\ 11{,}2\,\% &\mathrel{\hat=} \mathbf{40{,}32°} \end{aligned}$$

  oder

  Lösung über proportionale Zuordnung:

  $$\frac{360}{100} = \frac{x}{11{,}2} \quad |\cdot 11{,}2$$
  $$x = \frac{360 \cdot 11{,}2}{100}$$
  $$x = \mathbf{40{,}32°}$$

  oder

  Berechnung der Winkelgröße für 11,2 % mit dem Umrechnungsfaktor 3,6:
  1 % im Kreisdiagramm entspricht einem Winkel von 3,6°, deshalb wird zur Ermittlung der Winkelgröße der Prozentsatz (11,2) mit 3,6 multipliziert:
  $11{,}2 \cdot 3{,}6 = 40{,}32 \Rightarrow \alpha = \mathbf{40{,}32°}$

- Einzeichnen des Winkels und Beschriften des Anteils im vorhandenen Kreisdiagramm:

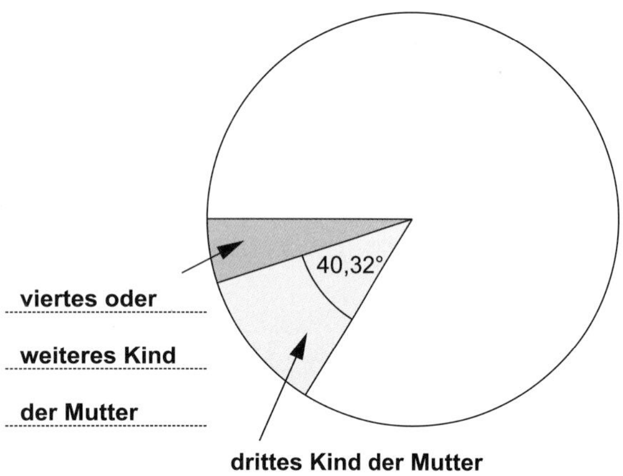

Aufgabe 3

a) Die Grundfläche des Swimmingpools setzt sich aus **2 Halbkreisen** und **einem Rechteck** zusammen.

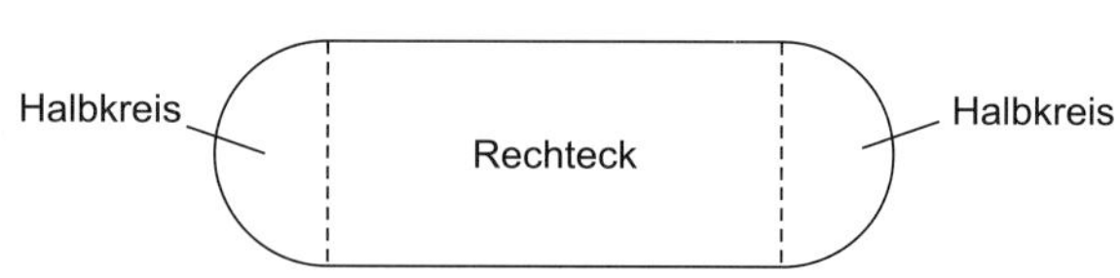

b) Gegeben: $a = 5$ m; $b = 10$ m; $d = a = 5$ m
Gesucht: A

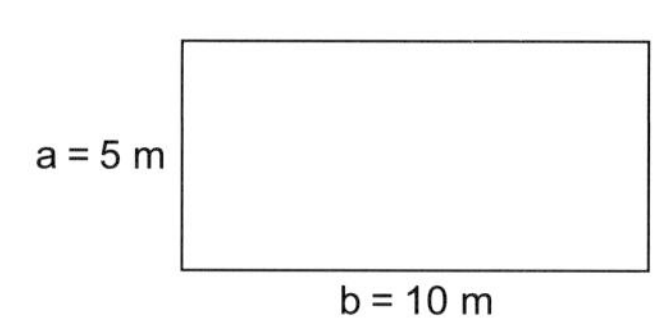

Berechnung der Rechteckfläche:
$A_R = a \cdot b$
$A_R = 5 \cdot 10$
$A_R = 50$
Die Rechteckfläche beträgt 50 m².

Berechnung der Kreisfläche:
Da die beiden Halbkreise kongruent sind und zusammen einen Vollkreis ergeben, wird der Flächeninhalt eines ganzen Kreises berechnet.

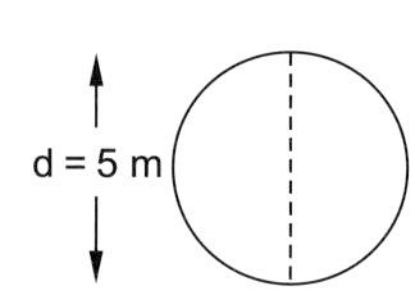

Radius:
$$r = \frac{d}{2} = \frac{5\text{ m}}{2} = 2{,}5\text{ m}$$
Kreisfläche:
$A_K = \pi \cdot r^2$
$A_K = \pi \cdot 2{,}5^2$
$A_K \approx 19{,}63$
Die Fläche der beiden Halbkreise beträgt etwa 19,63 m².

Berechnung der gesamten Grundfläche des Swimmingpools:

$A = A_R + A_K$

$A = 50 + 19{,}63$

$A = 69{,}63$

Der Swimmingpool hat eine Grundfläche von **69,63 m²**.

c) Der Swimmingpool hat die Form eines Prismas mit kongruenter Grund- und Deckfläche, die sich jeweils aus zwei Halbkreisen und einem Rechteck zusammensetzen. Für das Volumen eines Prismas gilt:

$$V = A_G \cdot h$$

Grundfläche (A_G) Körperhöhe (h)

Allgemeine Herleitung der Formel für die Grundfläche:
Die Grundfläche A_G setzt sich aus der Rechteckfläche A_R und der Kreisfläche A_K zusammen:

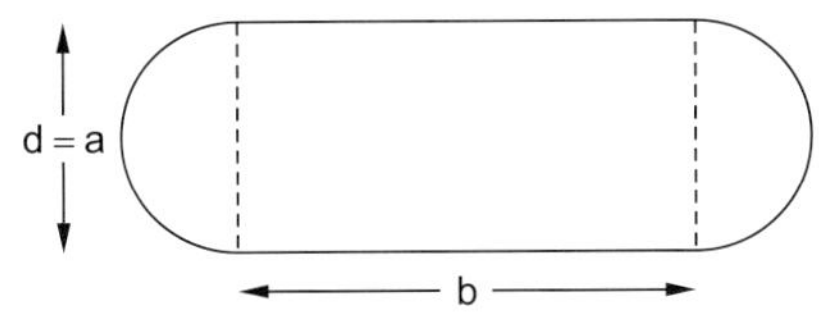

- Für die Rechteckfläche gilt: $A_R = a \cdot b$
- Für die Kreisfläche gilt:
  Da der Durchmesser des Kreises $d = a$ ist, beträgt der Radius $r = \frac{a}{2}$ und es gilt:

$$A_K = \pi \cdot r^2 = \pi \cdot \left(\frac{a}{2}\right)^2$$

Als Formel zur Berechnung der Grundfläche ergibt sich:

$$A_G = A_R + A_K = a \cdot b + \pi \cdot \left(\frac{a}{2}\right)^2$$

Für das Volumen des Prismas gilt:

$$V = A_G \cdot h = \left(a \cdot b + \pi \cdot \left(\frac{a}{2}\right)^2\right) \cdot h$$

entspricht Ankreuzmöglichkeit 2

Durch Ausmultiplizieren folgt:

$$V = a \cdot b \cdot h + \pi \cdot \left(\frac{a}{2}\right)^2 \cdot h$$

Vertauschen der Summanden liefert:

$$V = \pi \cdot \left(\frac{a}{2}\right)^2 \cdot h + a \cdot b \cdot h$$

entspricht Ankreuzmöglichkeit 3

Zusammen ergibt sich:

Formel	geeignet	nicht geeignet
$V = \left(a + b + \pi + \left(\frac{a}{2}\right)^2\right) \cdot h$	☐	☒
$V = \left(a \cdot b + \pi \cdot \left(\frac{a}{2}\right)^2\right) \cdot h$	☒	☐
$V = \pi \cdot \left(\frac{a}{2}\right)^2 \cdot h + a \cdot b \cdot h$	☒	☐

d) Umrechnung der Wassermenge des Swimmingpools von der Einheit m³ in ℓ:

$140\ m^3 = 140\,000\ dm^3 = 140\,000\ \ell$

Lösung mit dem Dreisatz:

$$17\,500\ \ell \triangleq 1\ \text{Stunde} \quad (:17\,500)$$

$$1\ \ell \triangleq \frac{1}{17\,500}\ \text{Stunde} \quad (\cdot 140\,000)$$

$$140\,000\ \ell \triangleq 8\ \text{Stunden}$$

oder

Lösung über proportionale Zuordnung:

$$\frac{1}{17\,500} = \frac{x}{140\,000} \quad |\cdot 140\,000$$

$$x = \frac{1 \cdot 140\,000}{17\,500}$$

$$x = 8$$

Die Filterpumpe benötigt **8 Stunden**, um die 140 m³ Wasser des Swimmingpools zu reinigen.

oder

Umrechnung der durch den Filter pro Stunde gereinigten Wassermenge von der Einheit ℓ in m^3:
$17\,500\ \ell = 17\,500\ dm^3 = 17{,}5\ m^3$

Lösung mit dem Dreisatz:

$$:17{,}5 \left(\begin{array}{l} 17{,}5\ m^3 \mathrel{\hat{=}} 1\ \text{Stunde} \\ 1\ m^3 \mathrel{\hat{=}} \frac{1}{17{,}5}\ \text{Stunde} \end{array} \right) :17{,}5$$

$$\cdot 140 \left(\begin{array}{l} 1\ m^3 \mathrel{\hat{=}} \frac{1}{17{,}5}\ \text{Stunde} \\ 140\ m^3 \mathrel{\hat{=}} 8\ \text{Stunden} \end{array} \right) \cdot 140$$

oder

Lösung über proportionale Zuordnung:

$$\frac{1}{17{,}5} = \frac{x}{140} \qquad |\cdot 140$$

$$x = \frac{1 \cdot 140}{17{,}5}$$

$$x = 8$$

Die Filterpumpe benötigt **8 Stunden**, um die 140 m^3 Wasser des Swimmingpools zu reinigen.

Aufgabe 4

a) Berechnung von γ mit der Innenwinkelsumme im Dreieck ABC:
Die Winkelsumme im Dreieck beträgt 180°.

$$62{,}8° + 34{,}9° + \gamma = 180°$$

$$97{,}7° + \gamma = 180° \qquad |-97{,}7°$$

$$\gamma = \mathbf{82{,}3°}$$

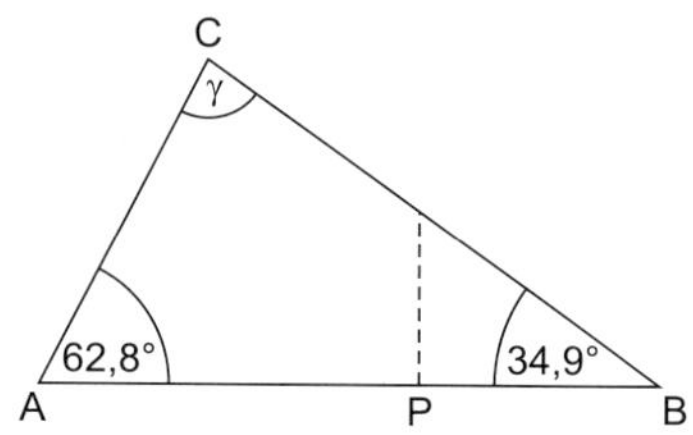

b) Berechnung der Länge der Strecke $\overline{PB}$ im rechtwinkligen Dreieck mithilfe des Tangens:

$$\tan\beta = \frac{\text{Gegenkathete}}{\text{Ankathete}}$$

$$\tan 34{,}9° = \frac{1{,}20}{\overline{PB}} \qquad |\cdot \overline{PB}$$

$$\overline{PB} \cdot \tan 34{,}9° = 1{,}20 \qquad |:\tan 34{,}9°$$

$$\overline{PB} = \frac{1{,}20}{\tan 34{,}9°}$$

$$\overline{PB} \approx 1{,}72$$

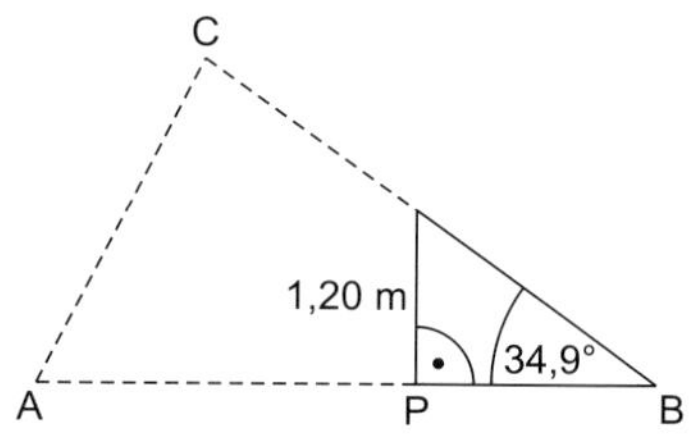

Der Fußpunkt P muss etwa **1,72 m** vom Punkt B entfernt sein.

c) • Berechnung der Länge der Strecke $\overline{BC}$ im allgemeinen Dreieck ABC mithilfe des Sinussatzes:

$$\frac{\overline{BC}}{\sin\alpha} = \frac{\overline{CA}}{\sin\beta}$$

$$\frac{\overline{BC}}{\sin 62{,}8°} = \frac{4{,}50}{\sin 34{,}9°} \qquad |\cdot \sin 62{,}8°$$

$$\overline{BC} = \frac{4{,}50 \cdot \sin 62{,}8°}{\sin 34{,}9°}$$

$$\overline{BC} \approx 7{,}0$$

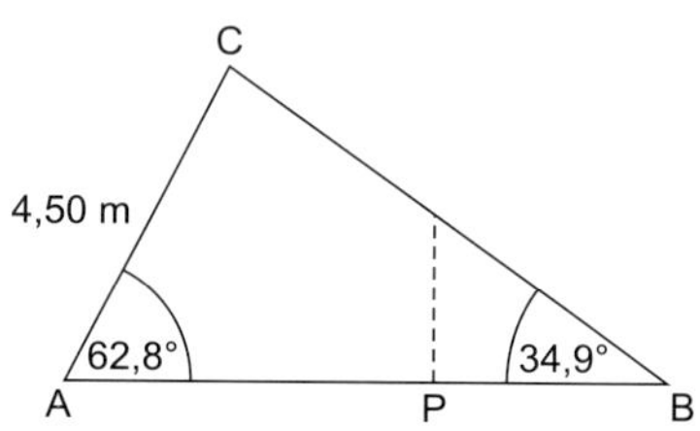

Die Länge der Dachschräge $\overline{BC}$ beträgt etwa **7,0 m**.

oder

Berechnung der Länge der Strecke $\overline{BC}$ mithilfe der Höhe h im Dreieck ABC mithilfe des Sinus:
Das vorhandene Dreieck ABC wird durch die Höhe h in die zwei rechtwinkligen Teildreiecke AHC und HBC zerlegt.
Berechnung der Höhe h im rechtwinkligen Dreieck AHC:

$$\sin\alpha = \frac{\text{Gegenkathete}}{\text{Hypotenuse}}$$

$$\sin 62{,}8° = \frac{h}{4{,}50} \qquad |\cdot 4{,}50$$

$$h = 4{,}50 \cdot \sin 62{,}8°$$

$$h \approx 4{,}0$$

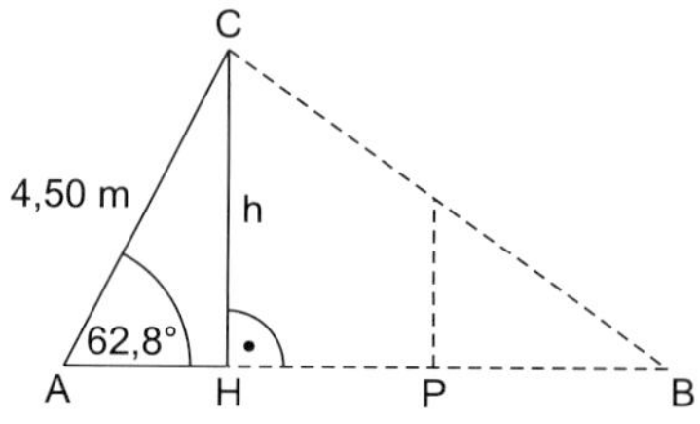

Berechnung von $\overline{BC}$ im rechtwinkligen Dreieck HBC:

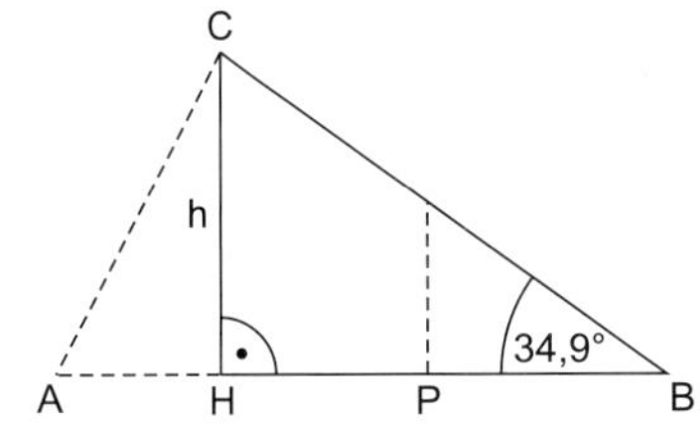

$$\sin\beta = \frac{\text{Gegenkathete}}{\text{Hypotenuse}}$$

$$\sin 34{,}9° = \frac{h}{\overline{BC}}$$

$$\sin 34{,}9° = \frac{4{,}0}{\overline{BC}} \quad |\cdot \overline{BC}$$

$$\overline{BC}\cdot \sin 34{,}9° = 4{,}0 \quad |:\sin 34{,}9°$$

$$\overline{BC} = \frac{4{,}0}{\sin 34{,}9°}$$

$$\overline{BC} \approx 7{,}0$$

Die Länge der Dachschräge $\overline{BC}$ beträgt etwa **7,0 m**.

- Die gesamte Dachfläche besteht aus zwei Rechtecken:
  Rechteck 1 mit den Seitenlängen $\ell = 8{,}00$ m und $a = 7{,}0$ m (= Länge von $\overline{BC}$)
  Rechteck 2 mit den Seitenlängen $\ell = 8{,}00$ m und $b = 4{,}50$ m (= Länge von $\overline{CA}$)

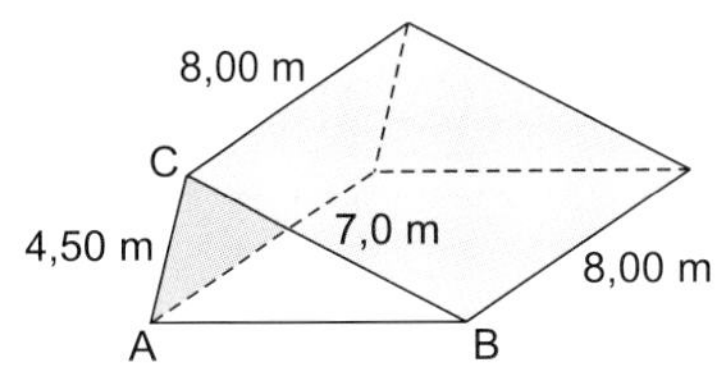

  Berechnung des Flächeninhalts von Rechteck 1:
  $A_1 = a \cdot \ell$
  $A_1 = 7{,}0 \cdot 8{,}00$
  $A_1 = 56{,}0$

  Berechnung des Flächeninhalts von Rechteck 2:
  $A_2 = b \cdot \ell$
  $A_2 = 4{,}50 \cdot 8{,}00$
  $A_2 = 36{,}0$

  Berechnung des gesamten Flächeninhalts A:
  $A = A_1 + A_2$
  $A = 56{,}0 + 36{,}0$
  $A = 92{,}0$

  Es müssen **92,0 m²** Dachfläche isoliert werden.

Aufgabe 5

a) • *Vorüberlegung:*
Da die Punkte K(–4 | –1) und L(2 | 2) im 3. und im 1. Quadranten liegen, wird der Ursprung eher mittig in die vorbereitete karierte Fläche gelegt. Die Punkte K(–4 | –1) und L(2 | 2) werden eingezeichnet und zur Geraden g verbunden.

Zeichnung:

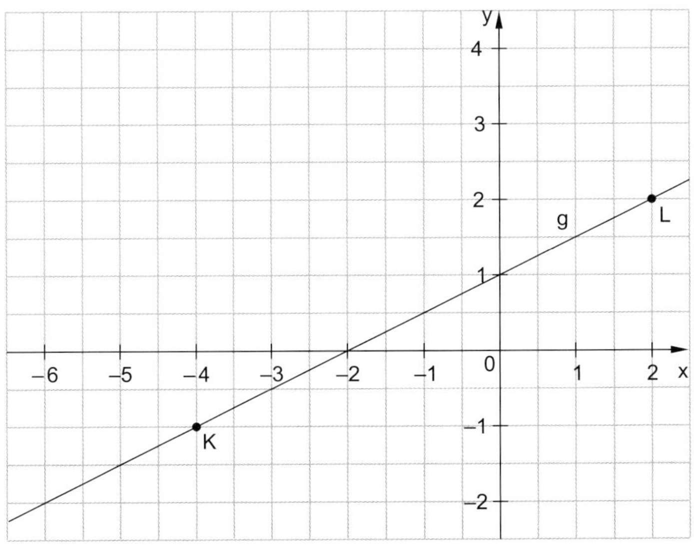

- *1. Möglichkeit:* Aufstellen der Geradengleichung von g

  Allgemeine Funktionsgleichung einer Geraden:

  $y = m \cdot x + n$

  Steigung ↙ ↘ y-Achsenabschnitt (= Schnittpunkt mit der y-Achse)

  Vermutete Geradengleichung für g:

  $y = \frac{1}{2}x + 1$

  Nachzuweisen sind also für die eingezeichnete Gerade g die Steigung $m = \frac{1}{2}$ und der Achsenabschnitt $n = 1$.

  Zeichnerische Lösung:

  Bestimmen der Funktionsgleichung über das Ablesen der Steigung m und des y-Achsenabschnitts n aus der Zeichnung:

  – Ablesen des Achsenabschnitts:
    n = 1
  – Einzeichnen des Steigungsdreiecks:
    „2 LE nach rechts und 1 LE nach oben“ bedeutet:
    $\mathbf{m = \frac{1}{2}}$

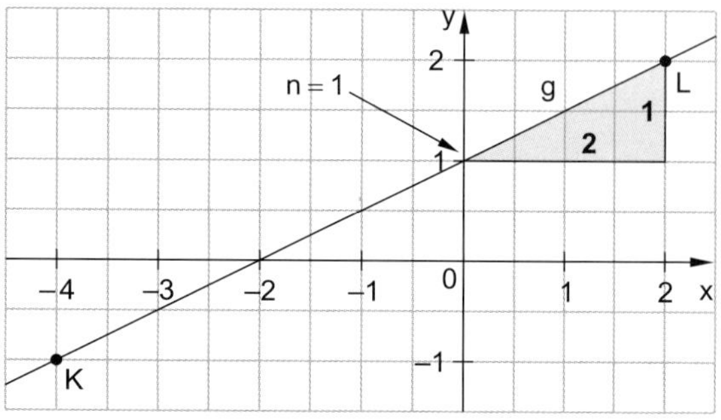

  Die Gleichung für g lautet also wie vermutet $\mathbf{y = \frac{1}{2}x + 1}$.

  oder

  Rechnerische Lösung:

  Bestimmen der Funktionsgleichung aus 2 Punkten:

  Die Gerade g verläuft durch die Punkte K(–4 | –1) und L(2 | 2). Einsetzen der Koordinaten von K(–4 | –1) und L(2 | 2) in die allgemeine Funktionsgleichung $y = m \cdot x + n$ liefert ein lineares Gleichungssystem mit den Variablen n und m:

  I $-1 = m \cdot (-4) + n$
  II $2 = m \cdot 2 + n$

  Additionsverfahren:

  I $-1 = -4m + n \quad | \cdot (-1)$
  II $2 = 2m + n$

  I $1 = 4m - n$
  II $2 = 2m + n$ $\Big\} +$

  I + II $3 = 6m \quad | :6$
  $m = \frac{1}{2}$

  Einsetzen in II:

  $2 = 2 \cdot \frac{1}{2} + n$
  $2 = 1 + n \quad | -1$
  $n = 1$

  Die Gleichung für g lautet also wie vermutet $\mathbf{y = \frac{1}{2}x + 1}$.

  oder

  2. Möglichkeit: Überprüfung, ob die Punkte K und L auf der Geraden mit der Gleichung $y = \frac{1}{2}x + 1$ liegen

  Da eine Gerade durch zwei Punkte eindeutig festgelegt wird, ist zu zeigen, dass die Punkte K und L auf der Geraden mit der Gleichung $y = \frac{1}{2}x + 1$ liegen. Ist dies der Fall, gehört diese Gleichung zur Geraden g, da K und L die Gerade g eindeutig festlegen. Es werden also die Koordinaten von K und L in die Gleichung eingesetzt und überprüft, ob sich eine wahre oder falsche Aussage ergibt.

  Überprüfung für K(–4 | –1):

  $-1 \stackrel{?}{=} \frac{1}{2} \cdot (-4) + 1$
  $-1 \stackrel{?}{=} -2 + 1$
  $-1 = -1$ (w)

  ⇒ K liegt auf der zu $y = \frac{1}{2}x + 1$ gehörenden Geraden.

  Überprüfung für L(2 | 2):

  $2 \stackrel{?}{=} \frac{1}{2} \cdot 2 + 1$
  $2 \stackrel{?}{=} 1 + 1$
  $2 = 2$ (w)

  ⇒ L liegt auf der zu $y = \frac{1}{2}x + 1$ gehörenden Geraden.

  Die Gleichung $\mathbf{y = \frac{1}{2}x + 1}$ ist eine Geradengleichung für g.

b) Einsetzen der x-Koordinate des Punktes A(−10 | y) in die Funktionsgleichung $y = \frac{1}{2}x + 1$:

$y = \frac{1}{2} \cdot (-10) + 1 = -5 + 1 = \mathbf{-4}$

c) Lösung durch Ablesen aus der Zeichnung:
Der Scheitelpunkt S einer nach oben geöffneten Parabel ist der tiefste Punkt der Parabel, also hier S(**−3** | **−2**).

oder

Lösung über die Funktionsgleichung von p:
Die Funktionsgleichung der Parabel ist hier in der Scheitelpunktform angegeben, aus der die Koordinaten des Scheitelpunktes S direkt entnommen werden können.

Scheitelpunktform der verschobenen Normalparabel:
$y = (x + d)^2 + e \Rightarrow S(-d \mid e)$

Funktionsgleichung von p:
$y = (x + 3)^2 - 2 \Rightarrow S(\mathbf{-3} \mid \mathbf{-2})$
d = 3   e = −2

d) • Nachweis durch Umwandlung der Scheitelpunktform in die allgemeine Form:

$y = (x + 3)^2 - 2$ (1. binomische Formel)
$y = x^2 + 6x + 9 - 2$
$y = x^2 + 6x + 7$

• Nullstellen sind die x-Koordinaten der Schnittpunkte der Parabel mit der x-Achse. Da für jeden Schnittpunkt mit der x-Achse die y-Koordinate 0 wird, setzt man y = 0: p: $y = x^2 + 6x + 7 \Rightarrow 0 = x^2 + 6x + 7$

Berechnung der Nullstellen mithilfe der p-q-Formel:

$0 = x^2 + 6x + 7$ (Normalform; p = 6; q = 7)

$$x_{1/2} = -\frac{p}{2} \pm \sqrt{\left(\frac{p}{2}\right)^2 - q}$$

$$x_{1/2} = -\frac{6}{2} \pm \sqrt{\left(\frac{6}{2}\right)^2 - 7}$$

$$x_{1/2} = -3 \pm \sqrt{9 - 7}$$

$$x_{1/2} = -3 \pm \sqrt{2}$$

$x_1 = -3 + \sqrt{2} \approx \mathbf{-1{,}59}$ und $x_2 = -3 - \sqrt{2} \approx \mathbf{-4{,}41}$

Die Nullstellen dieser Funktion sind −4,41 und −1,59.

e) *1. Möglichkeit:* Schrittweise Darstellung der Verschiebung und Spiegelung der Parabel p

• Ausgangsparabel p:

Scheitelpunktform von p:
$y = (x + 3)^2 - 2$

allgemeine Form von p:
$y = x^2 + 6x + 7$

• *1. Schritt:* Zwischenparabel p'

Die Verschiebung der Parabel p um 2 Einheiten nach oben bewirkt, dass alle y-Werte um +2 erhöht werden.

Scheitelpunktform von p':
$y = (x + 3)^2 - 2 \mathbf{+ 2}$
$y = (x + 3)^2$

allgemeine Form von p':
$y = x^2 + 6x + 7 \mathbf{+ 2}$
$y = x^2 + 6x + 9$

• *2. Schritt:* Parabel q

Die Spiegelung der Parabel p' an der x-Achse bewirkt, dass die Vorzeichen aller y-Werte verändert werden.

Scheitelpunktform von q:
$y = -(x + 3)^2$

allgemeine Form von q:
$y = -(x^2 + 6x + 9)$
$y = -x^2 - 6x - 9$

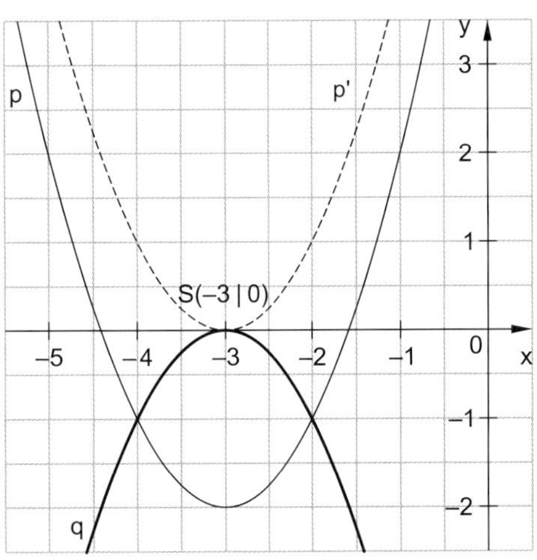

Die Parabel q hat die Gleichung $\mathbf{y = -(x + 3)^2}$ oder $\mathbf{y = -x^2 - 6x - 9}$.

oder

2. Möglichkeit: Lösung über die Scheitelpunktform

Die allgemeine Scheitelpunktform einer Parabel lautet: $y = a \cdot (x + d)^2 + e$

Streckfaktor (a) Scheitelpunkt $(-d \mid e)$

- Wenn p um 2 Einheiten nach oben verschoben wird, wird auch der Scheitelpunkt $S(-3 \mid -2)$ um 2 Einheiten nach oben verschoben und hat nun die Koordinaten $(-3 \mid -2 + 2) = (-3 \mid 0)$.
  Einsetzen der Koordinaten des Scheitelpunktes $(-3 \mid 0)$ in die allgemeine Scheitelpunktform liefert:
  $y = a \cdot (x + 3)^2$
- Der Streckfaktor der ursprünglichen Parabel ist 1. Durch die Spiegelung an der x-Achse ändert sich nur das Vorzeichen des Streckfaktors, nicht aber sein Betrag. Somit wird der Streckfaktor bei einer Spiegelung an der x-Achse $a = -1$:
  $y = -1 \cdot (x + 3)^2$
  $y = -(x + 3)^2$

Die Parabel q hat die Gleichung $\mathbf{y = -(x + 3)^2}$.

Aufgabe 6

a) Es gibt nur eine von 10 Ziffern (0; 1; 2; …; 9), die richtig ist.

Anzahl der richtigen Ziffern: 1

Anzahl aller möglichen Ziffern: 10

Wahrscheinlichkeit, dass Jan die richtige Ziffer einstellt:

$$P(E) = \frac{\text{Anzahl der richtigen Ziffern}}{\text{Anzahl aller möglichen Ziffern}} = \mathbf{\frac{1}{10}} = 0{,}1 = \mathbf{10\ \%}$$

Mit der Wahrscheinlichkeit von $\frac{1}{10}$ bzw. 10 % stellt Jan beim 1. Versuch die richtige Ziffer ein.

b)
- Mögliche dreistellige Zahlen aus den Ziffern 5, 7 und 9, bei denen jede Ziffer nur einmal vorkommt:
  579; 597; 759; 795; 957; 975
  Es gibt **6** mögliche dreistellige Geheimnummern.
- Anzahl der richtigen Geheimnummern: 1
  Anzahl aller möglichen Geheimnummern: 6
  Wahrscheinlichkeit, dass Ida beim 1. Versuch die richtige Geheimnummer einstellt:
  $$P(E) = \frac{\text{Anzahl der richtigen Geheimnummern}}{\text{Anzahl aller möglichen Geheimnummern}} = \mathbf{\frac{1}{6}} \approx \mathbf{0{,}167 = 16{,}7\ \%}$$
  Die Wahrscheinlichkeit, dass Ida im 1. Versuch die richtige Geheimnummer einstellt, beträgt $\frac{1}{6}$ oder 16,7 %.
- Spätestens beim zweiten Versuch bedeutet, dass Ida höchstens zwei Versuche hat, um die richtige Geheimnummer zu treffen. Ida kann die Geheimzahl also im 1. oder im 2. Versuch richtig einstellen. Es handelt sich um einen zweistufigen Zufallsversuch „ohne Zurücklegen", der in einem Baumdiagramm dargestellt werden kann.
  Baumdiagramm:
  Ida trifft die richtige Zahl: R
  Ida trifft nicht die richtige Zahl: nR

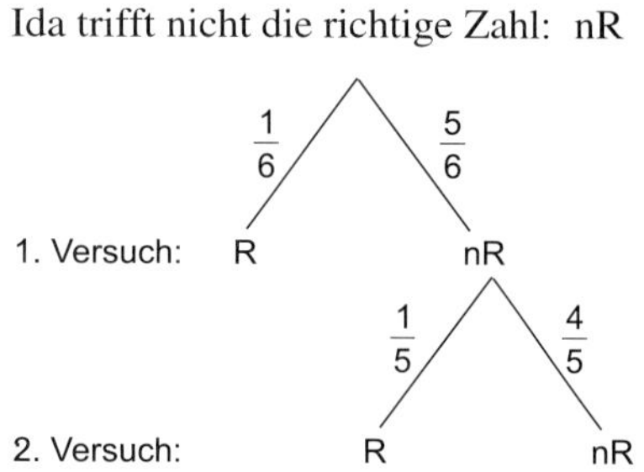

Für die Wahrscheinlichkeiten im Baumdiagramm gilt:

– Beim 1. Versuch trifft Ida mit der Wahrscheinlichkeit von $\frac{1}{6}$ die richtige Geheimnummer und mit einer Wahrscheinlichkeit von $\frac{5}{6}$ eine falsche Geheimnummer.

– Beim 2. Versuch stehen nur noch 5 mögliche Geheimnummern zur Verfügung, weil Ida nicht noch einmal die falsche Zahl eingeben würde. Ida trifft also mit einer Wahrscheinlichkeit von $\frac{1}{5}$ die richtige Geheimnummer.

Berechnung der Wahrscheinlichkeit dafür, dass Ida spätestens beim 2. Versuch die richtige Zahl einstellt:

Berechnung der Einzelwahrscheinlichkeiten (1. Pfadregel):

Wahrscheinlichkeit, dass Ida im 1. Versuch die richtige Zahl einstellt: $P(R) = \frac{1}{6}$

Wahrscheinlichkeit, dass Ida im 2. Versuch die richtige Zahl einstellt: $P(nR; R) = \frac{5}{6} \cdot \frac{1}{5}$

Wahrscheinlichkeit dafür, dass Ida beim 1. oder beim 2. Versuch die richtige Zahl einstellt (2. Pfadregel):

$P(\text{Ida trifft spätestens im 2. Versuch}) = P(R) + P(nR; R) = \frac{1}{6} + \frac{5}{6} \cdot \frac{1}{5} = \mathbf{\frac{1}{3} = 0,\overline{3} \approx 33,3\,\%}$

Ida stellt mit einer Wahrscheinlichkeit von 33,3 % spätestens im 2. Versuch die richtige Geheimnummer ein.

Aufgabe 7

a) Berechnung der fehlenden Werte in der Tabelle:
In 0 km Höhe beträgt der Luftdruck etwa 1 000 hPa, danach nimmt der Luftdruck pro km Höhe um 13 % ab, d. h., mit jedem km, den man an Höhe gewinnt, sind nur noch 100 % – 13 % = 87 % des vorherigen Luftdrucks vorhanden.

Anmerkung: Diese Werte können besonders für Bergsteiger lebenswichtig werden!

Hinweis: Da in der vorgegebenen Tabelle nur ganzzahlige Werte für den Luftdruck angegeben sind, werden im Folgenden die Lösungen auch auf ganze Zahlen gerundet.

- Berechnung des ersten fehlenden Luftdruck-Wertes in 2 km Höhe:

Dreisatz: **oder** proportionale Zuordnung:

$$\begin{aligned} &:100 \quad 100\,\% \mathrel{\hat{=}} 870\text{ hPa} \quad :100\\ &\cdot 87 \quad 1\,\% \mathrel{\hat{=}} 8{,}7\text{ hPa} \quad \cdot 87\\ &87\,\% \mathrel{\hat{=}} 756{,}9\text{ hPa}\\ &\mathbf{\approx 757\text{ hPa}}\end{aligned}$$

$$\frac{870}{100} = \frac{x}{87} \quad |\cdot 87$$
$$x = \frac{870 \cdot 87}{100}$$
$$x = \mathbf{757}$$

- Berechnung des zweiten fehlenden Luftdruck-Wertes für 8 km Höhe:
Achtung: Die Werte für die Höhe nehmen in der Tabelle nicht gleichmäßig um 1 km zu. Es fehlt der Luftdruck-Wert für 8 km Höhe, aber der vorherige in der Tabelle angegebene Wert ist nicht für 7 km Höhe, sondern für 5 km Höhe. Es müssen also auch die Zwischenwerte für 6 km Höhe und für 7 km Höhe berechnet werden.

Luftdruck-Wert für 6 km Höhe:

Dreisatz: **oder** proportionale Zuordnung:

$$\begin{aligned} &:100 \quad 100\,\% \mathrel{\hat{=}} 498\text{ hPa} \quad :100\\ &\cdot 87 \quad 1\,\% \mathrel{\hat{=}} 4{,}98\text{ hPa} \quad \cdot 87\\ &87\,\% \mathrel{\hat{=}} 433{,}26\text{ hPa}\\ &\approx 433\text{ hPa}\end{aligned}$$

$$\frac{498}{100} = \frac{x}{87} \quad |\cdot 87$$
$$x = \frac{498 \cdot 87}{100}$$
$$x \approx 433$$

Luftdruck-Wert für 7 km Höhe:

Dreisatz: **oder** proportionale Zuordnung:

$$\begin{aligned} &:100 \quad 100\,\% \mathrel{\hat{=}} 433\text{ hPa} \quad :100\\ &\cdot 87 \quad 1\,\% \mathrel{\hat{=}} 4{,}33\text{ hPa} \quad \cdot 87\\ &87\,\% \mathrel{\hat{=}} 376{,}71\text{ hPa}\\ &\approx 377\text{ hPa}\end{aligned}$$

$$\frac{433}{100} = \frac{x}{87} \quad |\cdot 87$$
$$x = \frac{433 \cdot 87}{100}$$
$$x \approx 377$$

Luftdruck-Wert für 8 km Höhe:

Dreisatz: **oder** proportionale Zuordnung:

$$\begin{aligned} &:100 \quad 100\,\% \mathrel{\hat{=}} 377\text{ hPa} \quad :100\\ &\cdot 87 \quad 1\,\% \mathrel{\hat{=}} 3{,}77\text{ hPa} \quad \cdot 87\\ &87\,\% \mathrel{\hat{=}} 327{,}99\text{ hPa}\\ &\mathbf{\approx 328\text{ hPa}}\end{aligned}$$

$$\frac{377}{100} = \frac{x}{87} \quad |\cdot 87$$
$$x = \frac{377 \cdot 87}{100}$$
$$x \approx \mathbf{328}$$

oder

Nach jeder Höhenzunahme um 1 km beträgt der Luftdruck nur noch 100 % – 13 % = 87 % des vorherigen Wertes, d. h., jeder Wert verringert sich mit dem Faktor $\frac{87}{100} = 0{,}87$.

Anfangswert: $y = 1\,000$

In 1 km Höhe: $y = 1\,000 \cdot 0{,}87 \Rightarrow y = 870$

In 2 km Höhe: $y = 1\,000 \cdot 0{,}87 \cdot 0{,}87 \Rightarrow y \approx \mathbf{757}$

…

In 5 km Höhe: $y = 498$

In 6 km Höhe: $y = 498 \cdot 0{,}87 \Rightarrow y \approx 433$

In 7 km Höhe: $y = 498 \cdot 0{,}87 \cdot 0{,}87 \Rightarrow y \approx 377$

In 8 km Höhe: $y = 498 \cdot 0{,}87 \cdot 0{,}87 \cdot 0{,}87 \Rightarrow y \approx \mathbf{328}$

Tabelle:

Höhe in km	0	1	2	3	5	8	10
Luftdruck in hPa	1 000	870	**757**	659	498	**328**	248

b) *Vorüberlegungen:*

- *Wahl der Achsen:* Die abhängige Variable (Luftdruck) wird auf der y-Achse und die unabhängige Variable (Höhe) auf der x-Achse eingetragen.
- *Einteilung der x-Achse:* Es müssen Werte bis 10 km Höhe eingetragen werden. Die Vormarkierungen passen genau und müssen nur noch mit den Zahlen von 1 bis 10 beschriftet werden.
- *Einteilung der y-Achse:* Es müssen Werte bis 1 000 hPa eingetragen werden. Bei 10 Vormarkierungen beträgt deshalb die Schrittweite 100 hPa.
- Beim Einzeichnen muss beachtet werden, dass für die Höhen $x = 4$, $x = 6$, $x = 7$ und $x = 9$ km keine Luftdruck-Werte in der Tabelle vorhanden sind. Es entstehen also Lücken in der Zeichnung.

Zeichnung:

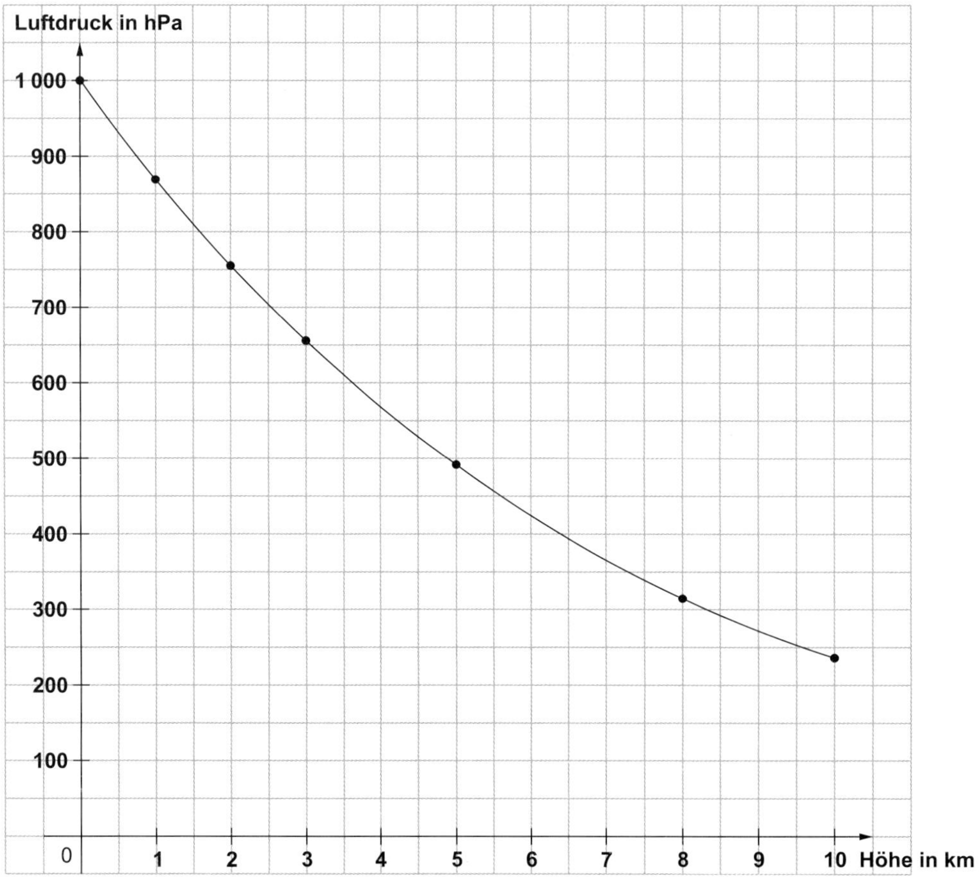

c) Da der Luftdruck pro km Höhe mit demselben Faktor 0,87 abnimmt, handelt es sich um eine Exponentialfunktion mit der allgemeinen Funktionsgleichung $y = a \cdot q^x$.

Anfangswert: $a = 1\,000$ (Luftdruck in 0 km Höhe)
Abnahmerate: $p\,\% = 13\,\%$
Abnahmefaktor: $q = 1 - \frac{p}{100} = 1 - \frac{13}{100} = 1 - 0{,}13 = 0{,}87$

Funktionsgleichung: $\mathbf{y = 1\,000 \cdot 0{,}87^x}$

☐ $y = 0{,}87 \cdot x$ ☒ $y = 1\,000 \cdot 0{,}87^x$ ☐ $y = x^{1{,}13}$ ☐ $y = 1\,000 \cdot 1{,}13^x$

d) Abschätzung mithilfe der Tabelle:
Der Luftdruck-Wert 573 hPa liegt zwischen den Luftdruck-Werten in 3 km (659 hPa) und in 5 km (498 hPa) Höhe. Er liegt nicht genau in der Mitte, sondern ist vom Luftdruck-Wert in 3 km Höhe etwas weiter entfernt als vom Luftdruck-Wert in 5 km Höhe, was zu einer exponentiellen Abnahme passt. Deshalb kann sich der Bergsteiger in 4 km Höhe befinden.

oder
Abschätzung mithilfe des Graphen:
Aus der Zeichnung wird für $x = 4$ ein y-Wert von ungefähr 575 abgelesen, d. h., in 4 km Höhe beträgt der Luftdruck ca. 575 hPa. Der Bergsteiger kann sich somit tatsächlich in 4 km Höhe befinden.

oder
Berechnung des Luftdruck-Wertes mithilfe des vorherigen Wertes:
In 3 km Höhe beträgt der Luftdruck 659 hPa und verringert sich pro km Höhe mit dem Faktor 0,87. Damit gilt für den Luftdruck in 4 km Höhe:
$y = 659 \cdot 0{,}87 \approx 573$

In 4 km Höhe beträgt der Luftdruck etwa 573 hPa. Der Bergsteiger befindet sich also genau in 4 km Höhe.

oder
Berechnung des Luftdruck-Wertes mithilfe der Formel:
Einsetzen von $x = 4$ in die Formel $y = 1\,000 \cdot 0{,}87^x$ aus Teilaufgabe c liefert:
$y = 1\,000 \cdot 0{,}87^4 \approx 573$

In 4 km Höhe beträgt der Luftdruck 573 hPa. Der Bergsteiger befindet sich also genau in 4 km Höhe.

Mittlerer Schulabschluss und erweiterte Berufsbildungsreife 2018

Aufgabe 1

a) Lösung durch Kopfrechnen:

$\frac{1}{4}$ von 1,2 kg sind 0,3 kg.

3-mal 0,3 kg sind **0,9 kg**.

oder

Lösung mit dem Dreisatz:

$$1 \mathrel{\hat=} 1{,}2\text{ kg} \quad |:4$$
$$\frac{1}{4} \mathrel{\hat=} 0{,}3\text{ kg} \quad |\cdot 3$$
$$\frac{3}{4} \mathrel{\hat=} \mathbf{0{,}9\text{ kg}}$$

oder

Lösung über proportionale Zuordnung:

$$\frac{x}{\frac{3}{4}} = \frac{1{,}2}{1} \quad \Big|\cdot\frac{3}{4}$$
$$x = \frac{3}{4}\cdot 1{,}2$$
$$x = 0{,}9$$

Lösung: **0,9 kg**

b) Jeder der 5 Teile, die vom Stab abgesägt werden, ist 30 cm lang.

Gesamtlänge der abgesägten Teile:
$5\cdot 30\text{ cm} = 150\text{ cm} = 1{,}5\text{ m}$

Länge des restlichen Stückes des Stabes:
$5\text{ m} - 1{,}5\text{ m} = \mathbf{3{,}5\text{ m}}$

c) Lösen der vorgegebenen Gleichungen:

$$4x - 8 = 0 \quad |+8 \qquad 4x = 8 \quad |:4 \qquad x = 2$$
$$2x + 10 = 2 \quad |-10 \qquad 2x = -8 \quad |:2 \qquad x = -4$$
$$5x + 12 = 2 \quad |-12 \qquad 5x = -10 \quad |:5 \qquad x = \mathbf{-2}$$
$$-2x + 4 = 0 \quad |-4 \qquad -2x = -4 \quad |:(-2) \qquad x = 2$$

oder

Einsetzen von $x = -2$ in die Gleichungen:

$$4\cdot(-2) - 8 \overset{?}{=} 0 \qquad -8 - 8 \overset{?}{=} 0 \qquad -16 \neq 0$$
$$2\cdot(-2) + 10 \overset{?}{=} 2 \qquad -4 + 10 \overset{?}{=} 2 \qquad 6 \neq 2$$
$$5\cdot(-2) + 12 \overset{?}{=} 2 \qquad -10 + 12 \overset{?}{=} 2 \qquad \mathbf{2 = 2}$$
$$-2\cdot(-2) + 4 \overset{?}{=} 0 \qquad 4 + 4 \overset{?}{=} 0 \qquad 8 \neq 0$$

Somit gilt:

☐ $4x - 8 = 0$ ☐ $2x + 10 = 2$ ☒ $5x + 12 = 2$ ☐ $-2x + 4 = 0$

d) Umwandlung Prozentsatz in Dezimalzahl:

$$5\,\% = \frac{5}{100} = 0{,}05$$

Vergleich:
$0{,}05 < 0{,}5$

oder

Umwandlung Dezimalzahl in Prozentsatz:

$$0{,}5 = \frac{50}{100} = 50\,\%$$

Vergleich:
$5\,\% < 50\,\%$

Somit gilt:

$5\,\%$ [<] $0{,}5$

e) Lösung durch Kopfrechnen:

$3{,}5\text{ h} \mathrel{\hat=} 3$ Stunden + eine halbe Stunde

$$\begin{aligned} 3{,}5\text{ h} &= 3\cdot 60\text{ min} + 30\text{ min} \\ &= 180\text{ min} + 30\text{ min} \\ &= \mathbf{210\text{ min}} \end{aligned}$$

Lösung:
$3{,}5\text{ h} = \mathbf{210}\text{ min}$

oder

Lösung mit dem Dreisatz:

$$1\text{ h} \mathrel{\hat=} 60\text{ min} \quad |\cdot 3{,}5$$
$$3{,}5\text{ h} \mathrel{\hat=} \mathbf{210\text{ min}}$$

oder

Lösung über proportionale Zuordnung:

$$\frac{x}{3{,}5} = \frac{60}{1} \quad |\cdot 3{,}5$$
$$x = 3{,}5\cdot 60$$
$$x = \mathbf{210}$$

f) Gegeben: $u = 26$ cm; $a = 8$ cm
Gesucht: b

Umfang des Rechtecks:

$$u = 2a + 2b$$
$$26 = 2 \cdot 8 + 2b$$
$$26 = 16 + 2b \quad |-16$$
$$10 = 2b \quad |:2$$
$$b = 5$$

Lösung: **b = 5 cm**

g) Im vorgegebenen Dreieck ist a die Hypotenuse und b die Gegenkathete des Winkels β.

Es gilt:

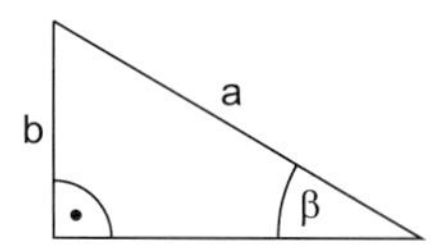

$$\sin\beta = \frac{\text{Gegenkathete von } \beta}{\text{Hypotenuse}} = \frac{b}{a}$$

$$\cos\beta = \frac{\text{Ankathete von } \beta}{\text{Hypotenuse}} = \frac{\text{Ankathete von } \beta}{a}$$

Somit gilt:

☐ $\sin\beta = \frac{a}{b}$

☐ $\cos\beta = \frac{a}{b}$

☒ $\sin\beta = \frac{b}{a}$

h) Das Viereck heißt **Drachenviereck** oder kurz **Drachen**.

Erklärung:
In einem Drachenviereck …
- sind zwei Paar Nachbarseiten gleich lang.
- stehen die beiden Diagonalen senkrecht aufeinander.
- wird eine Diagonale von der anderen halbiert.

Bei der Spiegelung an g stimmen die Längen der Bildstrecken mit denen der Originalstrecken überein. Man erhält also zwei Paar Nachbarseiten, die gleich lang sind. Außerdem verläuft die Spiegelachse g als Symmetrieachse des Vierecks genau mittig und senkrecht durch eine der beiden Diagonalen.

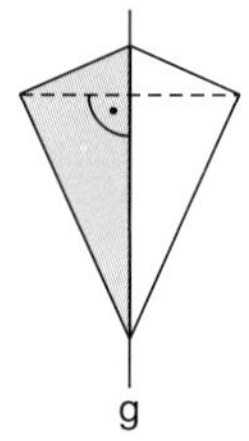

i) Lösung durch räumliches Vorstellungsvermögen:
Das graue Dreieck ABC im Netz ist die Grundfläche. Klappt man die weißen Dreiecksflächen so nach oben, dass die mit S bezeichneten Punkte zusammenfallen, erhält man eine Pyramide mit der Spitze S und der Grundfläche ABC.
Hinweis: Es handelt sich um einen regelmäßigen Tetraeder, eine Sonderform der Pyramide.

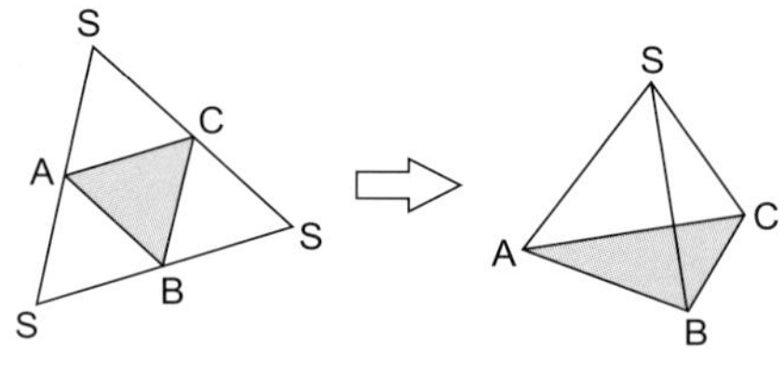

oder

Lösung durch Prüfen der Antwortmöglichkeiten:
- Ein *Prisma* besteht aus kongruenter Grund- und Deckfläche und rechteckigen Mantelflächen. Das abgebildete Netz zeigt keine rechteckigen Flächen, deshalb ist Prisma als Lösung falsch.
- Eine *Pyramide* besteht aus einer Grundfläche und dreieckigen Seitenflächen, die sich in der Spitze der Pyramide treffen. Das abgebildete Netz besteht aus 4 gleichseitigen Dreiecken, also einer Grundfläche und drei Mantelflächen, die sich in der Spitze der Pyramide treffen. Deshalb ist Pyramide als Lösung richtig.
- Ein *Quader* besteht aus sechs rechteckigen Seitenflächen, von denen je zwei kongruent sind. Das abgebildete Netz zeigt keine rechteckigen Flächen, deshalb ist Quader als Lösung falsch.

Somit gilt:

☐ Prisma ☒ Pyramide ☐ Quader

j) Da alle 5 Felder des Glücksrads gleich groß sind, ist auch die Wahrscheinlichkeit, beim einmaligen Drehen getroffen zu werden, für jedes der 5 Felder gleich groß, nämlich $P = \frac{1}{5} = 0{,}2 = 20\ \%$. Damit gilt:

$$\cdot 2 \left(\begin{array}{l} 20\ \%\ \text{Wahrscheinlichkeit} \triangleq 1\ \text{Feld} \\ 40\ \%\ \text{Wahrscheinlichkeit} \triangleq 2\ \text{Felder} \end{array} \right) \cdot 2$$

Zwei Felder sind rot.

oder

Für die Wahrscheinlichkeit, dass ein rotes Feld getroffen wird, gilt:

$$P(\text{rot}) = 40\ \% = \frac{40}{100} = \frac{4}{10} = \frac{2}{5}$$

Zwei von fünf Feldern sind rot.

Aufgabe 2

a) Berechnung des Prozentsatzes:
Es ist zu prüfen, ob der prozentuale Umsatz im Jahr 2014 gegenüber dem Umsatz im Vorjahr um 8 % gewachsen, also auf 108 % angestiegen ist.

Prozentualer Anteil des Umsatzes 2014 gegenüber dem Umsatz von 2013:

Lösung mit dem Dreisatz:

$$\begin{array}{l} :600\,000 \left(\begin{array}{l} 600\,000\ € \triangleq 100\ \% \\ 1\ € \triangleq \frac{100}{600\,000}\ \% \end{array} \right) :600\,000 \\ \cdot 648\,000 \left(\begin{array}{l} 1\ € \triangleq \frac{100}{600\,000}\ \% \\ 648\,000\ € \triangleq 108\ \% \end{array} \right) \cdot 648\,000 \end{array}$$

oder

Lösung über proportionale Zuordnung:

$$\frac{100}{600\,000} = \frac{x}{648\,000} \quad | \cdot 648\,000$$

$$x = \frac{648\,000 \cdot 100}{600\,000}$$

$$x = 108$$

Der Umsatz im Jahr 2014 beträgt 108 % des Umsatzes des Vorjahres, d. h., der Umsatz ist um **8 %** gestiegen.

oder

Berechnung des Prozentwertes:
Es ist zu prüfen, ob die Zunahme des Umsatzes im Jahr 2014 genau 8 % des Vorjahreswertes beträgt.

Zunahme des Umsatzes von 2013 auf 2014 in €:
648 000 € – 600 000€ = 48 000 €

Zunahme des Umsatzes in € bei einer Umsatzsteigerung um 8 %:

Lösung mit dem Dreisatz:

$$\begin{array}{l} :100 \left(\begin{array}{l} 100\ \% \triangleq 600\,000\ € \\ 1\ \% \triangleq 6\,000\ € \end{array} \right) :100 \\ \cdot 8 \left(\begin{array}{l} 1\ \% \triangleq 6\,000\ € \\ 8\ \% \triangleq 48\,000\ € \end{array} \right) \cdot 8 \end{array}$$

oder

Lösung über proportionale Zuordnung:

$$\frac{600\,000}{100} = \frac{x}{8} \quad | \cdot 8$$

$$x = \frac{8 \cdot 600\,000}{100}$$

$$x = 48\,000$$

Die Zunahme des Umsatzes von 2013 auf 2014 beträgt 48 000 €. Dieser Wert entspricht genau der Umsatzsteigerung um 8 %. Somit erreichte das Unternehmen 2014 ein Wachstum von **8 %**.

oder

Berechnung mithilfe des Wachstumsfaktors:
Wachstumsrate: $p\ \% = 8\ \%$

Wachstumsfaktor:

$$q = 1 + \frac{p}{100} = 1 + \frac{8}{100} = 1 + 0{,}08 = 1{,}08$$

Höhe des Umsatzes im Jahr 2014 bei einer Umsatzsteigerung um 8 %:

$$\text{Umsatz}_{2014} = \text{Umsatz}_{2013} \cdot 1{,}08 = 600\,000\ € \cdot 1{,}08 = 648\,000\ €$$

Da der berechnete Wert mit dem tatsächlichen Umsatz des Unternehmens im Jahr 2014 übereinstimmt, erreichte das Unternehmen 2014 ein Wachstum von **8 %**.

b) Es liegt ein **exponentielles Wachstum** vor.

Mögliche Begründungen:
Es handelt sich um ein exponentielles Wachstum, weil …

- der Umsatz jährlich um den prozentualen Anteil von 8 % zunimmt und sich der neue Wert somit auf den vorherigen Wert bezieht.
- der Umsatz in jedem Jahr 108 % des Vorjahres beträgt.
- der Umsatz pro Jahr mit demselben Faktor 1,08 zunimmt.

oder
Es liegt kein lineares Wachstum vor, weil der Umsatz von Jahr zu Jahr nicht um denselben €-Betrag wächst, sondern um denselben prozentualen Anteil in Höhe von 8 %.

Hinweis: Eine Begründung reicht aus.

c) Berechnung des Umsatzes für die Jahre 2018, 2019 usw., bis der Umsatz größer als 1 000 000 € ist:

Hinweis: Da in der vorgegebenen Tabelle nur ganzzahlige Werte für den Umsatz angegeben sind, werden im Folgenden die Lösungen auch auf ganze Zahlen gerundet.

Umsatz für 2018:

Dreisatz:

$$\begin{array}{rcl} :100 & 100\,\% \mathrel{\hat{=}} 816\,293\text{ €} & :100 \\ & 1\,\% \mathrel{\hat{=}} \dfrac{816\,293}{100}\text{ €} & \\ \cdot 108 & 108\,\% \mathrel{\hat{=}} 881\,596{,}44\text{ €} & \cdot 108 \\ & \approx 881\,596\text{ €} & \end{array}$$

oder

Proportionale Zuordnung:

$$\frac{816\,293}{100} = \frac{x}{108} \quad |\cdot 108$$
$$x = \frac{108 \cdot 816\,293}{100}$$
$$x \approx 881\,596$$

Umsatz für 2019:

Dreisatz:

$$\begin{array}{rcl} :100 & 100\,\% \mathrel{\hat{=}} 881\,596\text{ €} & :100 \\ & 1\,\% \mathrel{\hat{=}} \dfrac{881\,596}{100}\text{ €} & \\ \cdot 108 & 108\,\% \mathrel{\hat{=}} 952\,123{,}68\text{ €} & \cdot 108 \\ & \approx 952\,124\text{ €} & \end{array}$$

oder

Proportionale Zuordnung:

$$\frac{881\,596}{100} = \frac{x}{108} \quad |\cdot 108$$
$$x = \frac{108 \cdot 881\,596}{100}$$
$$x \approx 952\,124$$

Umsatz für 2020:

Dreisatz:

$$\begin{array}{rcl} :100 & 100\,\% \mathrel{\hat{=}} 952\,124\text{ €} & :100 \\ & 1\,\% \mathrel{\hat{=}} \dfrac{952\,124}{100}\text{ €} & \\ \cdot 108 & 108\,\% \mathrel{\hat{=}} 1\,028\,293{,}92\text{ €} & \cdot 108 \\ & \approx 1\,028\,294\text{ €} & \end{array}$$

oder

Proportionale Zuordnung:

$$\frac{952\,124}{100} = \frac{x}{108} \quad |\cdot 108$$
$$x = \frac{108 \cdot 952\,124}{100}$$
$$x \approx 1\,028\,294$$

Der Wert liegt erstmalig über 1 000 000 €.

Antwort:
Im **Jahr 2020** wird der Umsatz erstmals höher als 1 000 000 € sein.
In diesem Jahr wird er **1 028 294 €** betragen.

oder
Lösung mithilfe des Wachstumsfaktors $q = 1{,}08$:

Umsatz im Jahr 2017: 816 293 €

Umsatz im Jahr 2018: $816\,293\text{ €} \cdot 1{,}08 \approx 881\,596\text{ €}$

Umsatz im Jahr 2019: $881\,596\text{ €} \cdot 1{,}08 \approx 952\,124\text{ €}$

Umsatz im Jahr 2020: $952\,124\text{ €} \cdot 1{,}08 \approx 1\,028\,294\text{ €}$

Antwort:
Im **Jahr 2020** wird der Umsatz erstmals höher als 1 000 000 € sein.
In diesem Jahr wird er **1 028 294 €** betragen.

Aufgabe 3

a) *Beschriftung der Einteilung der Achse „Anzahl“:*

In der Befragung erhalten zwei Lieblingsessen mit 160 Antworten die höchste Anzahl an Antworten. Im Balkendiagramm werden sie deshalb durch die beiden längsten Balken (E und D) veranschaulicht. Diese Balken E und D, die also zur Anzahl 160 gehören, enden bei der 8. Markierung auf der Achse „Anzahl“. Somit gilt:

$$:8\left(\begin{array}{l}8 \text{ Markierungen} \mathrel{\hat{=}} 160 \text{ Antworten}\\ 1 \text{ Markierung} \mathrel{\hat{=}} 20 \text{ Antworten}\end{array}\right):8$$

Die Achse „Anzahl“ muss also mit den Werten 20, 40, 60, 80, 100, 120, 140 und 160 beschriftet werden.

Zuordnung der Lieblingsessen zu den vorgegebenen Balken:

Über die Anzahl der Antworten und die Länge der Balken:

- Die Lieblingsessen mit der höchsten Anzahl 160 (Kartoffelgerichte, Gemüsegerichte) gehören zu den längsten Balken (E, D). Es ist egal, welcher der beiden Balken mit Kartoffelgerichte und welcher mit Gemüsegerichte beschriftet wird.
- Das Lieblingsessen mit der zweithöchsten Anzahl 110 (Fischgerichte) gehört zu dem zweitlängsten Balken A.
- Das Lieblingsessen mit der dritthöchsten Anzahl 90 (Pizza) gehört zu dem drittlängsten Balken C.
- Das Lieblingsessen mit der geringsten Anzahl 80 (Schnitzel) gehört zu dem kürzesten Balken B.

oder

Über das Ablesen der Werte mithilfe der Achseneinteilung:

Die Anzahl wird auf der beschrifteten Achse abgelesen und mit den Werten in der Tabelle verglichen.

Beispiel: Der Ablesewert für C auf der Achse „Anzahl“ ergibt den Wert 90. Nach der Tabelle gehört die Pizza zur Anzahl 90 und wird deshalb C zugeordnet.

Lösung:

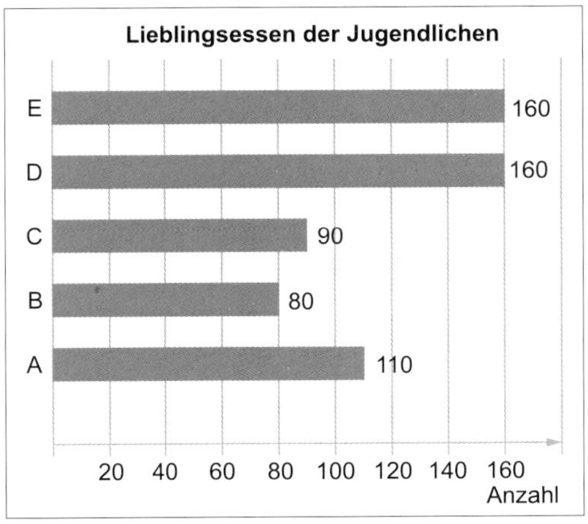

E: Kartoffelgerichte	**oder**	E: Gemüsegerichte	
D: Gemüsegerichte		D: Kartoffelgerichte	
C: Pizza		C: Pizza	
B: Schnitzel		B: Schnitzel	
A: Fischgerichte		A: Fischgerichte	

b) Anzahl der Jugendlichen, die Pasta *oder* Salat als Lieblingsessen angegeben haben:

Es wurden 1 000 Jugendliche befragt. Somit ergibt sich für die Anzahl der Antworten für Pasta und Salat zusammen:

$1\,000-(80+90+160+160+110)=1\,000-600=400$

Ermitteln der Anzahl für Pasta und der Anzahl für Salat durch Kopfrechnen:

Die Anzahl der Antworten für Pasta ist dreimal höher als die Anzahl der Antworten für Salat. Also haben bei 400 Antworten 3 Anteile für Pasta und 1 Anteil für Salat gestimmt, insgesamt sind es 4 Anteile von 400 Antworten. 1 Anteil entspricht demzufolge 100 Antworten (für Salat) und dreimal höher entspricht $3 \cdot 100 = 300$ Antworten (für Pasta).

Antwort: **100** Jugendliche haben als Lieblingsessen Salat und **300** Jugendliche Pasta angegeben.

oder

Lösung durch eine Gleichung:

Gesamtanzahl der Antworten: 400

Anzahl der Antworten für Salat: x

Anzahl der Antworten für Pasta: 3x

Gleichung:
$$\begin{aligned} x+3x &= 400 \\ 4x &= 400 \quad |:4 \\ x &= 100 \end{aligned}$$

100 Jugendliche haben als Lieblingsessen Salat und $3 \cdot 100 =$ **300** Jugendliche Pasta angegeben.

c) Die Gesamtlänge des vorgegebenen Streifendiagramms beträgt 20 Kästchen, also 20 LE. Für die zu den Prozentsätzen gehörenden Längen im Streifendiagramm gilt:

$100\,\% \mathrel{\hat{=}} 20\,\text{LE}$
$50\,\% \mathrel{\hat{=}} 10\,\text{LE}$
$10\,\% \mathrel{\hat{=}} 2\,\text{LE}$
$5\,\% \mathrel{\hat{=}} 1\,\text{LE}$

Ablesen der Prozentsätze aus dem Säulendiagramm und Bestimmen der zugehörigen Längen im Streifendiagramm:

Antwort	Prozentsatz	LE
nie	10 %	2
1-mal bis 3-mal pro Woche	15 % (= 10 % + 5 %)	3 (= 2 + 1)
4-mal bis 6-mal pro Woche	55 % (= 50 % + 5 %)	11 (= 10 + 1)
täglich	20 % (= 10 % + 10 %)	4 (= 2 + 2)

Streifendiagramm:

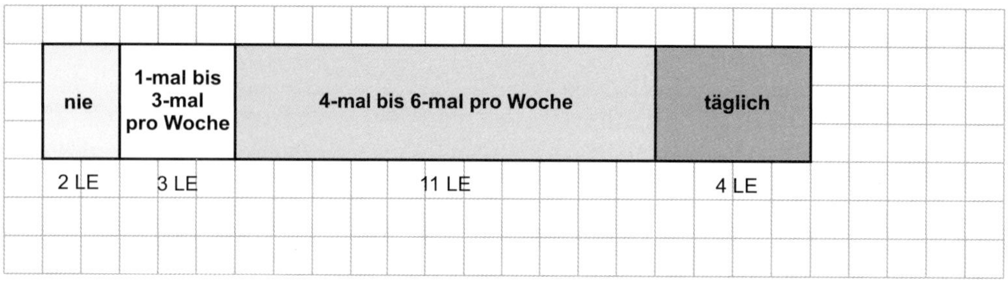

d) Ausgefüllte Tabelle:

Aussage	richtig	falsch	nicht entscheidbar
Weniger als die Hälfte der Frauen essen 4-mal bis 6-mal in der Woche Fleisch oder Wurst.	☐	☒	☐
Begründung: Dem Säulendiagramm kann entnommen werden, dass 55 % aller Frauen 4-mal bis 6-mal pro Woche Fleisch oder Wurst essen. 55 % sind mehr als die Hälfte aller Frauen.			
Jede 15. Frau isst 1-mal bis 3-mal in der Woche Fleisch oder Wurst.	☐	☒	☐
Begründung: Dem Säulendiagramm kann entnommen werden, dass 15 % aller Frauen 1-mal bis 3-mal pro Woche Fleisch oder Wurst essen. „Jede 15. Frau“ ist aber gleichbedeutend mit $\frac{1}{15}$ aller Frauen. Umrechnung von $\frac{1}{15}$ in Prozent: $\frac{1}{15} = 0{,}0\overline{6} \approx 6{,}7\,\% \neq 15\,\%$			

Aufgabe 4

a) Berechnet wird die Differenz der beiden Winkel im Punkt A:

$\gamma = 35° - 30°$

$\gamma = \mathbf{5°}$

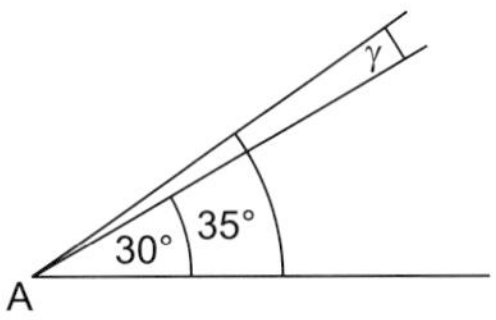

b) Berechnung der Winkelgröße δ im Dreieck ABD:
Die Winkelsumme im Dreieck beträgt 180°.
Damit gilt:

$35° + 90° + \delta = 180°$

$125° + \delta = 180° \quad |-125°$

$\delta = 55°$

Tims Angabe ist richtig.

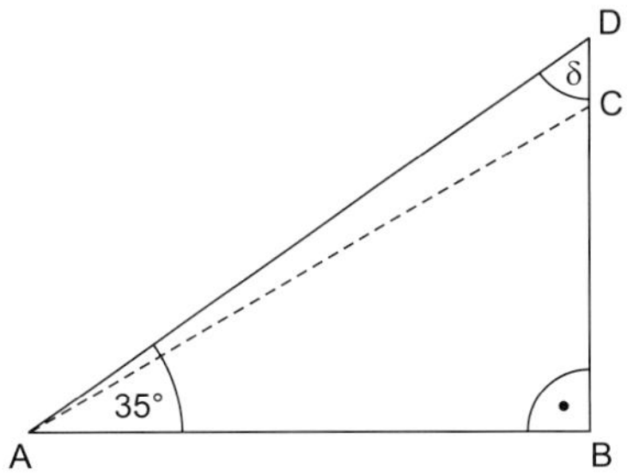

c) Berechnung der Länge der Strecke $\overline{AC}$ im allgemeinen Dreieck ACD mithilfe des Sinussatzes:

$\frac{\overline{AC}}{\sin\delta} = \frac{\overline{CD}}{\sin\gamma}$

$\frac{\overline{AC}}{\sin 55°} = \frac{12}{\sin 5°} \quad |\cdot \sin 55°$

$\overline{AC} = \frac{12 \cdot \sin 55°}{\sin 5°}$

$\overline{AC} \approx 112{,}8$

Die Strecke $\overline{AC}$ ist **112,8 m** lang.

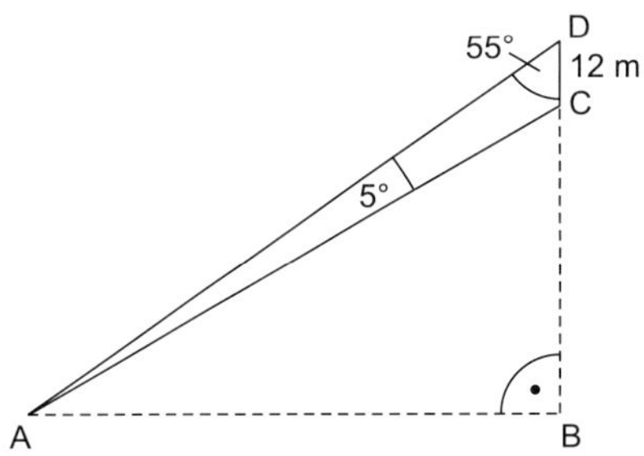

d) • *Berechnung der Höhe des Hasenberges:*
Die Höhe h des Hasenberges setzt sich aus der Höhe des Punkts A (und damit auch der Höhe des Punkts B) über dem Boden und der Länge der Strecke $\overline{BC}$ zusammen.

Berechnung von $\overline{BC}$ mit dem Sinus: **oder** Berechnung von $\overline{BC}$ mit dem Kosinus:

$\sin 30° = \frac{\text{Gegenkathete}}{\text{Hypotenuse}}$

$\sin 30° = \frac{\overline{BC}}{112{,}8} \quad |\cdot 112{,}8$

$\overline{BC} = 112{,}8 \cdot \sin 30°$

$\overline{BC} = 56{,}4$

$\cos 60° = \frac{\text{Ankathete}}{\text{Hypotenuse}}$

$\cos 60° = \frac{\overline{BC}}{112{,}8} \quad |\cdot 112{,}8$

$\overline{BC} = 112{,}8 \cdot \cos 60°$

$\overline{BC} = 56{,}4$

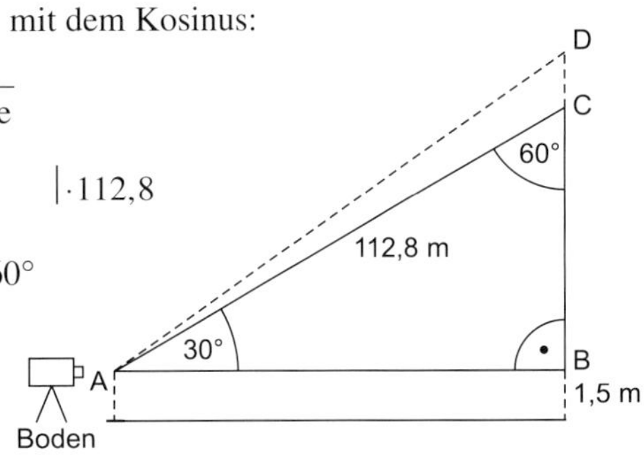

Berechnung der Höhe h des Hasenberges:

$h = 1{,}5 + \overline{BC} = 1{,}5 + 56{,}4 = 57{,}9$

Die Höhe des Hasenberges beträgt **57,9 m**.

• *Berechnung der Höhe der Aussichtsplattform D über dem Boden:*
Die Aussichtsplattform D befindet sich 12 m über dem höchsten Punkt C des Hasenberges. Der Hasenberg hat eine Höhe von h = 57,9 m (siehe vorherige Teilaufgabe).

Also gilt für die Höhe der Aussichtsplattform über dem Boden:

$h + \overline{CD} = 57{,}9 + 12 = 69{,}9$

Die Aussichtsplattform D befindet sich in einer Höhe von **69,9 m** über dem Boden.

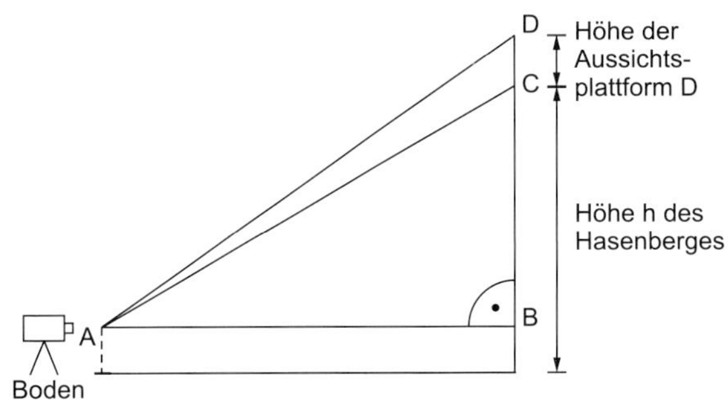

Aufgabe 5

a) Überprüfung der drei Aussagen:

(1) *Zeichnerische Lösung:*

Der Punkt (–1 | 7) wird in das vorhandene Koordinatensystem eingezeichnet. Er liegt genau auf dem Graphen der Parabel.

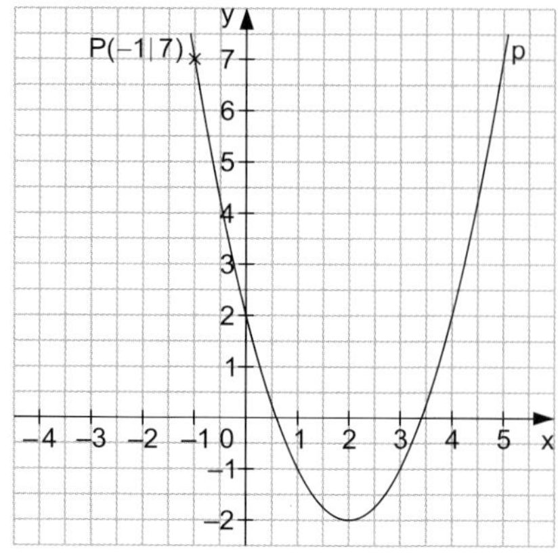

oder

Rechnerische Lösung:

Einsetzen der Koordinaten des Punkts (–1 | 7) in die Funktionsgleichung $p(x) = x^2 - 4x + 2$:

$7 \stackrel{?}{=} (-1)^2 - 4 \cdot (-1) + 2$

$7 \stackrel{?}{=} 1 + 4 + 2$

$7 = 7$ ✓

Der Punkt (–1 | 7) liegt auf der Parabel p.

(2) *Zeichnerische Lösung:*

Der Scheitelpunkt (0 | 0) der Normalparabel und damit die gesamte Parabel werden um 2 Einheiten nach rechts und 2 Einheiten nach unten verschoben. Die verschobene Normalparabel liegt genau auf der Parabel p.

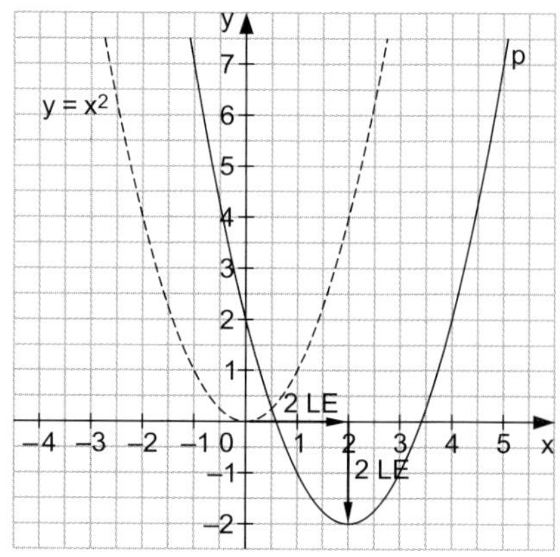

oder

Rechnerische Lösung:

Normalparabel: $f(x) = x^2$

Verschiebung um 2 LE nach rechts: $f(x) = (x-2)^2$

Verschiebung um 2 LE nach unten: $f(x) = (x-2)^2 - 2$ (Scheitelpunktform)

Umwandeln der Scheitelpunktform in die allgemeine Form:

$f(x) = (x-2)^2 - 2$ | Klammern auflösen

$f(x) = x^2 - 4x + 4 - 2$

$f(x) = x^2 - 4x + 2$

Die Funktionsgleichung der verschobenen Normalparabel stimmt mit der Funktionsgleichung p(x) überein.

(3) *Zeichnerische Lösung:*

Ablesen des Schnittpunkts mit der y-Achse aus der vorgegebenen Zeichnung. Der Schnittpunkt mit der y-Achse hat die Koordinaten (0 | 2).

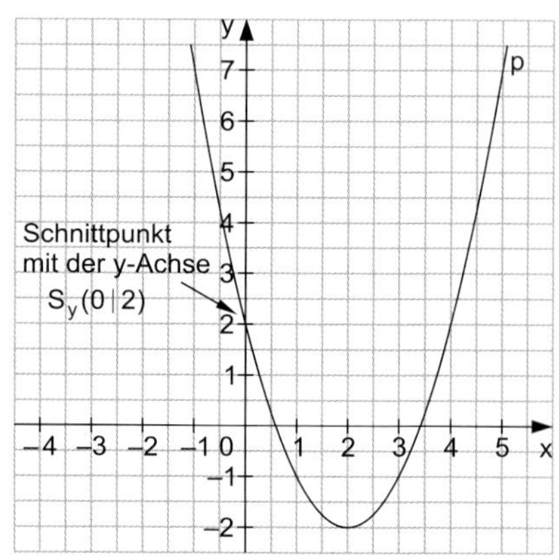

oder

Rechnerische Lösung:

Der Schnittpunkt eines Graphen mit der y-Achse hat die Koordinaten (0 | y). Um den y-Wert des Schnittpunkts zu berechnen, wird deshalb für die x-Werte in der Funktionsgleichung $p(x) = x^2 - 4x + 2$ der Wert 0 eingesetzt.

Bestimmung des Schnittpunkts mit der y-Achse:

$p(0) = 0^2 - 4 \cdot 0 + 2 = 2$

Der Schnittpunkt mit der y-Achse hat die Koordinaten (0 | 2).

Somit ergibt sich folgende Lösung:

Aussagen	w	f
Der Punkt (–1 | 7) liegt auf der Parabel p.	☒	☐
Die Parabel p ist eine um 2 Einheiten nach rechts und 2 Einheiten nach unten verschobene Normalparabel.	☒	☐
Der Schnittpunkt der Parabel p mit der y-Achse hat die Koordinaten (2 | 0).	☐	☒

b) Der Scheitelpunkt einer nach oben offenen Parabel ist der tiefste Punkt der Parabel. Der Zeichnung werden die Koordinaten des Scheitelpunkts entnommen.

Scheitelpunkt:
S(**2**|**–2**)

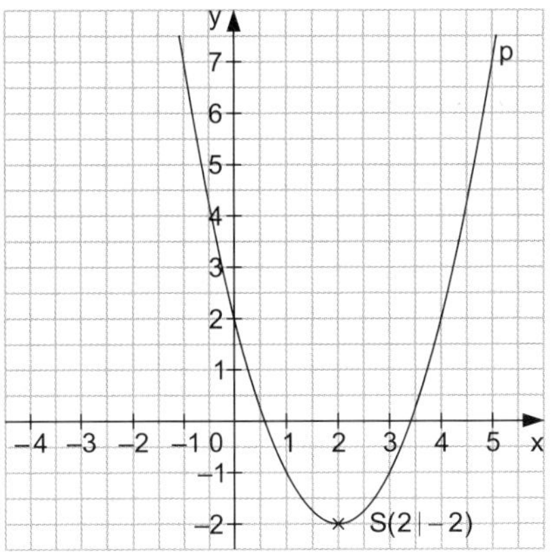

c) Die Scheitelpunktform der verschobenen Normalparabel mit dem Scheitelpunkt S(–d|e) lautet $y = (x + d)^2 + e$. Zur Bestimmung der Scheitelpunktform werden die Koordinaten des Scheitelpunkts S(2|–2) eingesetzt. Für S(2|–2) gilt: $d = -2$, $e = -2$

Scheitelpunktform:
$p(x) = [x + (-2)]^2 - 2$
$\mathbf{p(x) = (x - 2)^2 - 2}$

oder
Die Normalform der Parabel wird mittels quadratischer Ergänzung in die Scheitelpunktform umgewandelt:
$p(x) = x^2 - 4x + 2$
$p(x) = x^2 - 4x + 2^2 - 2^2 + 2$
$p(x) = (x^2 - 4x + 4) - 4 + 2$
$\mathbf{p(x) = (x - 2)^2 - 2}$

d) *Vorüberlegung:*
Die Normalparabel hat die Funktionsgleichung $f(x) = x^2$ und den Scheitelpunkt (0|0). Gesucht wird eine verschobene Normalparabel q mit dem unbekannten Scheitelpunkt $S(x_S|y_S)$, für die gilt:
- Der Scheitelpunkt S der Parabel q liegt auf der y-Achse. $\Rightarrow$ $x_S = 0$
- Die Parabel q hat keine Nullstellen, also keine gemeinsamen Punkte mit der x-Achse. Da sie nach oben geöffnet ist, muss der Scheitelpunkt S oberhalb der x-Achse liegen. $\Rightarrow$ $y_S > 0$

Hinweis: Es gibt unendlich viele verschobene Normalparabeln mit einem Scheitelpunkt $S(0|y_S)$ mit $y_S > 0$, z. B. mit S(0|0,5) oder (0|2) oder (0|2,3) usw.

- *Zeichnung der Parabel q mit dem Scheitelpunkt S(0|1) als mögliche Lösung:*

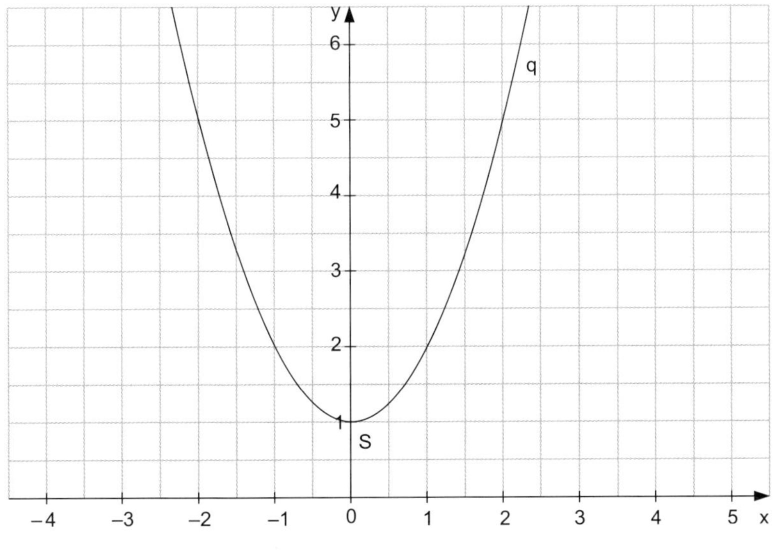

- *Angeben der Parabelgleichung von q:*
  Da die Normalparabel $f(x) = x^2$ um 1 Einheit nach oben verschoben wurde, erhöhen sich alle Funktionswerte um 1.
  Somit gilt: $\mathbf{q(x) = x^2 + 1}$
  Allgemein gilt:
  Wird die Normalparabel $f(x) = x^2$ um n Einheiten längs der y-Achse verschoben, so hat die neue Parabel die Funktionsgleichung $p(x) = x^2 + n$ und den Scheitelpunkt $(0\,|\,n)$.

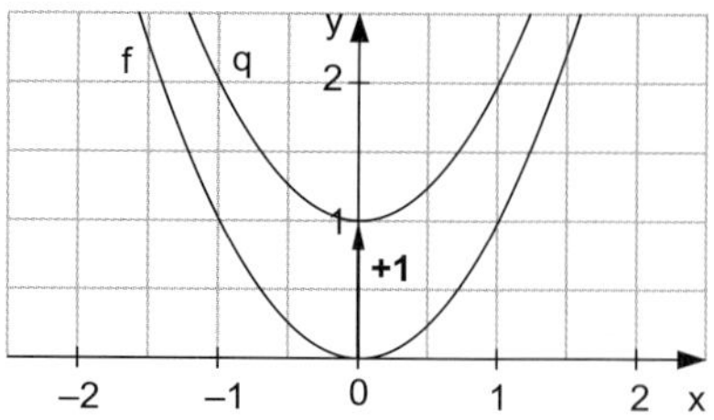

- *Angeben der Parabelgleichung der gespiegelten Parabel q':*
  Eine Spiegelung an der x-Achse bewirkt die Umkehrung der Vorzeichen aller Funktionswerte. Rechnerisch erfolgt die Umkehrung der Vorzeichen der Funktionswerte durch die Multiplikation des Funktionsterms mit dem Faktor (–1):

  $$q(x) = x^2 + 1 \xrightarrow[\text{x-Achse}]{\text{Spiegelung an der}} q'(x) = (-1) \cdot (x^2 + 1)$$
  $$\mathbf{q'(x) = -x^2 - 1}$$

  Allgemein gilt:

  $$q(x) = x^2 + n \xrightarrow[\text{x-Achse}]{\text{Spiegelung an der}} q'(x) = (-1) \cdot (x^2 + n) = -x^2 - n$$

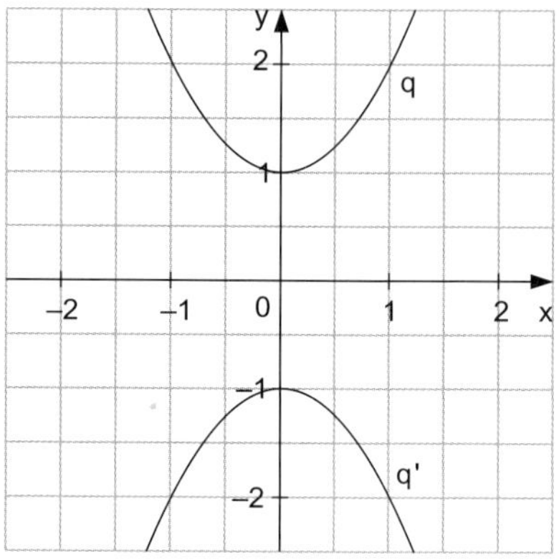

Aufgabe 6

a) Die gesuchte Rasenfläche besteht aus einem Rechteck, abzüglich der kreisförmigen Grundfläche des Turmes.
Es gilt: $A_{\text{Rasenfläche}} = A_{\text{Rechteck}} - A_{\text{Kreis}}$
Gegeben: $a = 20$ m; $b = 12$ m; $d = 6{,}4$ m
Gesucht: $A_{\text{Rasenfläche}}$

Berechnung der Rechteckfläche:
$A_R = a \cdot b$
$A_R = 20 \cdot 12$
$A_R = 240$

Berechnung der Kreisfläche:
Radius: $r = \frac{d}{2} = \frac{6{,}4}{2} = 3{,}2$
Kreisfläche:
$A_K = \pi \cdot r^2$
$A_K = \pi \cdot 3{,}2^2$
$A_K \approx 32{,}17$

Berechnung der zu erneuernden Rasenfläche:
$A = A_R - A_K$
$A = 240 - 32{,}17$
$A = 207{,}83$

Die zu erneuernde Rasenfläche um den Turm beträgt **207,83 m²**.

b) Die Fläche der Außenmauer entspricht der Mantelfläche des zylinderförmigen Turmes.
Gegeben: $r = 3{,}2$ m; $h_Z = 21{,}7$ m
Gesucht: A_M

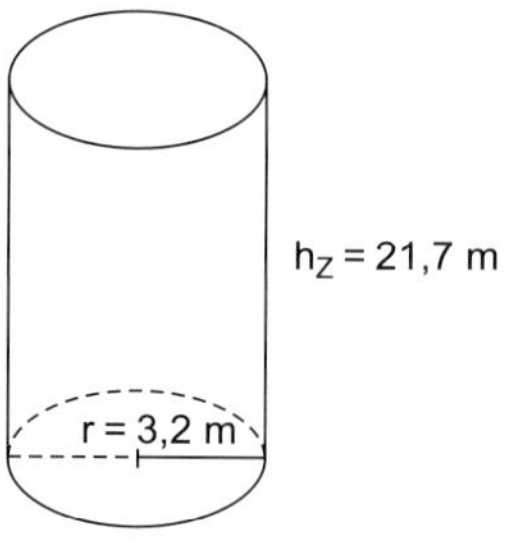

Berechnung der Mantelfläche:
$A_M = 2 \cdot \pi \cdot r \cdot h_Z$
$A_M = 2 \cdot \pi \cdot 3{,}2 \cdot 21{,}7$
$A_M \approx 436{,}3$

Die Außenmauer des Turmes hat eine Fläche von **436,3 m²**.

c) Der Maßstab 1 : 50 bedeutet: 1 cm im Modell ≙ 50 cm in Wirklichkeit.

Berechnung der Höhe h des Modells:
Höhe in Wirklichkeit: h = 30 m = 3 000 cm

Lösung mit dem Dreisatz:

: 50	50 cm in Wirklichkeit ≙ 1 cm im Modell	: 50
· 3 000	1 cm in Wirklichkeit ≙ $\frac{1}{50}$ cm im Modell	· 3 000
	3 000 cm in Wirklichkeit ≙ 60 cm im Modell	

oder

Lösung über proportionale Zuordnung:

$$\frac{1}{50} = \frac{x}{3\,000} \quad |\cdot 3\,000$$
$$x = \frac{3\,000}{50}$$
$$x = 60$$

Die Höhe des Fuchsturmes im Modell beträgt **60 cm**.

Berechnung des Durchmessers d des Modells:
Durchmesser in Wirklichkeit: d = 6,4 m = 640 cm

Lösung mit dem Dreisatz:

: 50	50 cm in Wirklichkeit ≙ 1 cm im Modell	: 50
· 640	1 cm in Wirklichkeit ≙ $\frac{1}{50}$ cm im Modell	· 640
	640 cm in Wirklichkeit ≙ 12,8 cm im Modell	

oder

Lösung über proportionale Zuordnung:

$$\frac{1}{50} = \frac{x}{640} \quad |\cdot 640$$
$$x = \frac{640}{50}$$
$$x = 12{,}8$$

Der Durchmesser des Fuchsturmes im Modell beträgt **12,8 cm**.

d) *Hinweis:* In dieser Aufgabe geht es um die Beschreibung des Lösungsweges in Worten und **nicht** darum, ein Ergebnis durch Rechnung zu ermitteln.

Im Querschnitt des kegelförmigen Dachs bilden die Höhe h, der Radius r der Grundfläche und der Dachbalken x ein rechtwinkliges Dreieck. h und r sind die Katheten und x die Hypotenuse. Mithilfe des Satzes des Pythagoras kann über die Gleichung $r^2 + h^2 = x^2$ die Länge x des Dachbalkens ermittelt werden.

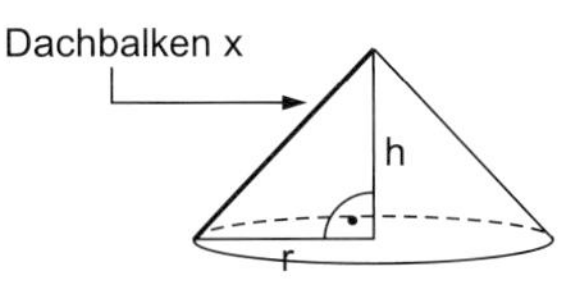

oder

Im Querschnitt des kegelförmigen Dachs bilden die Höhe h, der Radius r der Grundfläche und der Dachbalken x ein rechtwinkliges Dreieck. h und r sind die Katheten und x ist die Hypotenuse. Mithilfe des Tangens wird im rechtwinkligen Dreieck aus dem Verhältnis von h und r der Neigungswinkel α ermittelt. Mithilfe von α wird über den Sinus aus dem Verhältnis von h und x die Länge x ermittelt.

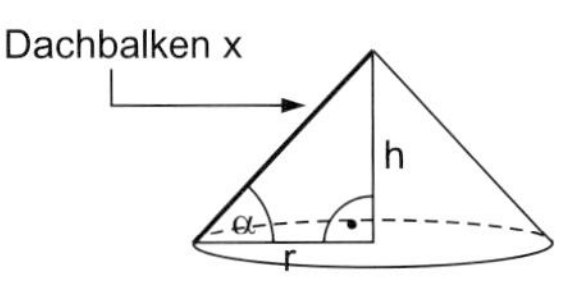

oder

Im Querschnitt des kegelförmigen Dachs bilden die Höhe h, der Radius r der Grundfläche und der Dachbalken x ein rechtwinkliges Dreieck. h und r sind die Katheten und x ist die Hypotenuse. Mithilfe des Tangens wird im rechtwinkligen Dreieck aus dem Verhältnis von h und r der Neigungswinkel α ermittelt. Mithilfe von α wird über den Kosinus aus dem Verhältnis von r und x die Länge x ermittelt.

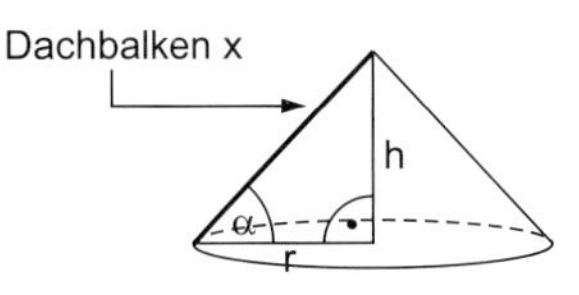

Aufgabe 7

a) Anzahl der Pfannkuchen mit Senffüllung: 2
Anzahl aller Pfannkuchen: 14 + 2 = 16

Berechnung des Prozentsatzes:

Lösung mit dem Dreisatz:

: 16	16 Pfannkuchen ≙ 100 %	: 16
· 2	1 Pfannkuchen ≙ $\frac{100}{16}$ %	· 2
	2 Pfannkuchen ≙ 12,5 %	

oder

Lösung über proportionale Zuordnung:

$$\frac{x}{2} = \frac{100}{16} \quad |\cdot 2$$
$$x = \frac{2 \cdot 100}{16}$$
$$x = 12{,}5$$

12,5 % der Pfannkuchen sind mit Senf gefüllt.

b) Tom hat 2 Pfannkuchen mit Marmeladenfüllung genommen.

Anzahl der Pfannkuchen mit Senffüllung: 2

Anzahl der verbliebenen Pfannkuchen: $16 - 2 = 14$

Wahrscheinlichkeit, dass ein mit Senf gefüllter Pfannkuchen gegriffen wird:

$$P(E) = \frac{\text{Anzahl der Pfannkuchen mit Senffüllung}}{\text{Anzahl der verbliebenen Pfannkuchen}} = \frac{2}{14}$$

Pia hat **nicht recht**, die Wahrscheinlichkeit beträgt $\frac{2}{14}$.

c) • *Angeben aller möglichen Ergebnisse:*
Es handelt sich um einen zweistufigen Zufallsversuch „ohne Zurücklegen". Der erste Gast greift nacheinander aus einer Menge von 16 Pfannkuchen (14 mit Marmeladen- und 2 mit Senffüllung) 2 Pfannkuchen heraus.

Welche Ereignisse auftreten können, verdeutlicht das vereinfachte Baumdiagramm:

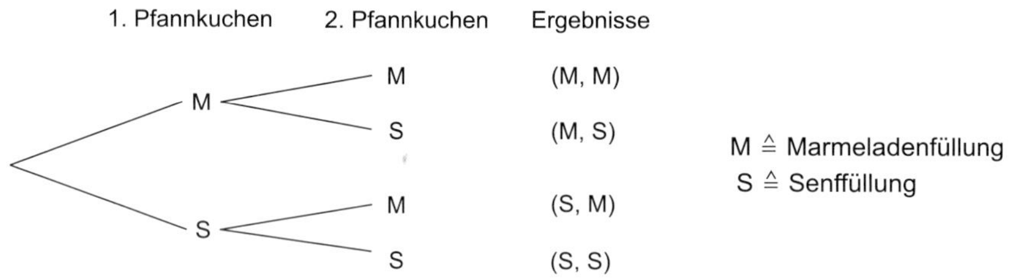

Da mindestens ein Pfannkuchen mit Senf gefüllt sein muss, entfällt das Ergebnis (M, M) und die Antwort lautet:
(Marmelade, Senf), (Senf, Marmelade), (Senf, Senf)

• *Ermitteln der Wahrscheinlichkeit:*
Berechnung der Wahrscheinlichkeit P dafür, dass beide Pfannkuchen mit Marmelade gefüllt sind (M, M), mithilfe des Baumdiagramms:

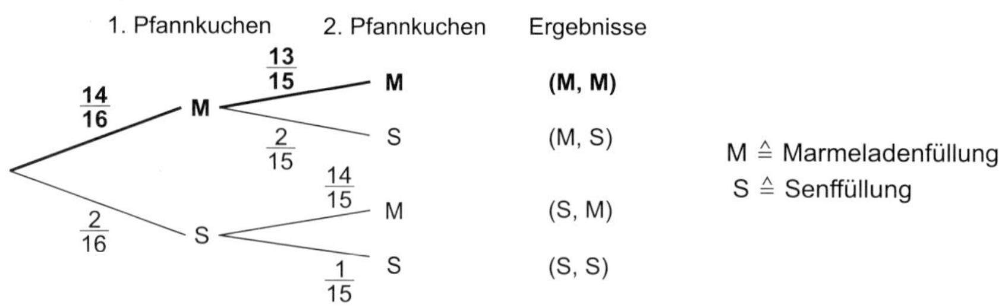

Berechnung der Wahrscheinlichkeit (1. Pfadregel):

$$P(M, M) = \frac{14}{16} \cdot \frac{13}{15} \approx 0{,}7583 = 75{,}83\ \%$$

Der erste Gast hat mit einer Wahrscheinlichkeit von **75,83 %** in beiden Pfannkuchen Marmelade.

• *Formulieren des Ereignisses E:*
Die Rechnung für P(E) besteht aus zwei Summanden. Das bedeutet, dass P(E) mithilfe der 2. Pfadregel bestimmt wird, nach der die Einzelwahrscheinlichkeiten, die zum Ereignis E führen, addiert werden. Betrachtet man das Baumdiagramm, so führt der Pfad $\frac{2}{16} \cdot \frac{1}{15}$ zum Einzelereignis (Senf, Senf) und der Pfad $\frac{14}{16} \cdot \frac{13}{15}$ zum Einzelereignis (Marmelade, Marmelade).

Es gilt also folgende „Übersetzung" der Rechnung:

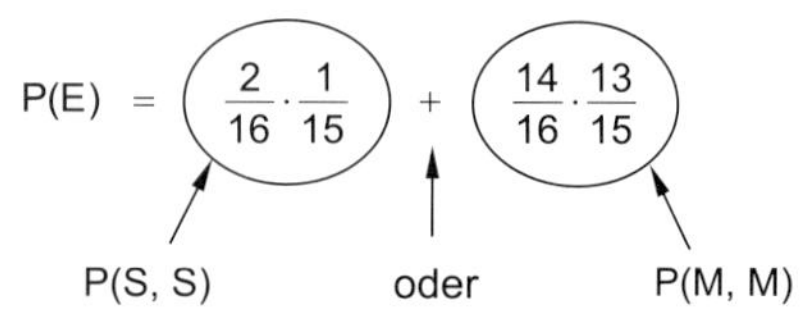

In Worten: Die Berechnung des Wertes für P(E) ermittelt die Wahrscheinlichkeit dafür, dass der erste Gast entweder zwei Pfannkuchen mit Marmeladenfüllung oder zwei Pfannkuchen mit Senffüllung herausgreift.

Ereignis E: Der erste Gast greift zwei Pfannkuchen mit gleicher Füllung.

Mittlerer Schulabschluss und erweiterte Berufsbildungsreife 2019

Aufgabe 1

a) Scheitelwinkel liegen an sich kreuzenden Geraden gegenüber und sind gleich groß.

$\beta = \mathbf{35°}$

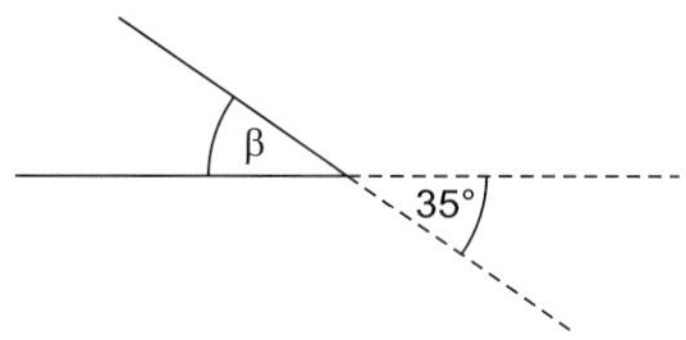

b) Umwandlung des ersten Terms in die kleinere Einheit:
0,06 m = 6 cm → 6 cm < 60 cm

oder Umwandlung des zweiten Terms in die größere Einheit:
60 cm = 0,6 m → 0,06 m < 0,6 m

Somit gilt:

0,06 m [<] 60 cm

c) 1,5 von 6 Anteilen sind markiert.

$\frac{1{,}5}{6} \underset{\text{Erweitern mit 2}}{=} \frac{3}{12}$ **oder** $1{,}5 : 6 = 0{,}25 = 25\,\% = \frac{1}{4} = \frac{3}{12}$

oder

Kreis teilen, sodass alle Anteile gleich groß sind:
Es sind 3 von 12 Anteilen markiert.

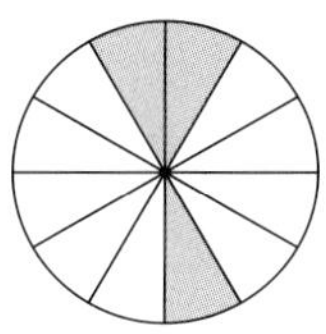

oder Der größere der beiden markierten Anteile wird „versetzt". Dadurch ist insgesamt ein Viertel des Kreises markiert:
$\frac{1}{4} = \frac{3}{12}$

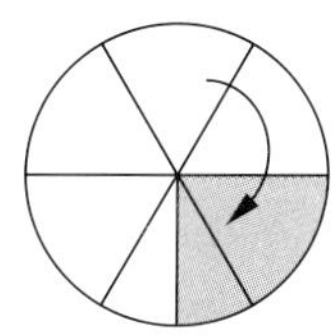

Somit gilt:

☐ $\frac{3}{7}$ ☐ $\frac{3}{5}$

☒ $\frac{3}{12}$ ☐ $\frac{5}{7}$

d) $4^3 = 4 \cdot 4 \cdot 4 = 64$
$8^4 = 8 \cdot 8 \cdot 8 \cdot 8 = 4\,096$ → größte Zahl
$2^8 = 2 \cdot 2 \cdot 2 \cdot 2 \cdot 2 \cdot 2 \cdot 2 \cdot 2 = 256$

oder

$4^3 = (2^2)^3 = 2^6$
$8^4 = (2^3)^4 = 2^{12}$ → größter Exponent, somit größte Zahl
2^8

Somit gilt:
4^3, $\underline{8^4}$, 2^8

e) Formel zur Flächenberechnung eines Rechtecks: Fläche = Länge · Breite

Lösung über Gesamtrechteck:
$A = \mathbf{(a + b) \cdot c}$

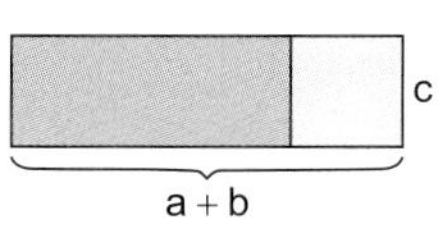

oder Lösung über Zerlegung des Gesamtrechtecks:
$A = \mathbf{a \cdot c + b \cdot c}$

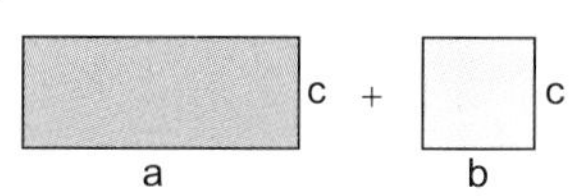

f) Mithilfe einer Skizze:
Anzahl der Kanten: **8**

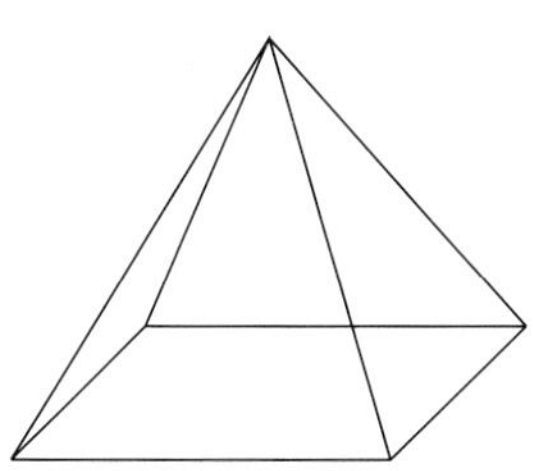

g) Lösung durch verkürzten Dreisatz:
Gegeben: Pfadwahrscheinlichkeit $p = \frac{2}{3}$ entspricht 4 Kugeln
Gesucht: Anzahl der Kugeln mit Pfadwahrscheinlichkeit $p = \frac{1}{3}$

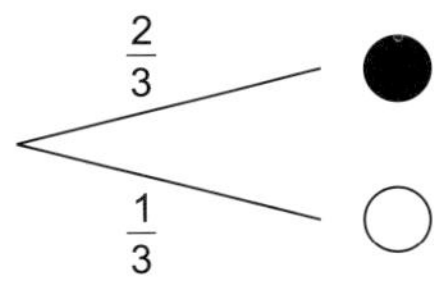

$$:2 \left(\begin{array}{l} \frac{2}{3} \mathrel{\hat{=}} 4 \text{ Kugeln} \\ \frac{1}{3} \mathrel{\hat{=}} 2 \text{ Kugeln} \end{array} \right) :2$$

2 Kugeln sind weiß.

oder

Lösung durch Erweitern des Bruchs mit 2:
Pfadwahrscheinlichkeit für 4 schwarze Kugeln: $\frac{2}{3} = \frac{4}{6}$, d. h., 4 von 6 Kugeln sind schwarz, die restlichen Kugeln, also 2 von 6, sind weiß.

Lösung:

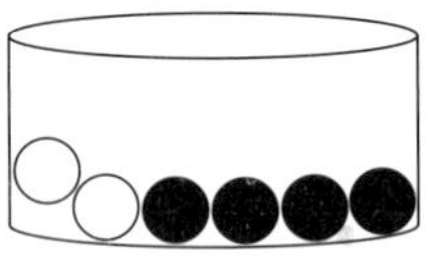

h) Der Sinus eines Winkels wird im rechtwinkligen Dreieck durch das Seitenverhältnis von Gegenkathete und Hypotenuse bestimmt:

$$\sin\alpha = \frac{\text{Gegenkathete}}{\text{Hypotenuse}}$$

Vom Winkel α aus betrachtet ist r die Gegenkathete und t die Hypotenuse.

$$\mathbf{\sin\alpha = \frac{r}{t}}$$

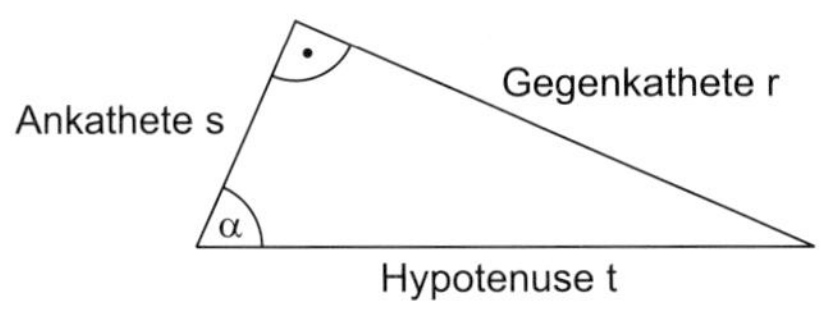

i) Die Spannweite w einer Datenreihe ist die Differenz aus dem höchsten Datenwert (x_{max}) und dem kleinsten Datenwert (x_{min}): $w = x_{max} - x_{min}$

Datenreihe:	9,7 m	9,9 m	9,6 m	9,5 m	9,8 m	9,7 m
		↑		↑		
		höchster Wert x_{max}		kleinster Wert x_{min}		

$w = 9{,}9\text{ m} - 9{,}5\text{ m} = \mathbf{0{,}4\text{ m}}$

j) Für Potenzen mit negativen Exponenten gilt $a^{-n} = \frac{1}{a^n}$, also gilt:

$$10^{-4} = \frac{1}{10^4} = \frac{1}{10\,000}$$

Und damit:

$$2{,}1 \cdot 10^{-4} = 2{,}1 \cdot \frac{1}{10\,000} = \mathbf{0{,}00021}$$

oder

Es gilt:

$$10^{-4} = \frac{1}{10\,000} = 0{,}0001$$

Und damit:

$$2{,}1 \cdot 10^{-4} = 2{,}1 \cdot 0{,}0001 = \mathbf{0{,}00021}$$

Aufgabe 2

a) An dem Punkt, an dem der Graph einer Funktion die x-Achse schneidet, wird die y-Koordinate gleich null.
Die zugehörige x-Koordinate bezeichnet man als Nullstelle der Funktion.

Durch Ablesen: Nullstelle **$x = -2$**

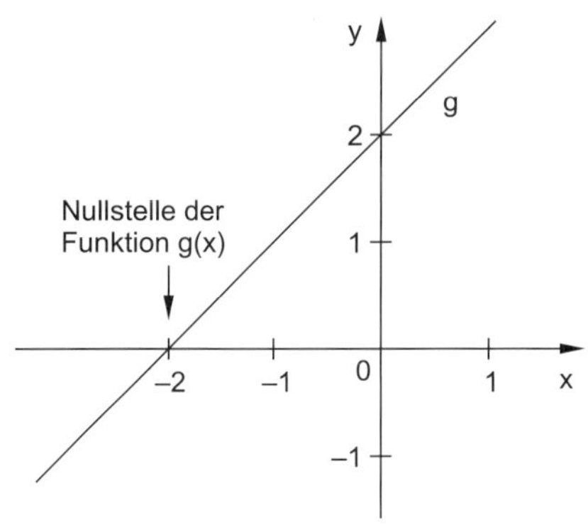

b) *Hinweis:* Der Begriff Anstieg ist gleichbedeutend mit Steigung.

Merkmale für Graphen einer linearen Funktion $y = mx + n$:
Ist die Steigung
- $m < 0$, erhält man eine fallende Gerade, die von links oben nach rechts unten verläuft.
- $m = 0$, erhält man eine Parallele zur x-Achse.
- $m > 0$, erhält man eine steigende Gerade, die von links unten nach rechts oben verläuft.

Betrachtet werden die Steigungen der drei Geraden f, g und h:
- **Gerade f** verläuft von links oben nach rechts unten, ist somit fallend, der Wert für die **Steigung ist eine negative Zahl**.
- Gerade g verläuft von links unten nach rechts oben, ist somit steigend, der Wert für die Steigung ist eine positive Zahl.
- **Gerade h verläuft parallel zur x-Achse**, hat keine Steigung, der Wert für die Steigung ist null.

oder

Lösung über das Steigungsdreieck:
Für f:
„Gehe 1 LE nach rechts und 2 LE nach unten“, also:

$m = \frac{-2}{1} = -2 \quad \rightarrow$ passt zur 1. Eigenschaft

Für g:
„Gehe 1 LE nach rechts und 1 LE nach oben“, also:

$m = \frac{1}{1} = 1$

Für h:
Kein Steigungsdreieck möglich, da parallel zur x-Achse und keine Steigung vorhanden. $\rightarrow$ passt zur 2. Eigenschaft

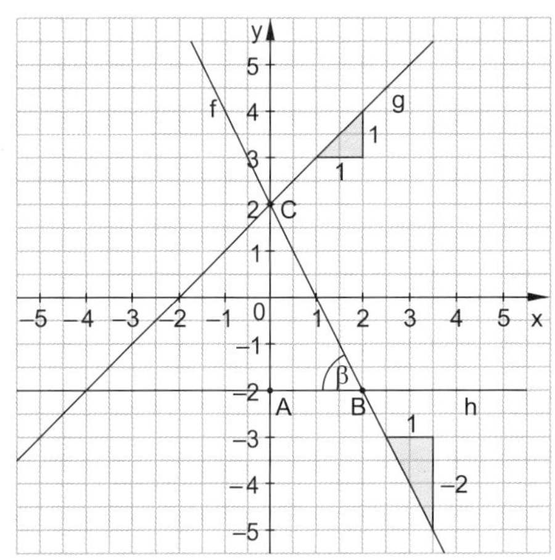

Lösung:

Eigenschaft	Graph
Der Graph hat den Anstieg –2.	**f**
Der Graph verläuft parallel zur x-Achse.	**h**

c) Ermitteln der Funktionsgleichungen für die Geraden f, g und h mithilfe der Steigung m und des y-Achsenabschnitts n.
Allgemeine Funktionsgleichung: $y = mx + n$

Gerade	Steigungsdreieck	Steigung m	y-Achsenabschnitt n (Schnittpunkt mit der y-Achse)	Funktionsgleichung
f	1 LE nach rechts und 2 LE nach unten	$\frac{-2}{1} = -2$	+2	$y = -2x + 2$
g	1 LE nach rechts und 1 LE nach oben	$\frac{1}{1} = 1$	+2	$y = 1x + 2$ oder $y = x + 2$
h	nicht möglich	0	–2	$y = 0x - 2$ oder $y = -2$

oder

Zeichnen der angebotenen Graphen in das vorhandene Koordinatensystem:

❶ $y = -2x + 2$	❷ $y = -\frac{1}{2}x + 2$	❸ $y = -2$
❹ $y = x + 2$	❺ $y = -2x$	❻ $y = x - 2$

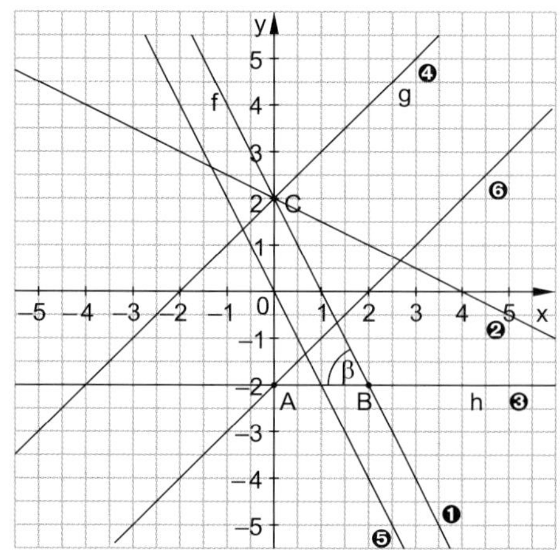

Hinweis:
So zeichnet man Geraden:
- Achsenabschnitt n auf der y-Achse markieren
- von diesem Punkt aus Steigungsdreieck einzeichnen und zweiten Punkt markieren
- beide Punkte durch eine Gerade verbinden

Ergebnis:
Gerade 1 und f sind identisch.
Gerade 3 und h sind identisch.
Gerade 4 und g sind identisch.

Lösung:

Graph	Funktionsgleichung
f	**f = –2x + 2**
g	**y = x + 2**
h	**y = –2**

d) • *Berechnung der Länge von $\overline{BC}$ im rechtwinkligen Dreieck:*
Mit dem Satz des Pythagoras gilt: $\overline{AB}^2 + \overline{AC}^2 = \overline{BC}^2$
Die Längen von $\overline{AB}$ und $\overline{AC}$ werden im Koordinatensystem abgelesen:
$\overline{AB} = 2$ LE
$\overline{AC} = 4$ LE

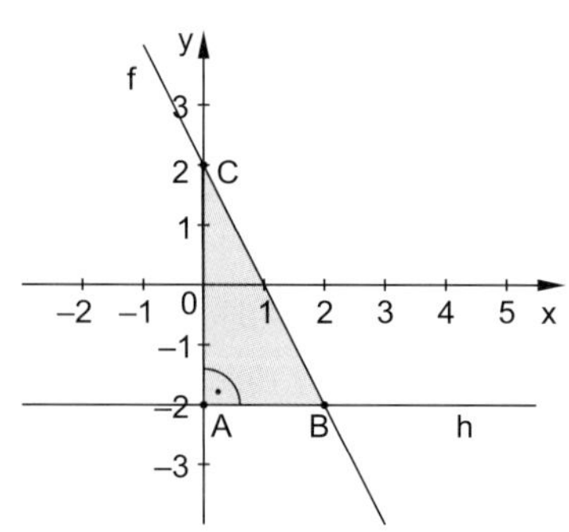

Einsetzen:
$2^2 + 4^2 = \overline{BC}^2$
$4 + 16 = \overline{BC}^2$
$\overline{BC}^2 = 20 \quad |\sqrt{\ }$
$\overline{BC} \approx 4{,}47$
$\overline{BC}$ hat eine Länge von **4,47 LE**.

- *Berechnung der Größe des Winkels β im rechtwinkligen Dreieck ABC:*

  Vom Winkel β aus betrachtet ist $\overline{AB}$ die Ankathete, $\overline{AC}$ die Gegenkathete und $\overline{BC}$ die Hypotenuse.

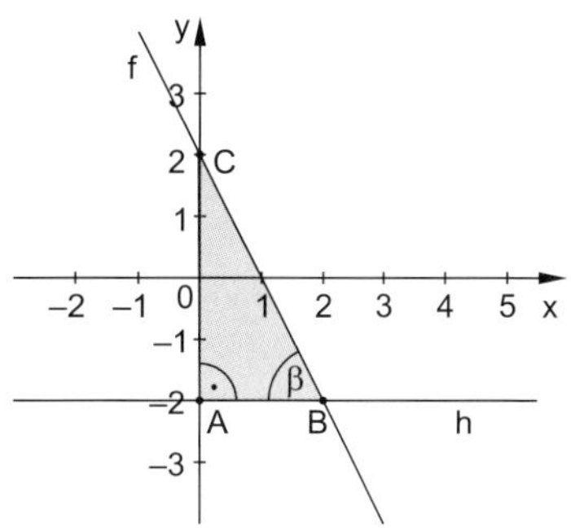

$\overline{AB} = 2$ LE
$\overline{AC} = 4$ LE
$\overline{BC} = 4{,}47$ LE

Lösung mithilfe des Tangens:

$\tan\beta = \frac{\text{Gegenkathete}}{\text{Ankathete}}$

$\tan\beta = \frac{4}{2}$

$\tan\beta = 2$

$\beta \approx 63{,}4°$

oder

Lösung mithilfe des Sinus:

$\sin\beta = \frac{\text{Gegenkathete}}{\text{Hypotenuse}}$

$\sin\beta = \frac{4}{4{,}47}$

$\beta \approx 63{,}5°$

oder

Lösung mithilfe des Kosinus:

$\cos\beta = \frac{\text{Ankathete}}{\text{Hypotenuse}}$

$\cos\beta = \frac{2}{4{,}47}$

$\beta \approx 63{,}4°$

Hinweis: Die unterschiedlichen Nachkommastellen entstehen durch das Rechnen mit gerundeten Zahlen.

Der Winkel β hat eine Größe von etwa **63,4°**.

Aufgabe 3

a) Berechnung von $\overline{BC}$ im rechtwinkligen Dreieck ABC mit dem Satz des Pythagoras:

Gegeben: $\overline{AB} = 4$ m
$\overline{AC} = 9$ m

Gesucht: $\overline{BC}$

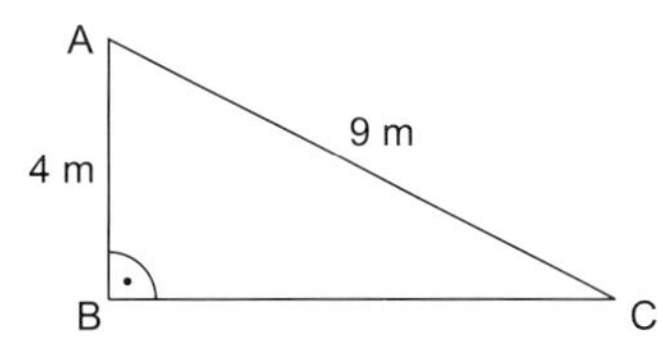

$\overline{AB}^2 + \overline{BC}^2 = \overline{AC}^2$

$4^2 + \overline{BC}^2 = 9^2$

$16 + \overline{BC}^2 = 81 \quad | -16$

$\overline{BC}^2 = 65 \quad | \sqrt{\ }$

$\overline{BC} \approx 8{,}06$

Der Abstand zwischen Ben und Chris beträgt etwa **8,06 m**.

b) Berechnung von α im rechtwinkligen Dreieck ABC:

Von Winkel α aus betrachtet ist $\overline{AB}$ die Ankathete und $\overline{AC}$ die Hypotenuse.

Es gilt:

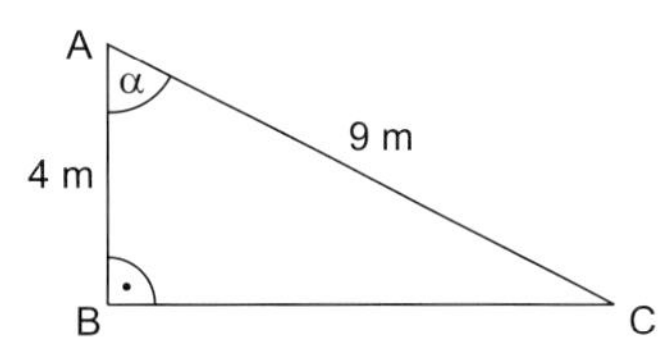

$\cos\alpha = \frac{\text{Ankathete}}{\text{Hypotenuse}}$

$\cos\alpha = \frac{4}{9}$

$\alpha \approx 63{,}6°$

Die Größe des Winkels α beträgt ungefähr 64°.

oder

Berechnung von α mithilfe des Sinus und der Länge von $\overline{BC}$:

Von Winkel α aus betrachtet ist $\overline{BC}$ die Gegenkathete und $\overline{AC}$ die Hypotenuse.

$\overline{BC} \approx 8{,}06$ m (siehe Lösung zu Teilaufgabe 3 a)

Es gilt:

$\sin\alpha = \frac{\text{Gegenkathete}}{\text{Hypotenuse}}$

$\sin\alpha = \frac{8{,}06}{9}$

$\alpha \approx 63{,}6°$

Die Größe des Winkels α beträgt ungefähr 64°.

c) Berechnung des Winkels γ_1 im Dreieck ABC:
Die Winkelsumme im Dreieck beträgt 180°.

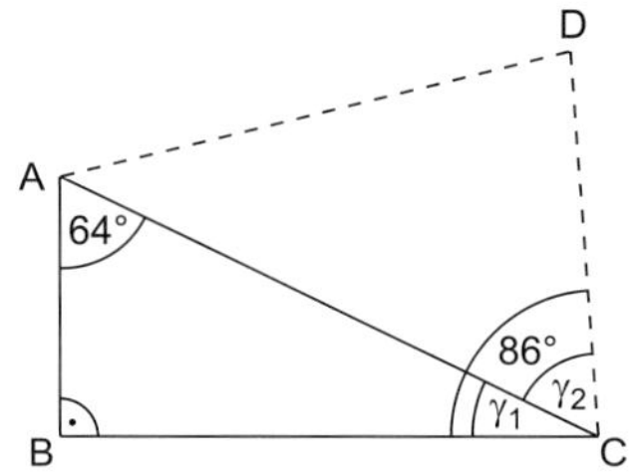

$64° + 90° + \gamma_1 = 180°$

$154° + \gamma_1 = 180° \qquad |-154°$

$\gamma_1 = 26°$

Berechnung des Winkels γ_2:

$\gamma_1 + \gamma_2 = 86°$

$26° + \gamma_2 = 86° \qquad |-26°$

$\gamma_2 = 60°$

Berechnung der Strecke $\overline{AD}$ mithilfe des Sinussatzes im allgemeinen Dreieck ACD:

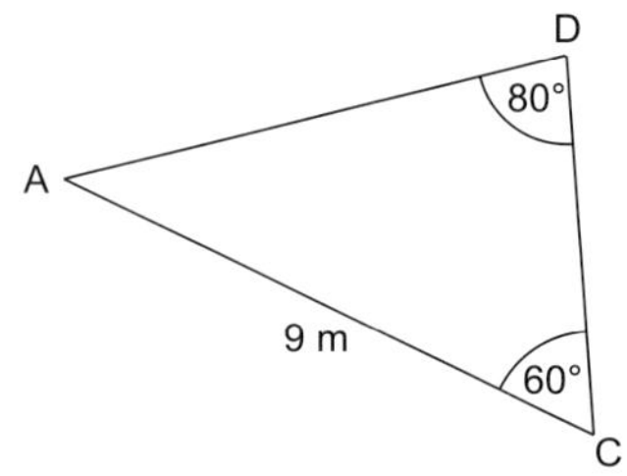

$\frac{\overline{AD}}{\sin\gamma_2} = \frac{\overline{AC}}{\sin\delta}$

$\frac{\overline{AD}}{\sin 60°} = \frac{9}{\sin 80°} \qquad |\cdot \sin 60°$

$\overline{AD} = \frac{9 \cdot \sin 60°}{\sin 80°}$

$\overline{AD} \approx 7{,}91$

Der Abstand zwischen Amir und Deniz beträgt etwa **7,91 m**.

oder

Lösung mithilfe eines linearen Gleichungssystems:

I $\tan 60° = \frac{h}{9 - x_1}$

II $\tan 40° = \frac{h}{x_1}$

Zerlegung von Dreieck ADC in zwei rechtwinklige Dreiecke durch die Höhe h:

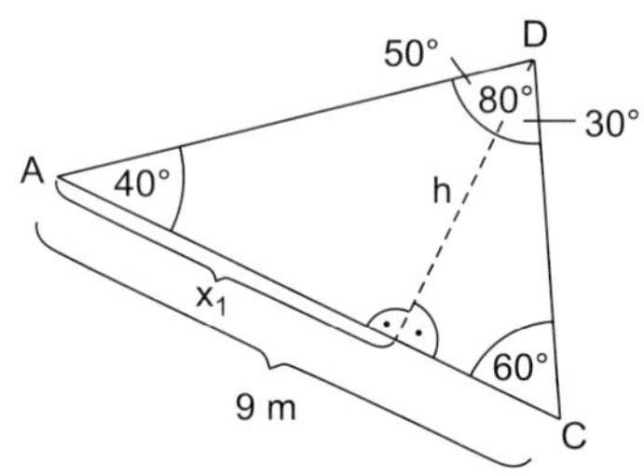

Umstellung von I und II nach h:

I' $(9 - x_1) \cdot \tan 60° = h$

II' $x_1 \cdot \tan 40° = h$

Anwendung des Gleichsetzungsverfahrens:

I = II $\quad (9 - x_1) \cdot \tan 60° = x_1 \cdot \tan 40° \qquad |$ Klammern auflösen

$9 \cdot \tan 60° - x_1 \cdot \tan 60° = x_1 \cdot \tan 40° \qquad |+ x_1 \cdot \tan 60°$

$9 \cdot \tan 60° = x_1 \cdot (\tan 40° + \tan 60°) \qquad |:(\tan 40° + \tan 60°)$

$x_1 = \frac{9 \cdot \tan 60°}{\tan 40° + \tan 60°}$

$x_1 = 6{,}06$

$x_1 = 6{,}06$ einsetzen in II:

$\tan 40° = \frac{h}{6{,}06} \qquad |\cdot 6{,}06$

$h = 6{,}06 \cdot \tan 40°$

$h \approx 5{,}08$

Pythagoras:

$x_1^2 + h^2 = \overline{AD}^2$

$6{,}06^2 + 5{,}08^2 \approx \overline{AD}^2 \qquad |\sqrt{}$

$\overline{AD} \approx 7{,}91$

Der Abstand zwischen Amir und Deniz beträgt etwa **7,91 m**.

Aufgabe 4

a) *Vorüberlegungen:*
Es handelt sich um ein Prisma mit dreieckiger Grund- und Deckfläche. Die Seitenflächen sind drei kongruente Rechtecke mit den Maßen 1,50 m Breite und 1,20 m Höhe.
Bei der Grund- und Deckfläche handelt es sich um ein gleichseitiges Dreieck mit der Seitenlänge $a = 1{,}5$ m, die Höhe der Rechtecke ist gleichzeitig die Höhe des Prismas $h_K = 1{,}2$ m.

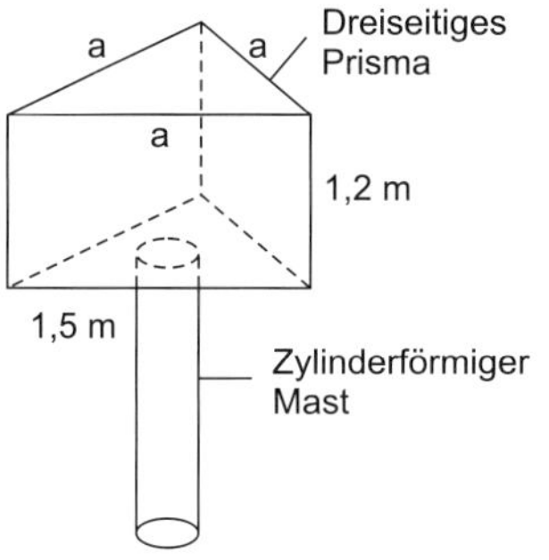

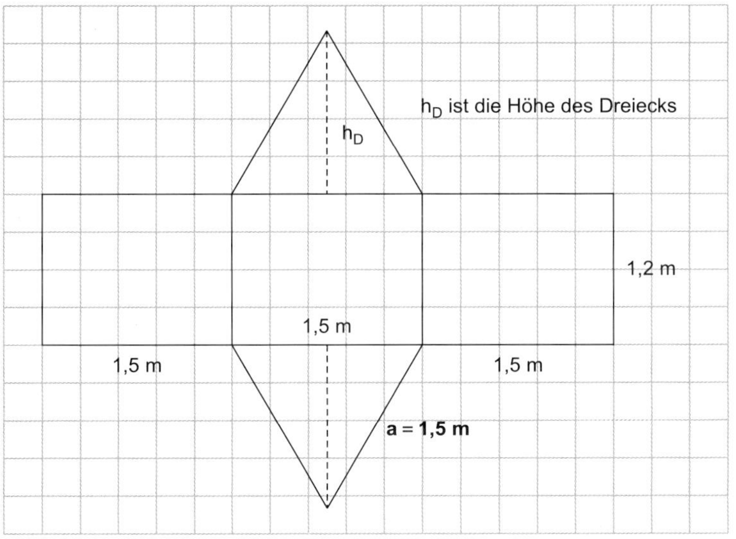

Anmerkung zur Zeichnung:
5 „Kästchen" ≙ 1,5 m, ca. 4,3 „Kästchen" ≙ h_D

b) Nur die Seitenflächen, also die drei Rechtecke, werden als Werbefläche genutzt.

Berechnung des Flächeninhalts eines Rechtecks:

$A = a \cdot b$
$A = 1{,}5 \cdot 1{,}2$
$A = 1{,}8$

Berechnung der Gesamtfläche:

$A_{gesamt} = 3 \cdot 1{,}8$
$A_{gesamt} = 5{,}4$

oder

Berechnung der Mantelfläche:
Die drei Rechtecke bilden die Mantelfläche A_M des Prismas. u_G ist der Umfang der Grundfläche.
Berechnung des Umfangs u_G:

$u_G = 1{,}5 + 1{,}5 + 1{,}5$
$u_G = 4{,}5$

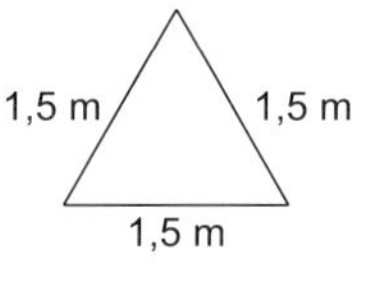

Damit gilt:

$A_M = u_G \cdot h_K$
$A_M = 4{,}5 \cdot 1{,}2$
$A_M = 5{,}4$

Die gesamte Werbefläche hat eine Größe von **5,4 m²**.

c) • *Berechnung der Deckfläche:*
Die Deckfläche ist ein Dreieck. Es gilt:

$A = \frac{1}{2} \cdot c \cdot h_c$ c: Seite des Dreiecks; h_c: Höhe auf die Seite c

Gegeben: $a = 1{,}5$ m; $h_D = 1{,}3$ m
Gesucht: A

$A = \frac{1}{2} \cdot 1{,}5 \cdot 1{,}3$
$A = 0{,}975$

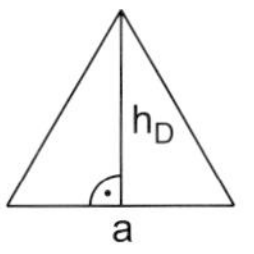

Der Flächeninhalt der Deckfläche beträgt **0,975 m²**.

- *Berechnung des Volumens des Prismas:*
  Es gilt: $V = A_G \cdot h_K$ — A_G: Flächeninhalt der Grundfläche; h_K: Höhe des Körpers (Prisma)
  Gegeben: $A_G = 0{,}975\ m^2$; $h_K = 1{,}2\ m$
  Gesucht: V
  $V = 0{,}975 \cdot 1{,}2$
  $V = 1{,}17$
  Es passen also ca. 1,2 m^3 Regenwasser in das Prisma.

- *Berechnung der Masse des zu 10 % gefüllten Prismas:*
  Berechnung von 10 % des maximalen Wasservolumens:
  Vorüberlegung:
  $V = 1{,}2\ m^3$, wenn Prisma maximal zu 100 % mit Wasser gefüllt ist.

  Lösung mit dem Dreisatz:
  $$:10 \left(\begin{array}{c} 100\ \% \mathrel{\hat{=}} 1{,}2\ m^3 \\ 10\ \% \mathrel{\hat{=}} 0{,}12\ m^3 \end{array} \right) :10$$
  oder
  Lösung über proportionale Zuordnung:
  $$\frac{1{,}2}{100} = \frac{x}{10} \quad |\cdot 10$$
  $$x = \frac{1{,}2 \cdot 10}{100}$$
  $$x = 0{,}12$$

  Berechnung der Masse für 0,12 m^3 Wasser:
  Lösung mit dem Dreisatz:
  $$\cdot 0{,}12 \left(\begin{array}{c} 1\ m^3 \mathrel{\hat{=}} 1\,000\ kg\ Masse \\ 0{,}12\ m^3 \mathrel{\hat{=}} 120\ kg\ Masse \end{array} \right) \cdot 0{,}12$$
  oder
  Lösung über proportionale Zuordnung:
  $$\frac{1}{1\,000} = \frac{0{,}12}{x} \quad |\cdot x$$
  $$\frac{x}{1\,000} = 0{,}12 \quad |\cdot 1\,000$$
  $$x = 1\,000 \cdot 0{,}12$$
  $$x = 120$$

  Berechnung der Gesamtmasse:
  Gegeben: Masse des Prismas $M_P = 200$ kg; Masse des Regenwassers $M_R = 120$ kg
  $M_{gesamt} = M_P + M_R$
  $M_{gesamt} = 200 + 120$
  $M_{gesamt} = 320$
  Das Prisma hat eine Masse von **320 kg**, wenn es zu 10 % mit Regenwasser gefüllt ist.

Aufgabe 5

a) 2013: 72 % von 1 200 Jugendlichen besitzen ein Smartphone
2016: 95 % von 1 200 Jugendlichen besitzen ein Smartphone

Berechnung der Anzahl von Jugendlichen mit Smartphone:

Für 2013:

Lösung mit dem Dreisatz:
$$\begin{array}{c} :100 \\ \cdot 72 \end{array} \left(\begin{array}{c} 100\ \% \mathrel{\hat{=}} 1\,200\ J. \\ 1\ \% \mathrel{\hat{=}} \frac{1\,200}{100}\ J. \\ 72\ \% \mathrel{\hat{=}} 864\ J. \end{array} \right) \begin{array}{c} :100 \\ \cdot 72 \end{array}$$
oder
Lösung über proportionale Zuordnung:
$$\frac{1\,200}{100} = \frac{x}{72} \quad |\cdot 72$$
$$x = \frac{1\,200 \cdot 72}{100}$$
$$x = 864$$

Für 2016:

Lösung mit dem Dreisatz:

$$\begin{aligned} :100 \Big(\quad 100\,\% &\mathrel{\hat{=}} 1\,200\text{ J.} \quad \Big):100 \\ \cdot 95 \Big(\quad 1\,\% &\mathrel{\hat{=}} \frac{1\,200}{100}\text{ J.} \quad \Big)\cdot 95 \\ 95\,\% &\mathrel{\hat{=}} 1\,140\text{ J.} \end{aligned}$$

oder

Lösung über proportionale Zuordnung:

$$\frac{1\,200}{100} = \frac{x}{95} \qquad |\cdot 95$$

$$x = \frac{1\,200 \cdot 95}{100}$$

$$x = 1\,140$$

Differenz zwischen 2016 und 2013:

$1\,140 - 864 = 276$

Die Anzahl der Jugendlichen mit Smartphone hat sich von 2013 bis 2016 um **276** erhöht.

oder

Berechnung über die Differenz des Prozentsatzes:

Differenz des Prozentsatzes zwischen 2016 und 2013:

$95\,\% - 72\,\% = 23\,\%$

Berechnung der Anzahl der Jugendlichen:

Lösung mit dem Dreisatz:

$$\begin{aligned} :100 \Big(\quad 100\,\% &\mathrel{\hat{=}} 1\,200\text{ J.} \quad \Big):100 \\ \cdot 23 \Big(\quad 1\,\% &\mathrel{\hat{=}} \frac{1\,200}{100}\text{ J.} \quad \Big)\cdot 23 \\ 23\,\% &\mathrel{\hat{=}} 276\text{ J.} \end{aligned}$$

oder

Lösung über proportionale Zuordnung:

$$\frac{1\,200}{100} = \frac{x}{23} \qquad |\cdot 23$$

$$x = \frac{1\,200 \cdot 23}{100}$$

$$x = 276$$

Die Anzahl der Jugendlichen mit Smartphone hat sich von 2013 bis 2016 um **276** erhöht.

b)

Aussage	**Richtig oder falsch?**	**Begründung**
Drei Viertel der Mädchen nutzen in ihrer Freizeit einen Fernseher.	falsch	Umrechnung von drei Viertel in Prozent: $\frac{3}{4} = 0{,}75 = 75\,\%$ Laut Tabelle nutzen 81 % der Mädchen einen Fernseher, das sind mehr als 75 %.
Konsolenspiele sind bei Jungen wesentlich beliebter als bei Mädchen.	richtig	Laut Tabelle nutzen 72 % der Jungen und 14 % der Mädchen Konsolenspiele. 72 % ist ein wesentlich höherer Prozentsatz als 14 %.

Lösung:

☒ Drei Viertel der Mädchen nutzen in ihrer Freizeit einen Fernseher.

☐ Konsolenspiele sind bei Jungen wesentlich beliebter als bei Mädchen.

Berichtigung der falschen Aussage:

81 % der Mädchen nutzen in ihrer Freizeit einen Fernseher.

oder

Drei Viertel der Jungen nutzen in ihrer Freizeit einen Fernseher.

oder

Mehr als drei Viertel der Mädchen nutzen in ihrer Freizeit einen Fernseher.

c) Der Zeitungsartikel enthält zwei Aussagen:

(1) Die Anzahl der Jugendlichen, die Bücher lesen, nimmt extrem ab.

(2) Befürchtet wird, dass in wenigen Jahren kein Jugendlicher mehr ein Buch liest.

Berichtigung der Aussage (1):
Die Anzahl der Jugendlichen, die Bücher lesen, nimmt ab.

Begründung (wird in der Aufgabenstellung nicht verlangt):
Das Säulendiagramm zeigt eine stetige Abnahme von bücherlesenden Jugendlichen von 2011 bis 2015. Vergleicht man die Säulen für das Jahr 2011 und 2015 miteinander, so hat sich die Höhe mehr als halbiert. Dies erweckt den Eindruck, als hätte sich der Anteil der bücherlesenden Jugendlichen ebenfalls mehr als halbiert. Tatsächlich hat sich die Zahl aber nur von 44 % auf 36 % vermindert. Die Ursache für die falsche Wahrnehmung liegt in der verfälschten Darstellung im Diagramm. Die Werte auf der y-Achse beginnen nicht bei 0 %, sondern bei 30 %.

oder
Berichtigung der Aussage (2):
Die Anzahl der Jugendlichen, die Bücher lesen, nimmt weiter ab.

oder
Befürchtet wird, dass in 18 Jahren kein Jugendlicher mehr ein Buch liest.

Begründung (wird in der Aufgabenstellung nicht verlangt):
Das Säulendiagramm zeigt eine stetige Abnahme von bücherlesenden Jugendlichen von 2011 bis 2015. Die Säule für das Jahr 2015 ist nicht sehr hoch und vermittelt den Eindruck, als würde der Prozentsatz der bücherlesenden Jugendlichen in wenigen Jahren in Richtung 0 % gehen. Tatsächlich sind die Prozentsätze von 2011 bis 2015 aber nur jährlich um durchschnittlich 2 % heruntergegangen. Im Jahr 2015 gibt es immerhin noch 36 % bücherlesende Jugendliche. Sollte die Entwicklung gleichmäßig weitergehen, würde es noch 18 Jahre dauern, bis (annähernd) kein Jugendlicher mehr ein Buch liest. Die Ursache für die falsche Wahrnehmung liegt in der verfälschten Darstellung im Diagramm: die Werte auf der y-Achse beginnen nicht bei 0 %, sondern bei 30 %.

Aufgabe 6

a) Ereignis E: Paul zieht einen gelben Buntstift.
Anzahl der gelben Buntstifte: 3
Anzahl aller Buntstifte: 20

Wahrscheinlichkeit P, einen gelben Buntstift zu ziehen:

$$P(E) = \frac{\text{Anzahl der gelben Buntstifte}}{\text{Anzahl aller Buntstifte}} = \frac{3}{20} = 0{,}15 = 15\ \%$$

Mit der Wahrscheinlichkeit von $\mathbf{\frac{3}{20}}$ bzw. **15 %** zieht Paul einen gelben Stift.

b) • *Ergänzen des Baumdiagramms:*
Das Baumdiagramm zeigt einen dreistufigen Zufallsversuch „ohne Zurücklegen". Marie greift nacheinander aus einer Menge von 20 Buntstiften (4 roten und 16 nicht roten) 3 Buntstifte heraus.

Betrachtet wird der Pfad zum Ereignis (nicht rot, rot, rot):

1. Zug: Nicht roter Buntstift: Anzahl der nicht roten Stifte: 16
Anzahl aller Stifte: 20
Pfadwahrscheinlichkeit: $\frac{16}{20}$

Ohne Zurücklegen
2. Zug: Roter Buntstift: Anzahl der roten Stifte: 4
Anzahl aller Stifte: 19
Pfadwahrscheinlichkeit: $\frac{4}{19}$

Ohne Zurücklegen
3. Zug: Roter Buntstift: Anzahl der roten Stifte: 3
Anzahl aller Stifte: 18
Pfadwahrscheinlichkeit: $\frac{3}{18}$

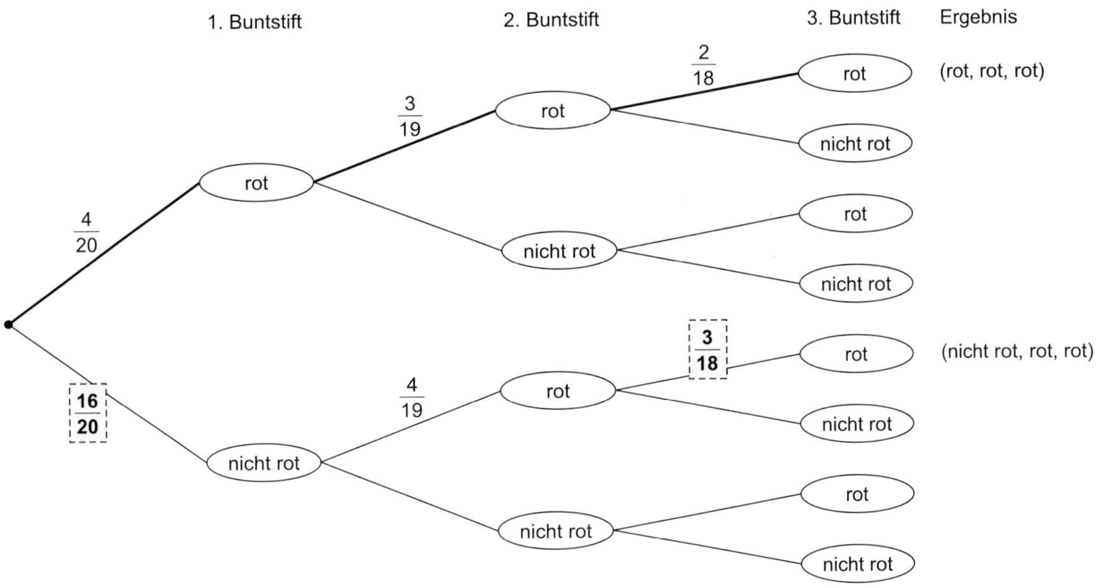

- *Entscheiden, ob Aussagen wahr oder falsch sind:*

	wahr	falsch	Begründung (nicht verlangt)
Marie greift nacheinander drei unterschiedlich farbige Buntstifte.	☐	☒	Der fett markierte Pfad führt zu dem Ergebnis (rot, rot, rot). Die Stifte sind gleichfarbig.
Marie legt den Stift nach jedem Ziehen wieder zurück.	☐	☒	Die Pfadwahrscheinlichkeiten am fett markierten Pfad zeigen, dass die Anzahl aller Buntstifte nach jedem Ziehen um 1 abnimmt. Von 20 auf 19, von 19 auf 18. Würde Marie den Stift nach jedem Ziehen wieder zurücklegen, wäre die Gesamtzahl aller Stifte gleichbleibend 20.
Die Wahrscheinlichkeit für das Ereignis des fett markierten Pfades ist kleiner als 1 %.	☒	☐	Der fett markierte Pfad zeigt das Ereignis E: Marie zieht 3 rote Stifte. Berechnung der Wahrscheinlichkeit für das Ereignis E (1. Pfadregel): $P(\text{rot, rot, rot}) = \frac{4}{20} \cdot \frac{3}{19} \cdot \frac{2}{18} = \frac{1}{285} \approx 0{,}0035 = 0{,}35\,\%$ 0,35 % ist kleiner als 1 %.

c) Darstellung im reduzierten Baumdiagramm:
Es werden nur die Pfade gezeichnet, die für die Lösung der Aufgabe gebraucht werden.

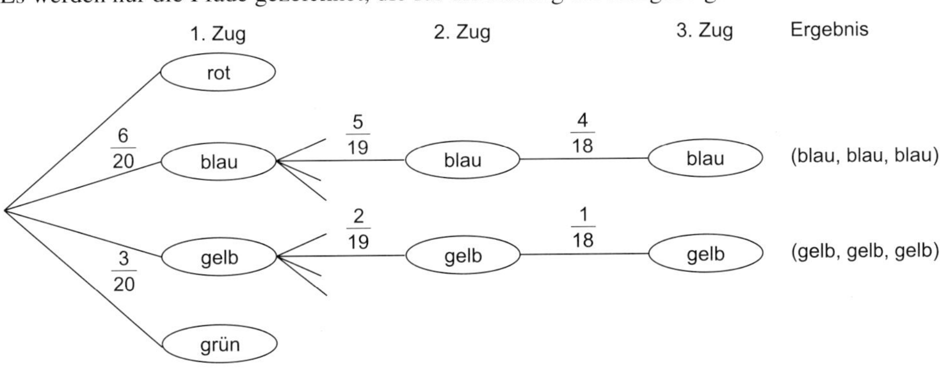

Berechnung der Wahrscheinlichkeit für „3 blaue Stifte" und „3 gelbe Stifte" nach der 1. Pfadregel:

$P(\text{blau, blau, blau}) = \frac{6}{20} \cdot \frac{5}{19} \cdot \frac{4}{18} = \frac{1}{57} \approx 0{,}0175 = 1{,}75\,\%$

$P(\text{gelb, gelb, gelb}) = \frac{3}{20} \cdot \frac{2}{19} \cdot \frac{1}{18} = \frac{1}{1140} \approx 0{,}000877 = 0{,}0877\,\%$

Vergleich der Wahrscheinlichkeiten:
Das Doppelte von 0,0877 %:
$2 \cdot 0{,}0877\,\% = 0{,}1754\,\%$
$1{,}75\,\% \neq 0{,}1754\,\%$, also ist Marcs Behauptung falsch.

oder

Das Doppelte von 0,000877:
$2 \cdot 0{,}000877 = 0{,}001754$
$0{,}0175 \neq 0{,}001754$, also ist Marcs Behauptung falsch.

Aufgabe 7

a) Berechnung der fehlenden Werte in der Tabelle:
Es liegt ein exponentielles Wachstum vor. Zu Beginn, in der nullten Woche, beträgt die Masse des Ferkels **10 kg (erster fehlender Wert in der Tabelle)**. Danach nimmt die Masse pro Wochen um 4 % zu, d. h., in jeder neuen Woche beträgt die Masse 104 % der vorhergehenden Woche.

Hinweis: Da in der Tabelle schon ein Wert mit drei Nachkommastellen angegeben ist, wird im Folgenden entsprechend gerundet.

Berechnung der Masse für die zweite Woche mithilfe der Prozentrechnung:

Lösung mit dem Dreisatz:

$$\begin{aligned} :100 \quad 100\,\% &\mathrel{\hat{=}} 10{,}400\text{ kg} \quad :100 \\ \cdot 4 \quad 1\,\% &\mathrel{\hat{=}} \frac{10{,}400}{100}\text{ kg} \quad \cdot 4 \\ 4\,\% &\mathrel{\hat{=}} 0{,}416\text{ kg} \end{aligned}$$

oder

Lösung über proportionale Zuordnung:

$$\begin{aligned} \frac{10{,}400}{100} &= \frac{x}{4} \quad |\cdot 4 \\ x &= \frac{10{,}400 \cdot 4}{100} \\ x &= 0{,}416 \end{aligned}$$

Masse gesamt:
$10{,}400 + 0{,}416 = 10{,}816$

Berechnung der Masse für die fünfte Woche mithilfe der Prozentrechnung:

Achtung: In der Tabelle fehlen die beiden vorhergehenden Wochen, nämlich die dritte und vierte Woche. Da sich jeder neue Wert für die Masse auf den Wert der vorhergehenden Woche bezieht, müssen auch diese Zwischenwerte bestimmt werden.

Masse in der dritten Woche:

Lösung mit dem Dreisatz:

$$\begin{aligned} :100 \quad 100\,\% &\mathrel{\hat{=}} 10{,}816\text{ kg} \quad :100 \\ \cdot 4 \quad 1\,\% &\mathrel{\hat{=}} \frac{10{,}816}{100}\text{ kg} \quad \cdot 4 \\ 4\,\% &\mathrel{\hat{=}} 0{,}43264\text{ kg} \\ &\approx 0{,}433\text{ kg} \end{aligned}$$

oder

Lösung über proportionale Zuordnung:

$$\begin{aligned} \frac{10{,}816}{100} &= \frac{x}{4} \quad |\cdot 4 \\ x &= \frac{10{,}816 \cdot 4}{100} \\ x &\approx 0{,}433 \end{aligned}$$

Masse gesamt:
$10{,}816 + 0{,}433 = 11{,}249$

Masse in der vierten Woche:

Lösung mit dem Dreisatz:

$$:100\left(\begin{array}{l} 100\,\% \mathrel{\hat{=}} 11{,}249\text{ kg} \\ 1\,\% \mathrel{\hat{=}} \frac{11{,}249}{100}\text{ kg} \\ 4\,\% \mathrel{\hat{=}} 0{,}44996\text{ kg} \\ \approx 0{,}450\text{ kg}\end{array}\right):100 \quad \cdot 4 \;\; \cdot 4$$

oder

Lösung über proportionale Zuordnung:

$$\frac{11{,}249}{100} = \frac{x}{4} \quad |\cdot 4$$

$$x = \frac{11{,}249 \cdot 4}{100}$$

$$x \approx 0{,}450$$

Masse gesamt:

$11{,}249 + 0{,}450 = 11{,}699$

Masse in der fünften Woche:

Lösung mit dem Dreisatz:

$$:100\left(\begin{array}{l} 100\,\% \mathrel{\hat{=}} 11{,}699\text{ kg} \\ 1\,\% \mathrel{\hat{=}} \frac{11{,}699}{100}\text{ kg} \\ 4\,\% \mathrel{\hat{=}} 0{,}46796\text{ kg} \\ \approx 0{,}468\text{ kg}\end{array}\right):100 \quad \cdot 4 \;\; \cdot 4$$

oder

Lösung über proportionale Zuordnung:

$$\frac{11{,}699}{100} = \frac{x}{4} \quad |\cdot 4$$

$$x = \frac{11{,}699 \cdot 4}{100}$$

$$x \approx 0{,}468$$

Masse gesamt:

$11{,}699 + 0{,}468 = 12{,}167$

oder

Berechnung der Masse für die fünfte Woche mithilfe des Prozentfaktors:

In jeder neuen Woche erhöht sich die Masse des Ferkels um 4 % und beträgt 104 % des vorhergehenden Wertes, d. h., jeder Wert erhöht sich mit dem Faktor $\frac{104}{100} = 1{,}04$.

Anfangswert:	$y = 10$	
1. Woche:	$y = 10 \cdot 1{,}04$	$\Rightarrow$ 10,400
2. Woche:	$y = 10 \cdot 1{,}04 \cdot 1{,}04$	$\Rightarrow$ 10,816
3. Woche:	$y = 10 \cdot 1{,}04 \cdot 1{,}04 \cdot 1{,}04$	$\Rightarrow$ 11,249
4. Woche:	$y = 10 \cdot 1{,}04 \cdot 1{,}04 \cdot 1{,}04 \cdot 1{,}04$	$\Rightarrow$ 11,699
5. Woche:	$y = 10 \cdot 1{,}04 \cdot 1{,}04 \cdot 1{,}04 \cdot 1{,}04 \cdot 1{,}04$	$\Rightarrow$ 12,167

oder

Berechnung der Masse für die fünfte Woche mithilfe der Funktionsgleichung $y = a \cdot q^x$:

Anfangswert: $a = 10$

Wachstumsrate: $p\,\% = 4\,\%$

Wachstumsfaktor: $q = 1 + \frac{p}{100} = 1 + \frac{4}{100} = 1{,}04$

Damit ergibt sich als Funktionsgleichung $y = 10 \cdot 1{,}04^x$.

Anzahl der Wochen: $x = 5$

Einsetzen in die Funktionsgleichung:

$y = 10 \cdot 1{,}04^5 \approx 12{,}167$

Tabelle:

Zeit in Wochen	0	1	2	…	5
Masse in kg	**10**	10,400	**10,816**	…	**12,167**

b) Ein exponentieller Wachstumsvorgang wird durch diese allgemeine Funktionsgleichung beschrieben:

$y = a \cdot q^x$

Anfangswert ↑ (a) Wachstumsfaktor ↖ (q)

↓ ↙

$f(x) = 10 \cdot 1{,}04^x$

Funktionsgleichung der Landwirtin Wilma:

	Bedeutung	**Erklärung (nicht verlangt)**
10	Anfangswert **oder** Masse zum Zeitpunkt null	Bevor das exponentielle Wachstum beginnt, beträgt die Masse des Ferkels 10 kg.
1,04	Wachstumsfaktor **oder** Zunahmefaktor **oder** nach jedem Zeitabstand nimmt die Masse um 4 % zu **oder** nach jedem Zeitabstand erhöht sich der Wert mit dem Faktor 1,04	Der Wachstumsfaktor q wird mithilfe der Wachstumsrate $p = 4\ \%$ berechnet: $q = 1 + p\ \%$ $q = 1 + 4\ \% = 1 + \frac{4}{100} = 1 + 0{,}04 = 1{,}04$
x	beschreibt die Anzahl der Wochen **oder** Zeit in Wochen **oder** steht für Anzahl der Zeiteinheiten **oder** unabhängige Variable, die den Wert für die Masse bestimmt	x ist der Exponent in der Exponentialfunktion. Durch Einsetzen einer Zahl wird der zugehörige y-Wert (Masse des Ferkels) eindeutig bestimmt.

c)

Skizze des Graphen	**passt**	**passt nicht**	**Begründung**	**Erklärung (nicht verlangt)**
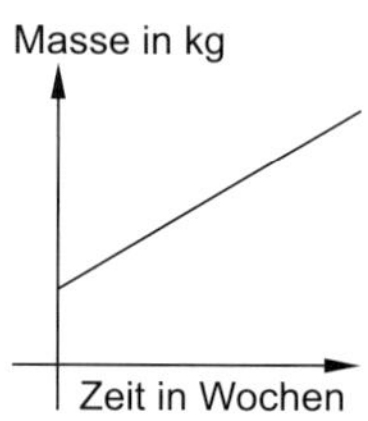	☐	☒	Es ist ein lineares Wachstum dargestellt. **oder** Der Graph gehört zu einer linearen Funktion.	Der Graph ist eine Gerade, die gleichmäßig ansteigt. Die Masse des Ferkels nimmt aber nicht gleichmäßig mit demselben kg-Wert zu.
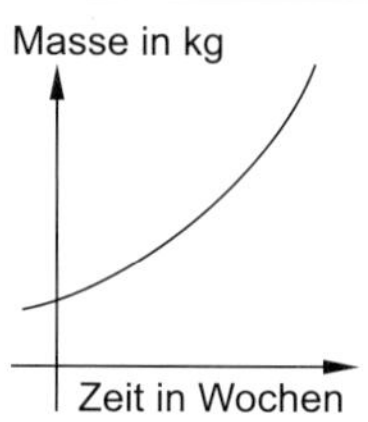	☒	☐	Es ist ein exponentielles Wachstum dargestellt und der Graph beginnt nicht im Nullpunkt.	So wie das Ferkel von Woche zu Woche mit immer größeren kg-Werten an Masse zunimmt, so wird der Graph nach anfangs schwächerem Anstieg immer „steiler". Da der Anfangswert bei $y = 10$ liegt, darf der Graph nicht durch den Nullpunkt gehen.
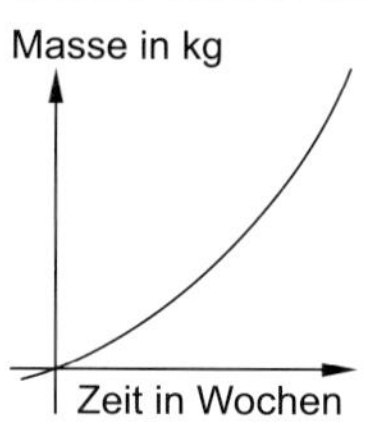	☐	☒	Es ist ein exponentielles Wachstum dargestellt, aber der Graph beginnt im Nullpunkt.	Der Graph zeigt exponentielles Wachstum, aber der Anfangswert ist 0 kg und nicht 10 kg.

Mittlerer Schulabschluss und erweiterte Berufsbildungsreife 2020

Aufgabe 1

a) *Überlegungen:*

- „4 von 10 Bäumen" entspricht $\frac{4}{10} = \frac{40}{100} = 40\ \%$.
- „Jeder 4. Baum" entspricht $\frac{1}{4} = \frac{25}{100} = 25\ \%$.
- „4 von 100 Bäumen" entspricht $\frac{4}{100} = 4\ \%$.

Es gilt:

☐ 4 von 10 Bäumen wachsen nicht an.

☐ Jeder 4. Baum wächst nicht an.

☒ 4 von 100 Bäumen wachsen nicht an.

b) Ein Punkt P(x | y) liegt dann auf der x-Achse, wenn die y-Koordinate null ist. Es gilt also P(x | 0).

oder

Lösung durch Einzeichnen der Punkte in ein Koordinatensystem:

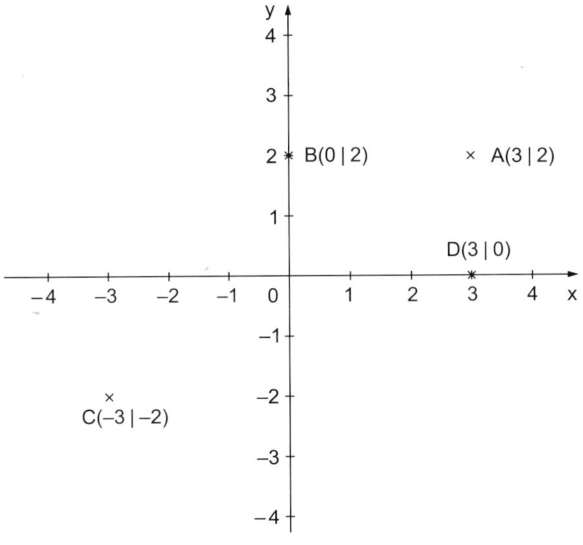

Es gilt:

☐ A(3|2) ☐ B(0|2) ☐ C(–3|–2) ☒ D(3|0)

c) Der Tangens eines Winkels wird im rechtwinkligen Dreieck durch das Seitenverhältnis von Gegenkathete und Ankathete bestimmt:

$\tan\alpha = \frac{\text{Gegenkathete}}{\text{Ankathete}}$

Vom Winkel α aus betrachtet ist die Seite r die Gegenkathete und die Seite s die Ankathete.

Damit gilt für das abgebildete Dreieck:

$\mathbf{\tan\alpha = \frac{r}{s}}$

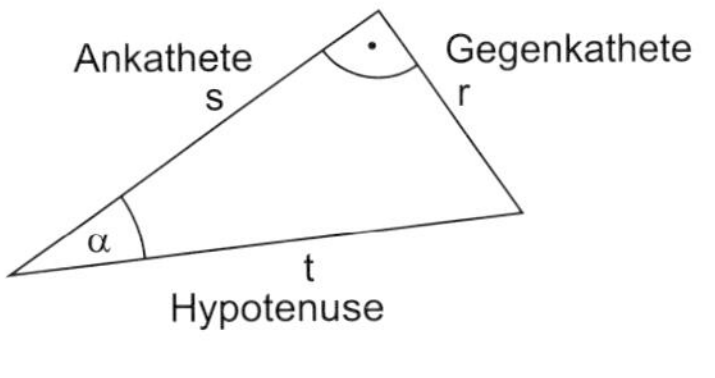

d) Für die Flächenberechnung eines Quadrates mit der Seitenlänge a gilt:
$A = a^2$
Gegeben: $A = 36\ \text{cm}^2$
Gesucht: a

$36 = a^2 \quad |\sqrt{\ }$
$a = 6$

Die Seitenlänge beträgt **6 cm**.

e) Lösen der vorgegebenen linearen Gleichung:

$2(x-4) = 6 \quad |$ Klammern auflösen
$2x - 8 = 6 \quad |+8$
$2x = 14 \quad |:2$
$x = \mathbf{7}$

oder

$2(x-4) = 6 \quad |:2$
$x - 4 = 3 \quad |+4$
$x = \mathbf{7}$

f) Lösung mithilfe des Zahlenstrahls:

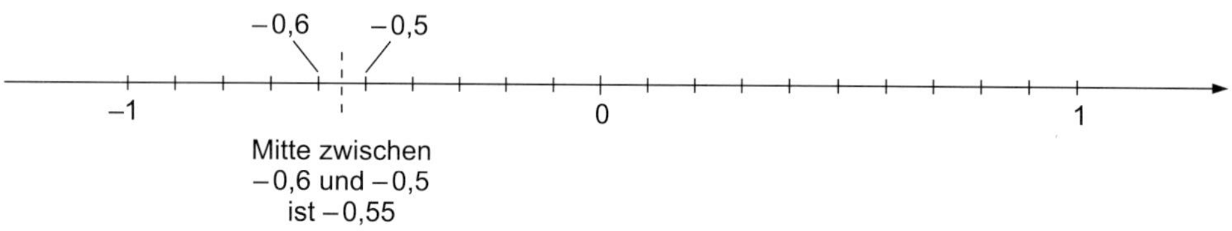

oder

Lösung mithilfe des Mittelwertes m:

$$\text{Mittelwert } m = \frac{\text{Summe der Zahlen}}{\text{Anzahl der Zahlen}}$$

$$m = \frac{-0{,}6 + (-0{,}5)}{2} = \frac{-1{,}1}{2} = -0{,}55$$

Die gesuchte Zahl ist **−0,55**.

g) Wenn zwei parallele Geraden von einer dritten Geraden geschnitten werden, entstehen gleich große Stufenwinkel (α). Der Winkel α und sein Gegenwinkel (auch Scheitelwinkel genannt) von 74° sind ebenfalls gleich groß.
$\alpha = \mathbf{74°}$

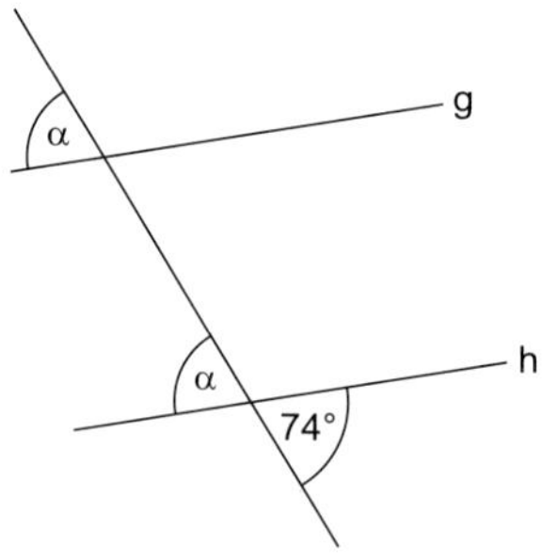

h) Es handelt sich hier um eine Potenz mit der Basis 2 und dem unbekannten Exponenten x. Eine Potenz ist die verkürzte Schreibweise einer Multiplikation. Man muss herausfinden, wie oft die Basis 2 mit sich selbst multipliziert wird, bis das Ergebnis 16 ist.
2-mal: $2 \cdot 2 = 2^2 = 4 \neq 16$
3-mal: $2 \cdot 2 \cdot 2 = 2^3 = 8 \neq 16$
4-mal: $2 \cdot 2 \cdot 2 \cdot 2 = 2^4 = 16$
$x = \mathbf{4}$

i) Damit ein Dreieck entstehen kann, muss jeweils die Summe der Längen zweier Seiten größer sein als die Länge der dritten Seite. Veranschaulicht:

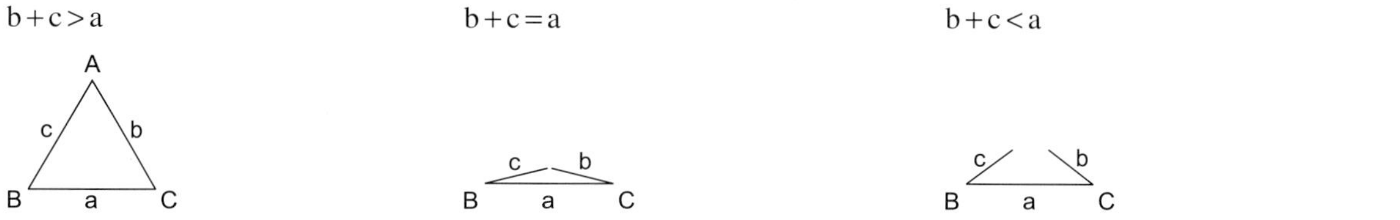

b und c berühren sich in einem Punkt A. — b und c können sich nur berühren, wenn sie auf a liegen. — b und c können sich nicht berühren.

Es gilt:

☒ $b + c > 10$ cm

☐ $b + c = 10$ cm

☐ $b + c < 10$ cm

j) Lösen der vorgegebenen Gleichung:

$$\sin 30° = \frac{7}{x} \quad |\cdot x$$

$$x \cdot \sin 30° = 7 \quad |:\sin 30°$$

$$x = \frac{7}{\sin 30°}$$

$$x = \frac{7}{0{,}5}$$

$$x = \mathbf{14}$$

Aufgabe 2

Vorüberlegungen zum Balkendiagramm:

- Die Besucherzahlen an den einzelnen Wochentagen sind durch die Längen der Balken dargestellt und werden an der x-Achse abgelesen.
- Auf der x-Achse liegen zwischen 0 und 50, 50 und 100 usw. jeweils 5 Teileinheiten. Somit ist der Wert an jeder senkrechten Gitterlinie immer um $50 : 5 = 10$ höher als der Wert an der senkrechten Gitterlinie links daneben.

a) Am Donnerstag betrug die Besucheranzahl 180. Deshalb hat der Balken eine Länge von 18 Einheiten bzw. ist so lang wie die Strecke auf der x-Achse von 0 bis 180. Die Höhe des Balkens entspricht der Höhe der sechs anderen Balken.

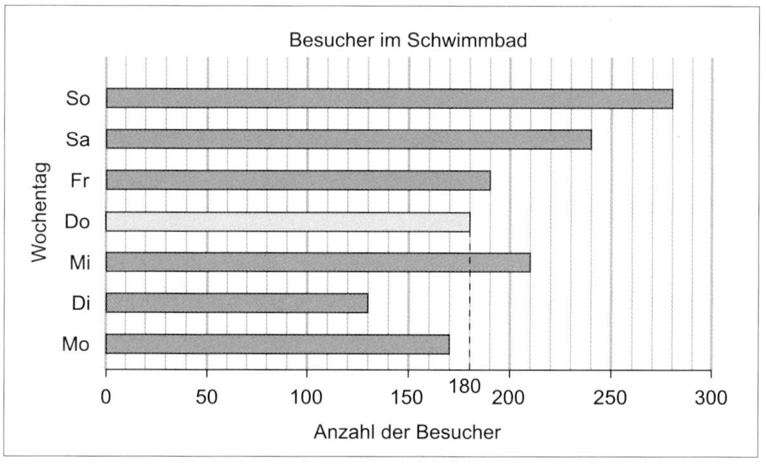

b) Lösung mithilfe des Diagramms:
Die Besucherzahl 190 wird durch eine Senkrechte zur x-Achse markiert. Alle Balken, die rechts über die Senkrechte hinausgehen, stehen für Besucherzahlen über 190.

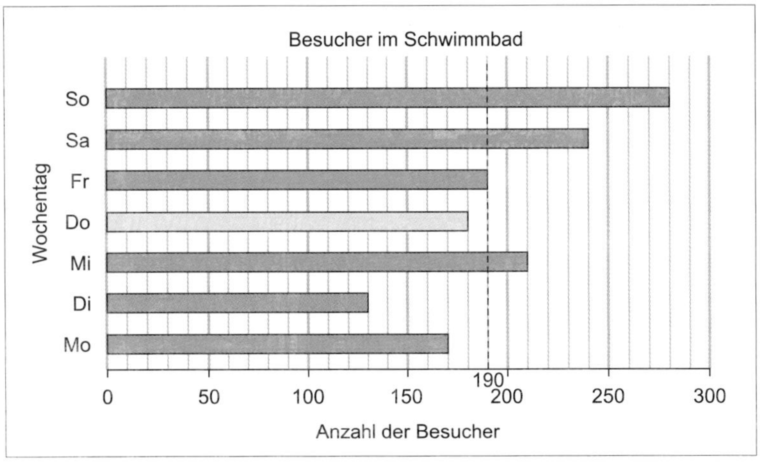

Am **Sonntag**, **Samstag** und **Mittwoch** waren mehr als 190 Besucher im Schwimmbad.

oder

Lösung mithilfe der absoluten Zahlen:
Aus dem Diagramm werden die einzelnen Besucherzahlen abgelesen und die Wochentage mit Besucherzahlen > 190 herausgesucht.

Wochentag	Sonntag	Samstag	Freitag	Donnerstag	Mittwoch	Dienstag	Montag
Besucher	**280**	**240**	190	180	**210**	130	170

Am **Sonntag**, **Samstag** und **Mittwoch** waren mehr als 190 Besucher im Schwimmbad.

c) Für die Berechnung des Durchschnittswertes werden die Besucherzahlen der einzelnen Wochentage benötigt (siehe Aufgabe b):

Wochentag	Sonntag	Samstag	Freitag	Donnerstag	Mittwoch	Dienstag	Montag
Besucher	280	240	190	180	210	130	170

Der Durchschnittswert d (= arithmetisches Mittel) einer Zahlenmenge ist die Summe aller Werte geteilt durch die Anzahl aller Werte.

$$d = \frac{x_1 + x_2 + \ldots + x_n}{n}$$

Berechnung mithilfe der Formel:

$$d = \frac{280 + 240 + 190 + 180 + 210 + 130 + 170}{7}$$

$$d = \frac{1\,400}{7}$$

$$d = 200$$

In der ersten Ferienwoche kamen durchschnittlich **200 Besucher** pro Tag ins Schwimmbad.

d)

Aussage	Hinweis	Nachweis
Die Spannweite der Besucherzahlen in der ersten Ferienwoche beträgt 150 Besucher.	Die Spannweite w ist die Differenz zwischen dem höchsten Datenwert (Maximum) und dem niedrigsten Datenwert (Minimum): $w = x_{max} - x_{min}$	Höchster Wert: 280 Besucher Niedrigster Wert: 130 Besucher $w = 280 - 130 = 150$
Am Sonntag kamen ein Drittel mehr Besucher als am Mittwoch.	Besucher am Sonntag (So): 280 Besucher am Mittwoch (Mi): 210 Ein Drittel von 210: $210 : 3 = 70$	Besucher Mi + ein Drittel der Besucher Mi = Besucher So $210 + 70 = 280$ **oder** Besucher So – Besucher Mi = ein Drittel der Besucher Mi $280 - 210 \overset{?}{=} 210 : 3$ $70 = 70$ **oder** Besucher Mi erhöht um ein Drittel = Besucher So $210 \cdot \frac{4}{3} \overset{?}{=} 280$ $280 = 280$

e) Tatsächliche Besucherzahl: 520
x: Anzahl der fehlenden Besucher für die gewünschten Einnahmen
Gewünschte Besucherzahl: $520 + x$
Preis für eine Karte: 12 €
Einnahmen bei $(520 + x)$ Besuchern: $(520 + x) \cdot 12$ € Gewünschte Einnahmen: 7 920 €
Gleichung: $\mathbf{(520 + x) \cdot 12 = 7\,920}$

Lösung mithilfe der Gleichung:

$$\begin{aligned} (520 + x) \cdot 12 &= 7\,920 && \mid \text{Klammern auflösen} \\ 6\,240 + 12x &= 7\,920 && \mid -6\,240 \\ 12x &= 1\,680 && \mid :12 \\ x &= 140 \end{aligned}$$

oder

Lösung über den Differenzbetrag:
Tatsächliche Einnahmen = Anzahl der Besucher · Preis für eine Karte
$520 \cdot 12$ € = 6 240 €
Gewünschte Einnahmen: 7 920 €

Differenz zwischen tatsächlichen und gewünschten Einnahmen:
7 920 € – 6 240 € = 1 680 €

Anzahl der Besucher, die bei 12 € Eintritt 1 680 € erbracht hätten:
$1\,680 : 12 = 140$

Es fehlten **140 Besucher**, um 7 920 € Einnahmen zu erzielen.

Aufgabe 3

a) Lösung durch Ablesen aus der Zeichnung:
Der Scheitelpunkt S einer nach oben geöffneten Parabel ist der tiefste Punkt der Parabel. Die Koordinaten des Scheitelpunkts S werden der Zeichnung entnommen: **S(−2 | −4)**

oder

Lösung mithilfe der Funktionsgleichung:
Die Scheitelpunktform einer Normalparabel lautet $y=(x+d)^2+e$ für den Scheitelpunkt $S(-d\,|\,e)$.
Da die Funktionsgleichung $y=(x+2)^2-4$ der Scheitelpunktform entspricht, gilt $d=2$ und $e=-4$ und somit für den Scheitelpunkt **S(−2 | −4)**.

b) Zeichnerische Lösung:
Durch Einzeichnen der Punkte in das vorhandene Koordinatensystem wird überprüft, welcher Punkt nicht auf dem Graphen liegt.

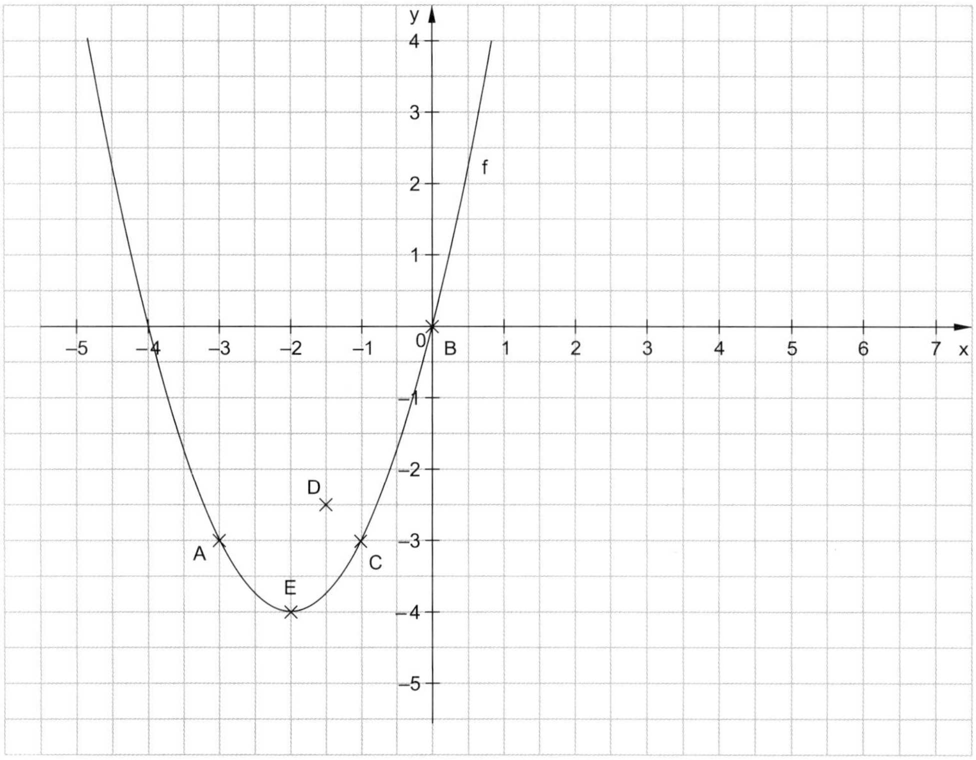

Der Punkt D liegt nicht auf dem Graphen von f.

oder

Rechnerische Lösung:
Durch Einsetzen der Koordinaten der jeweiligen Punkte in die Funktionsgleichung $y=(x+2)^2-4$ wird überprüft, ob sich eine wahre oder falsche Aussage ergibt:

Für A(−3 | −3):
$-3 \stackrel{?}{=} (-3+2)^2-4$
$-3 \stackrel{?}{=} 1-4$
$-3=-3$ (wahr) $\Rightarrow$ A liegt auf f.

Für B(0 | 0):
$0 \stackrel{?}{=} (0+2)^2-4$
$0 \stackrel{?}{=} 4-4$
$0=0$ (wahr) $\Rightarrow$ B liegt auf f.

Für C(−1 | −3):
$-3 \stackrel{?}{=} (-1+2)^2-4$
$-3 \stackrel{?}{=} 1-4$
$-3=-3$ (wahr) $\Rightarrow$ C liegt auf f.

Für D(−1,5 | −2,5):
$-2{,}5 \stackrel{?}{=} (-1{,}5+2)^2-4$
$-2{,}5 \stackrel{?}{=} 0{,}25-4$
$-2{,}5 \neq -3{,}75$ (falsch) $\Rightarrow$ D liegt nicht auf f.

Für E(−2 | −4):

$-4 \stackrel{?}{=} (-2+2)^2 - 4$

$-4 \stackrel{?}{=} 0 - 4$

$-4 = -4$ (wahr) $\Rightarrow$ E liegt auf f.

Der Punkt D liegt nicht auf dem Graphen von f.

Somit gilt:

☐ A(−3 | −3) ☐ B(0 | 0) ☐ C(−1 | −3) ☒ D(−1,5 | −2,5) ☐ E(−2 | −4)

c) Eine zeichnerische Lösung durch Ablesen mithilfe des vorhandenen Graphen ist nicht möglich, da der Punkt A(2 | y) außerhalb der Zeichnung liegt.

Rechnerische Lösung:
Zur Bestimmung der y-Koordinate wird die x-Koordinate x = 2 in die Funktionsgleichung $y = (x+2)^2 - 4$ eingesetzt:

$y = (2+2)^2 - 4$

$y = 4^2 - 4$

$y = \mathbf{12}$ $\qquad \Rightarrow$ A(2 | 12)

d) *Vorüberlegungen zur Spiegelung an der y-Achse:*

1. Der gespiegelte Graph p hat dieselbe Form wie der Originalgraph f, ist also wieder eine verschobene Normalparabel.
2. Jeder gespiegelte Punkt P' liegt auf der anderen Seite der y-Achse und hat denselben Abstand von der y-Achse wie der Originalpunkt P.
3. Beim Spiegeln an der y-Achse ändert sich bei jedem Spiegelpunkt nur das Vorzeichen der x-Koordinate:
   $P(x \mid y) \xrightarrow{\text{gespiegelt}} P'(-x \mid y)$

- Tipps zum Spiegeln des Graphen f:
  - Da der gespiegelte Graph p nur skizziert werden soll, reicht es aus, nur einige Punkte des Graphen f zu spiegeln, die anschließend zum Graph p verbunden werden können.
  - Die Schnittpunkte mit den Achsen (N_1, N_2) und der Scheitelpunkt S als besondere Punkte sollten gespiegelt werden, damit das Skizzieren des gespiegelten Graphen p einfacher wird.
  - Beim Spiegeln liegt die Mittellinie des Geodreiecks auf der Spiegelachse, also auf der y-Achse, der Abstand von P zur y-Achse und von P' zur y-Achse ist gleich.

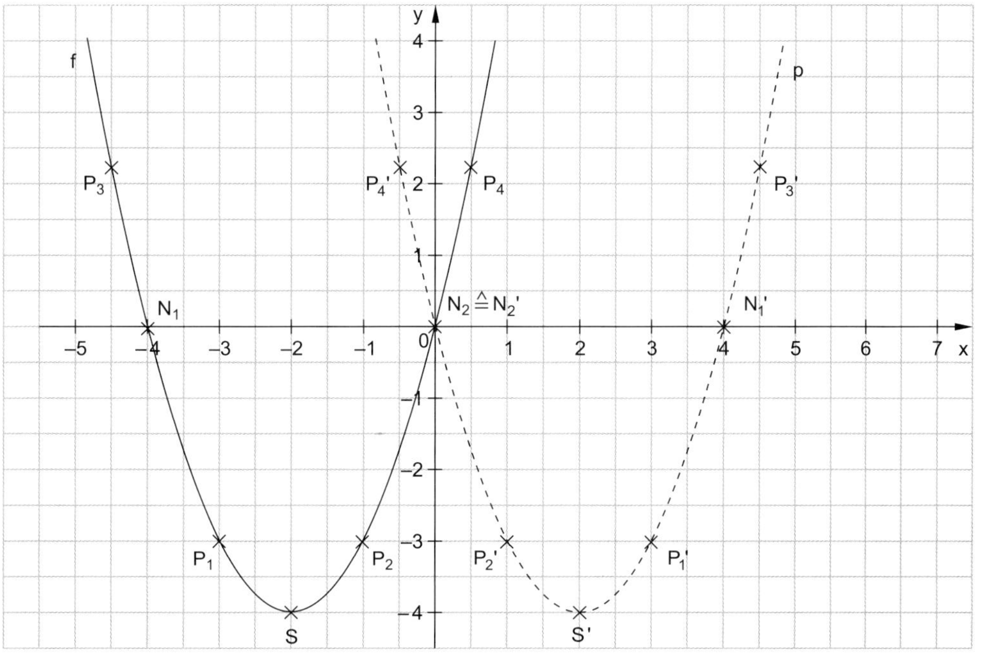

Hinweis: Es können auch andere Punkte als P_1, P_2, P_3 und P_4 zum Spiegeln ausgewählt werden.

- Lösung als Scheitelpunktform:
  Die Scheitelpunktform der verschobenen Normalparabel mit dem Scheitelpunkt $S(-d\,|\,e)$ lautet $y=(x+d)^2+e$. Zur Bestimmung der Scheitelpunktform werden die Koordinaten des gespiegelten Scheitelpunktes $S'(2\,|-4)$ eingesetzt.
  Für $S'(2\,|-4)$ gilt $d=-2$ und $e=-4$.
  Scheitelpunktform für p: $\mathbf{y=(x-2)^2-4}$ *

  oder

  Lösung über den Vorzeichenwechsel der x-Koordinaten:
  Beim Spiegeln an der y-Achse ändern sich die Vorzeichen der x-Koordinaten aller Punkte des Originalgraphen:
  $x \xrightarrow{\text{gespiegelt}} -x$
  Deshalb gilt: Originalgraph f: $y=(x+2)^2-4 \xrightarrow{\text{gespiegelt}}$ Spiegelgraph p: $\mathbf{y=(-x+2)^2-4}$ *

  oder

  Lösung über ein lineares Gleichungssystem:
  Allgemeine Form einer verschobenen Normalparabel p: $y=x^2+ax+b$
  Alle Punkte, die auf der Parabel liegen, erfüllen diese Gleichung. Auf dem Graphen p liegen zum Beispiel die Punkte $N_2'(0\,|\,0)$, $N_1'(4\,|\,0)$, $S'(2\,|-4)$ …

  Einsetzen der Koordinaten von N_2' in $y=x^2+ax+b$:
  I $\quad 0=0^2+a\cdot 0+b$
  $\quad b=0$

  Einsetzen der Koordinaten von N_1' in $y=x^2+ax+b$:
  II $\quad 0=4^2+4a+b \quad |$ einsetzen $b=0$
  $\quad 0=16+4a+0 \quad |-16$
  $\quad -16=4a \quad |:4$
  $\quad a=-4$

  $a=-4$ und $b=0$ werden eingesetzt in $y=x^2+ax+b$:
  $\Rightarrow$ Funktionsgleichung für p: $\mathbf{y=x^2-4x}$ *

  * *Hinweis:* Alle Ergebnisse sind gleichwertig, denn:
  $(x-2)^2-4=(-x+2)^2-4=x^2-4x$
  $\downarrow \qquad\qquad \downarrow$
  $x^2-4x+4-4 \qquad x^2-4x+4-4$
  $\downarrow \qquad\qquad \downarrow$
  $x^2-4x \qquad x^2-4x$

e) Nullstellen sind die x-Koordinaten der Schnittpunkte der Parabel mit der x-Achse. Da für jeden Schnittpunkt mit der x-Achse die y-Koordinate 0 wird, setzt man $y=0$:
$y=2x^2+8x+6 \Rightarrow 0=2x^2+8x+6$
Um mit der pq-Formel rechnen zu können, muss diese Gleichung zunächst in die Normalform umgeformt werden:
$2x^2+8x+6=0 \quad |:2$
$x^2+4x+3=0$ (Normalform: $p=4$, $q=3$)

$$x_{1/2}=-\frac{p}{2}\pm\sqrt{\left(\frac{p}{2}\right)^2-q}$$
$$x_{1/2}=-\frac{4}{2}\pm\sqrt{\left(\frac{4}{2}\right)^2-3}$$
$$x_{1/2}=-\frac{4}{2}\pm\sqrt{1}$$
$$x_1=-2+\sqrt{1}=-1$$
$$x_2=-2-\sqrt{1}=-3$$

Die Nullstellen dieser Funktion sind $\mathbf{x_1=-1}$ und $\mathbf{x_2=-3}$.

Aufgabe 4

a) *Wichtige Angaben im Text:*

- Der Wasserverbrauch 2019 beträgt **54 Tausend Liter pro Person**.
- Der Wasserverbrauch pro Person **steigt jährlich um 3 %**.

Ergänzen der fehlenden Werte in der Tabelle:
Der erste fehlende Wert für das Jahr 2019 wird direkt aus dem Text übernommen.
Der zweite fehlende Wert für das Jahr 2022 ist gegenüber dem Wert des Jahres 2021 um 3 % gestiegen und beträgt 103 % von 57,3 Tausend Liter.

Berechnung des Wertes für 2022 mithilfe der Prozentrechnung:

Lösung mit dem Dreisatz:

$$
\begin{aligned}
:100 \quad 100\,\% &\mathrel{\hat{=}} 57{,}3\ \text{Tsd.}\ \ell \quad :100\\
\cdot 103 \quad 1\,\% &\mathrel{\hat{=}} \frac{57{,}3}{100}\ \text{Tsd.}\ \ell \quad \cdot 103\\
103\,\% &\mathrel{\hat{=}} \frac{57{,}3\cdot 103}{100}\ \text{Tsd.}\ \ell\\
&\approx 59{,}02\ \text{Tsd.}\ \ell
\end{aligned}
$$

oder

Lösung über proportionale Zuordnung:

$$
\begin{aligned}
\frac{57{,}3}{100} &= \frac{x}{103} \quad |\cdot 103\\
x &= \frac{57{,}3\cdot 103}{100}\\
x &\approx 59{,}02
\end{aligned}
$$

Jahr	2019	2020	2021	2022
Jährlicher Wasserverbrauch pro Person in Tausend Litern	**54,0 ***	55,6	57,3	**59,0 ***

* *Hinweis:* Wie bei den anderen Werten in der Tabelle wird auf die erste Dezimalstelle gerundet.

b) *Vorüberlegungen zum Diagramm:*

- Das Diagramm zeigt die voraussichtliche Entwicklung des jährlichen Wasserverbrauchs pro Person ab dem Jahr 2019.
- Auf der y-Achse wird der Wasserverbrauch pro Person dargestellt, die Maßeinheit ist 1 000 Liter, die y-Achse ist mit einer Schrittweite von 5 eingeteilt, d. h., ein „Kästchen" steht für 5 000 Liter.
- Auf der x-Achse wird die Zeit ab 2019 dargestellt, die Einheit ist Jahre, die x-Achse ist mit einer Schrittweite von 2 eingeteilt, d. h., ein „Kästchen" steht für 2 Jahre und $x = 0$ entspricht dem Jahr 2019.
- Der Graph zeigt exponentielles Wachstum, der Anfangswert ist 54 Tausend Liter im Jahr 2019.

Verdopplung des Wasserverbrauchs pro Person:

Lösung durch Ablesen aus der Grafik:
Ab 2019 dauert es **ca. 23 Jahre**, bis sich der Wasserverbrauch verdoppelt.

Beschreibung des Vorgehens zur Findung der Lösung:

1. Das Ausgangsjahr sei 2019.
2. Den Wasserverbrauch 2019 durch Ablesen auf der y-Achse bzw. durch die Angabe im Text ermitteln: 54 Tausend Liter
3. Den Wert 54 verdoppeln: $54 \cdot 2 = 108$
4. Die x-Koordinate zu $y = 108$ in der Grafik ablesen:
   – Den Wert 108 auf der y-Achse markieren.
   – Von dieser Stelle aus eine Parallele zur x-Achse bis zum Graphen zeichnen.
   – Den Schnittpunkt mit dem Graphen markieren.
   – Von dieser Stelle aus eine Parallele zur y-Achse bis zur x-Achse zeichnen.
   – An der Schnittstelle auf der x-Achse den Wert ablesen: ca. 23,4
5. Den Wert 23,4 runden und die Lösung formulieren:
   Ab 2019 dauert es **ca. 23 Jahre**, bis sich der Wasserverbrauch verdoppelt.

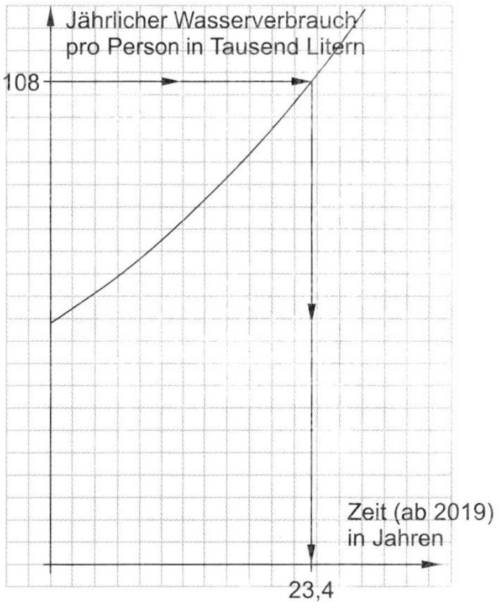

Hinweis:
Alle Werte zwischen 22 und 24 Jahren werden als Lösung akzeptiert.

c) Für beide Studien wird der Wasserbrauch (in Tausend Litern) im Jahr 2033 berechnet, dann werden die Werte verglichen.

Studie 1:
Vorhersage: Der Wasserverbrauch wird mithilfe folgender Gleichung bestimmt:
$y = 54 \cdot 1{,}03^x$ (x: Zeit in Jahren, y: Wasserverbrauch pro Person in Tausend Litern)

Berechnung der Anzahl der Jahre von 2019 bis 2033:
$2033 - 2019 = 14 \Rightarrow x = 14$

x = 14 einsetzen in die Gleichung:
$y = 54 \cdot 1{,}03^{14} \approx 81{,}7$

Ergebnis für Studie 1: Im Jahr 2033 beträgt der Wasserverbrauch etwa **81,7 Tausend Liter**.

Studie 2:
Vorhersage: Der Wasserverbrauch steigt von 2019 bis 2033 um 40 %.
Gegeben: Wasserverbrauch 2019: 54 Tausend Liter

Berechnung des Anstiegs des Wasserverbrauchs von 2019 bis 2033 mithilfe der Prozentrechnung:

Lösung mit dem Dreisatz:

$$:100 \quad 100\,\% \mathrel{\hat{=}} 54\text{ Tsd. }\ell \quad :100$$
$$\cdot 40 \quad 1\,\% \mathrel{\hat{=}} \frac{54}{100}\text{ Tsd. }\ell \quad \cdot 40$$
$$40\,\% \mathrel{\hat{=}} \frac{54 \cdot 40}{100}\text{ Tsd. }\ell = 21{,}6\text{ Tsd. }\ell$$

oder

Lösung über proportionale Zuordnung:

$$\frac{54}{100} = \frac{x}{40} \quad |\cdot 40$$
$$x = \frac{54 \cdot 40}{100}$$
$$x = 21{,}6$$

$\Rightarrow$ Damit steigt der Wasserverbrauch bis 2033 auf $54 + 21{,}6 = 75{,}6$ Tausend Liter.

Ergebnis für Studie 2: Im Jahr 2033 beträgt der Wasserverbrauch **75,6 Tausend Liter**.

Vergleich der beiden Studien:
$81{,}7 > 75{,}6 \Rightarrow$ Die beiden Studien sagen verschiedene Werte für den Wasserverbrauch pro Person im Jahr 2033 voraus.

Aufgabe 5

Vorüberlegungen:
Es handelt sich um ein „liegendes" Prisma mit trapezförmiger Grund- und Deckfläche. Die Körperhöhe zwischen Grund- und Deckfläche beträgt 12 cm. Die Seitenflächen bestehen aus vier unterschiedlichen Rechtecken.

a) In dem unvollständigen Netz der Schachtel fehlen zwei Flächen:
- die trapezförmige Wand in der Vorderansicht, die kongruent zur Rückwand ist
- die rechteckige rechte Seitenwand mit den Maßen 12 cm × 15 cm

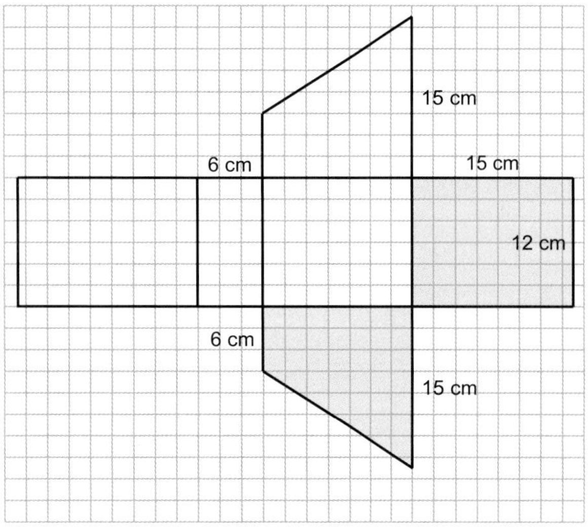

oder

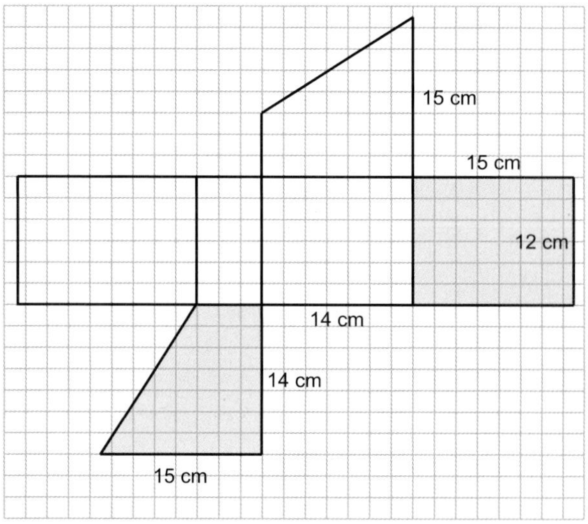

Anmerkungen: 1 „Kästchen" ≙ 2 cm; Es gibt noch weitere Lösungsmöglichkeiten.

b) Betrachtet wird das rechtwinklige Dreieck mit den Seitenlängen 14 cm und 9 cm.

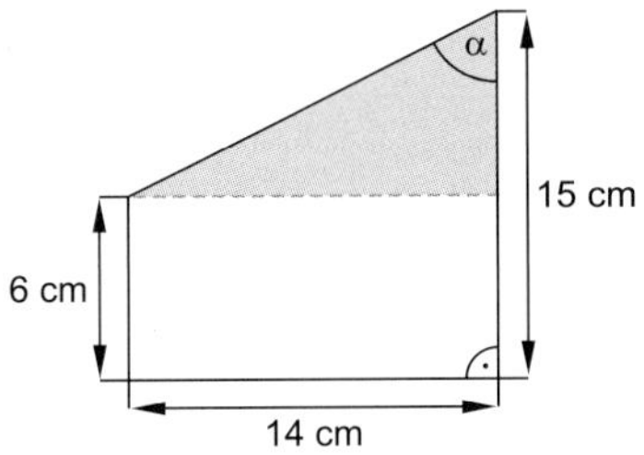

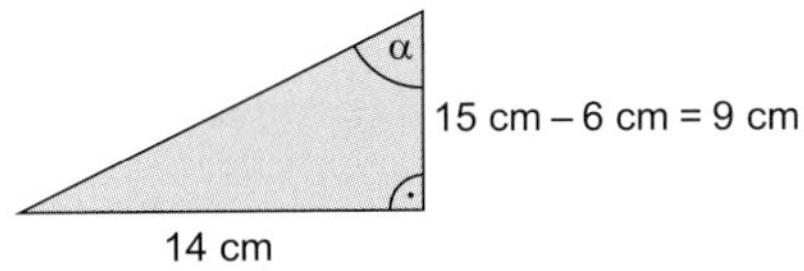

Vom Winkel α aus gesehen ist die Seite mit der Länge 14 cm die Gegenkathete und die Seite mit der Länge 9 cm die Ankathete.

Im rechtwinkligen Dreieck gilt:

$$\tan\alpha = \frac{\text{Gegenkathete}}{\text{Ankathete}}$$

$$\tan\alpha = \frac{14}{9}$$

$$\tan\alpha = 1{,}555\ldots$$

$$\alpha \approx \mathbf{57{,}26^\circ}$$

c) Es geht nicht um die Berechnung, wie oft das Volumen einer Schachtel in das Volumen der Kiste hineinpasst, sondern hier ist das räumliche Vorstellungsvermögen gefragt. Herauszufinden ist, wie viele Schachteln (Trapezsäulen mit vorgegebenen Maßen) maximal in die Kiste (Quader mit vorgegebenen Maßen) passen:

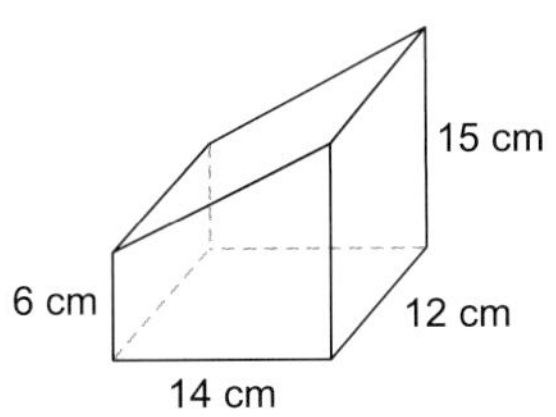

Schrägbild der Schachtel

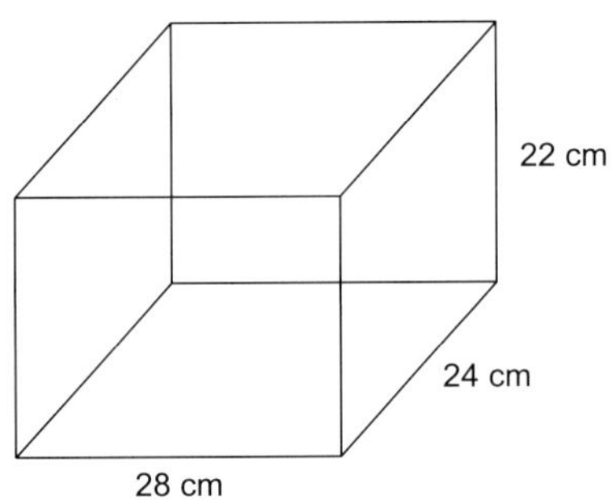

Schrägbild der Kiste

Beschreibung des Lösungsweges:
Die Kiste ist mit 28 cm doppelt so lang wie eine Schachtel, also passen in der Länge 2 Schachteln nebeneinander.
Die Kiste ist mit 24 cm doppelt so breit wie eine Schachtel, also passen in der Breite 2 Schachteln hintereinander.
Die Kiste ist 22 cm hoch. Werden die Schachteln umgedreht gestapelt, passen in der Höhe 2 Schachteln mit der Gesamthöhe 6 cm + 15 cm = 21 cm übereinander.
Es ergeben sich zwei Schichten mit je 4 Schachteln.

Insgesamt passen also **8 Schachteln** in die Kiste. **oder** Insgesamt passen also $2 \cdot 2 \cdot 2 = \mathbf{8}$ **Schachteln** in die Kiste.

Skizzen:

Schachteln in der Kiste, von vorne betrachtet:

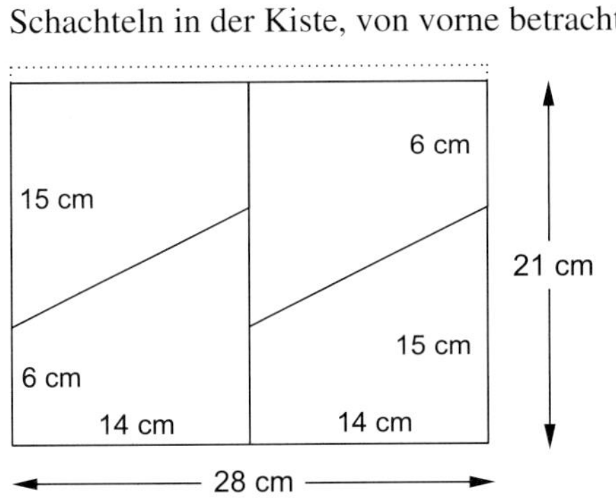

Schachteln in der Kiste, von oben betrachtet:

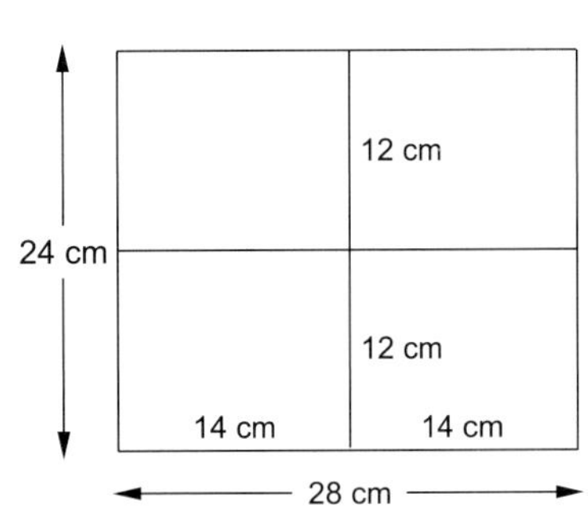

Aufgabe 6

Der Würfel wird zweimal nacheinander geworfen. Es handelt sich also um einen zweistufigen Zufallsversuch „mit Zurücklegen“. Zum besseren Verständnis sind im folgenden Diagramm alle 36 Augenpaare dargestellt:

1. Wurf / 2. Wurf	**1**	**2**	**3**	**4**	**5**	**6**
1	(1, 1)	(2, 1)	(3, 1)	(4, 1)	(5, 1)	(6, 1)
2	(1, 2)	(2, 2)	(3, 2)	(4, 2)	(5, 2)	(6, 2)
3	(1, 3)	(2, 3)	(3, 3)	(4, 3)	(5, 3)	(6, 3)
4	(1, 4)	(2, 4)	(3, 4)	(4, 4)	(5, 4)	(6, 4)
5	(1, 5)	(2, 5)	(3, 5)	(4, 5)	(5, 5)	(6, 5)
6	(1, 6)	(2, 6)	(3, 6)	(4, 6)	(5, 6)	(6, 6)

a) Ereignis E: „Augenzahl 2 im zweiten Wurf“
günstige Ergebnisse: **(1, 2)**; **(2, 2)**; **(3, 2)**; **(4, 2)**; **(5, 2)**; **(6, 2)**

Anzahl der für E günstigen Ergebnisse: 6
Anzahl aller möglichen Ergebnisse: 36

Berechnung der Wahrscheinlichkeit für das Ereignis E:

$$P(E) = \frac{\text{Anzahl der für E günstigen Ergebnisse}}{\text{Anzahl aller möglichen Ergebnisse}}$$

$$P(E) = \frac{6}{36}$$

$$P(E) = \frac{1}{6} \approx 0{,}1667 = 16{,}67\ \%$$

Die Wahrscheinlichkeit dafür, dass der zweite Wurf eine 2 zeigt, beträgt ca. **16,67 %**.

b) Zunächst werden die Einzelwahrscheinlichkeiten für die Behauptung von Max berechnet und danach miteinander verglichen.

Ereignis E_1: „zwei gleiche Augenzahlen“
günstige Ergebnisse: (1, 1); (2, 2); (3, 3); (4, 4); (5, 5); (6, 6)
Anzahl der für E_1 günstigen Ergebnisse: 6
Anzahl aller möglichen Ergebnisse: 36
Berechnung der Wahrscheinlichkeit für das Ereignis E_1:

$$P(E_1) = \frac{\text{Anzahl der für } E_1 \text{ günstigen Ergebnisse}}{\text{Anzahl aller möglichen Ergebnisse}}$$

$$P(E_1) = \frac{6}{36}$$

$$P(E_1) = \frac{1}{6} \approx 0{,}1667 = 16{,}67\ \%$$

Ereignis E_2: „Augenzahl 6 im ersten Wurf“
günstige Ergebnisse: (6, 1); (6, 2); (6, 3); (6, 4); (6, 5); (6, 6)

Anzahl der für E_2 günstigen Ergebnisse: 6
Anzahl aller möglichen Ergebnisse: 36

Berechnung der Wahrscheinlichkeit für das Ereignis E_2:

$$P(E_2) = \frac{\text{Anzahl der für } E_2 \text{ günstigen Ergebnisse}}{\text{Anzahl aller möglichen Ergebnisse}}$$

$$P(E_2) = \frac{6}{36}$$

$$P(E_2) = \frac{1}{6} \approx 0{,}1667 = 16{,}67\ \%$$

Die Wahrscheinlichkeit, zwei gleiche Augenzahlen zu würfeln, ist genauso groß wie die Wahrscheinlichkeit, zuerst eine 6 zu würfeln.

☐ Max hat recht ☒ Max hat nicht recht

c) Der Würfel wird dreimal hintereinander geworfen. Es handelt sich um einen dreistufigen Zufallsversuch „mit Zurücklegen". Für die Einzelwahrscheinlichkeiten gilt:
Augenzahl „6" mit der Wahrscheinlichkeit $\frac{1}{6}$ (eine von sechs Augenzahlen ist günstig) und
Augenzahl „keine 6" mit der Wahrscheinlichkeit $\frac{5}{6}$ (fünf von sechs Augenzahlen sind günstig)

Vervollständigtes Baumdiagramm:

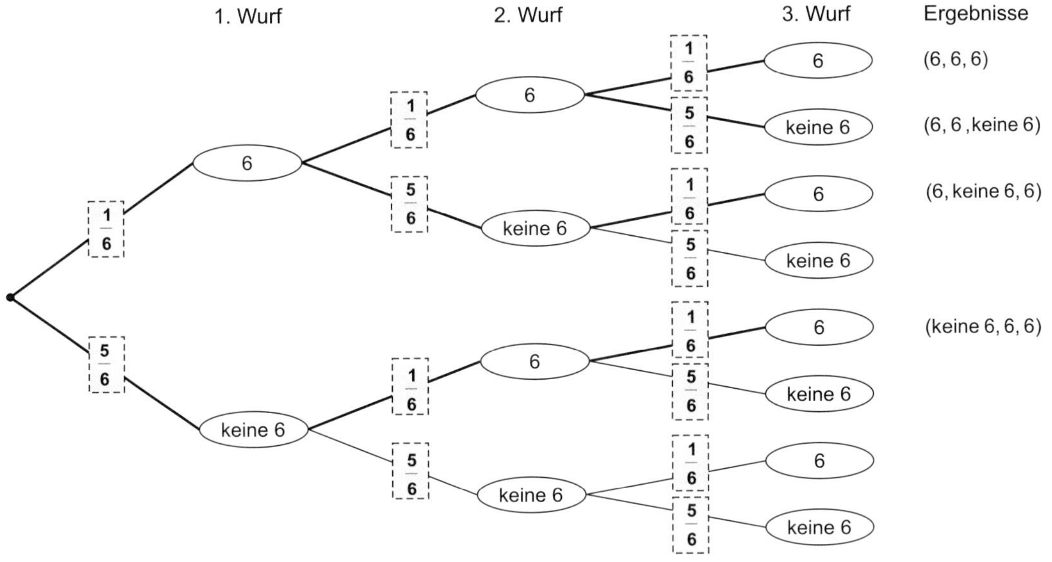

Lösung über das Baumdiagramm:

Das Ereignis „mindestens 2-mal eine 6" bedeutet, dass 2-mal oder 3-mal die 6 erscheinen muss. Die zugehörigen Pfade sind im Baumdiagramm fett markiert.

Berechnung der Wahrscheinlichkeit mithilfe der 1. und 2. Pfadregel:

P(„mindestens 2-mal 6") = P(6, 6, 6) + P(6, 6, keine 6) + P(6, keine 6, 6) + P(keine 6, 6, 6)

$$
\begin{aligned}
&= \frac{1}{6}\cdot\frac{1}{6}\cdot\frac{1}{6}+\frac{1}{6}\cdot\frac{1}{6}\cdot\frac{5}{6}+\frac{1}{6}\cdot\frac{5}{6}\cdot\frac{1}{6}+\frac{5}{6}\cdot\frac{1}{6}\cdot\frac{1}{6}\\
&= \frac{1}{216}+\frac{5}{216}+\frac{5}{216}+\frac{5}{216}\\
&= \frac{16}{216}\\
&\approx 0{,}074\\
&= 7{,}4\,\%
\end{aligned}
$$

oder

Lösung über gleiche Wahrscheinlichkeit (Laplace):
Wird ein Würfel 3-mal nacheinander geworfen, so können sich 216 verschiedene Augenkombinationen ergeben, die alle gleich wahrscheinlich sind.
Begründung:

6 Zahlen im 1. Wurf	kombiniert mit	6 Zahlen im 2. Wurf	kombiniert mit	6 Zahlen im 3. Wurf	
6	·	6	·	6	= 216

Ereignis E: „mindestens 2-mal 6"
günstige Ergebnisse: (6, 6, 6)
(6, 6, 1); (6, 6, 2); (6, 6, 3); (6, 6, 4); (6, 6, 5)
(6, 1, 6); (6, 2, 6); (6, 3, 6); (6, 4, 6); (6, 5, 6)
(1, 6, 6); (2, 6, 6); (3, 6, 6); (4, 6, 6); (5, 6, 6)
Anzahl der für E günstigen Ergebnisse: 16
Anzahl aller möglichen Ergebnisse: 216

Berechnung der Wahrscheinlichkeit für das Ereignis E:

$$P(E) = \frac{\text{Anzahl der für E günstigen Ergebnisse}}{\text{Anzahl aller möglichen Ergebnisse}}$$

$$P(E) = \frac{16}{216}$$

$$P(E) \approx 0{,}074 = 7{,}4\ \%$$

Die Wahrscheinlichkeit, dass Max die Kinokarten bezahlt, beträgt **7,4 %**.

Aufgabe 7

a) Berechnung der Länge der Strecke $\overline{AB}$ im rechtwinkligen Dreieck ABC mithilfe des Satzes des Pythagoras:

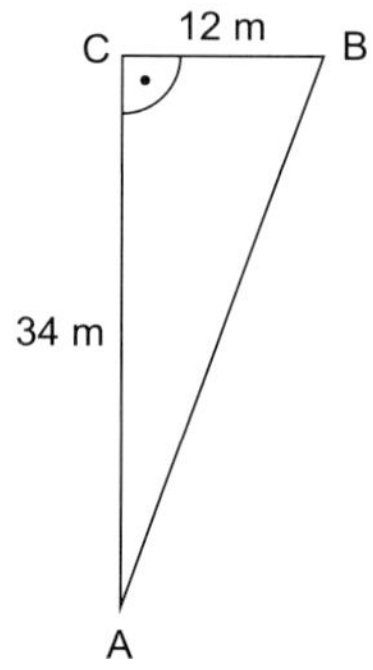

$$\overline{BC}^2 + \overline{CA}^2 = \overline{AB}^2$$

$$12^2 + 34^2 = \overline{AB}^2$$

$$144 + 1156 = \overline{AB}^2$$

$$\overline{AB}^2 = 1\,300 \qquad |\sqrt{\ }$$

$$\overline{AB} = \sqrt{1\,300} \approx 36{,}06$$

Die Strecke $\overline{AB}$ hat eine Länge von ca. **36,06 m**.

b) Betrachtet wird das Dreieck QBC:

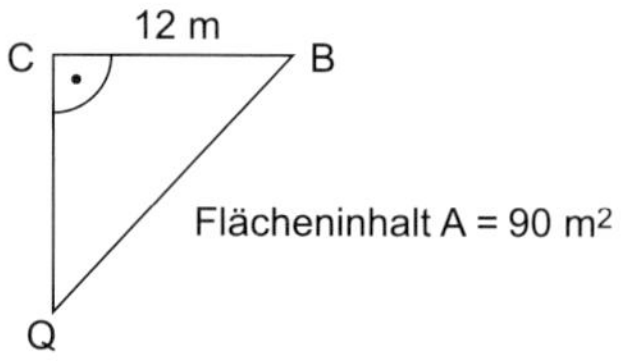

Für die Flächenberechnung im allgemeinen Dreieck gilt die Formel $A = \frac{\text{Grundseite} \cdot \text{Höhe}}{2} = \frac{g \cdot h}{2}$.

Im rechtwinkligen Dreieck bilden die beiden Katheten a und b den rechten Winkel und entsprechen somit der Grundseite mit der zugehörigen Höhe, deshalb gilt im rechtwinkligen Dreieck:

$$A = \frac{a \cdot b}{2}$$

Gegeben: $\overline{BC} = 12\ \text{m}$
$A = 90\ \text{m}^2$

Gesucht: $\overline{CQ}$

Es gilt: $A = \frac{\overline{BC} \cdot \overline{CQ}}{2}$

$$90 = \frac{12 \cdot \overline{CQ}}{2} \qquad |\cdot 2$$

$$180 = 12 \cdot \overline{CQ} \qquad |:12$$

$$\overline{CQ} = 15$$

Die Strecke $\overline{CQ}$ hat eine Länge von **15 m**.

c) Bei dem Dreieck DEF handelt es sich um ein allgemeines Dreieck mit den in der Skizze angegebenen Maßen:

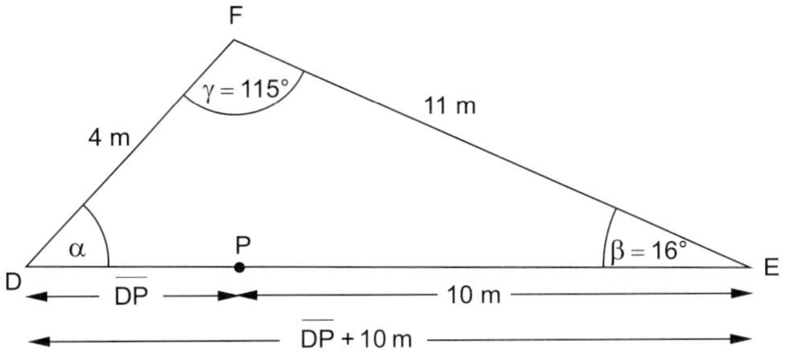

Es gilt der Sinussatz: $\frac{a}{\sin\alpha} = \frac{b}{\sin\beta} = \frac{c}{\sin\gamma}$

Berechnung der Länge der Strecke $\overline{DE}$ im allgemeinen Dreieck DEF mithilfe des Sinussatzes:

$$\frac{\overline{DE}}{\sin\gamma} = \frac{\overline{FD}}{\sin\beta}$$

Gegeben: $\overline{DE} = \overline{DP} + 10\text{ m}$
$\overline{FD} = 4\text{ m}$
$\beta = 16°$
$\gamma = 115°$

Gesucht: $\overline{DP}$

$$\frac{\overline{DP}+10}{\sin 115°} = \frac{4}{\sin 16°} \quad |\cdot \sin 115°$$

$$\overline{DP}+10 = \frac{4\cdot\sin 115°}{\sin 16°}$$

$$\overline{DP}+10 \approx 13{,}15 \quad |-10$$

$$\overline{DP} \approx 3{,}15$$

oder

$$\frac{\overline{DE}}{\sin 115°} = \frac{4}{\sin 16°} \quad |\cdot \sin 115°$$

$$\overline{DE} = \frac{4\cdot\sin 115°}{\sin 16°}$$

$$\overline{DE} \approx 13{,}15$$

$$\overline{DE} = \overline{DP}+10$$

$$13{,}15 \approx \overline{DP}+10 \quad |-10$$

$$\overline{DP} \approx 3{,}15$$

Die Länge der Strecke $\overline{DP}$ beträgt etwa **3,15 m**.

Mittlerer Schulabschluss und erweiterte Berufsbildungsreife 2021

Aufgabe 1

a) Eine Stunde hat 60 Minuten.

	Abfahrtszeit	11:38
+	Dauer der Zugfahrt	+ 2:35
=	Ankunftszeit	= 13:**73**

13:**73** ⟶ 73 Minuten ≙ 1 Std. und 13 Minuten

Die Ankunftszeit ist also **14:13 Uhr**.

b) Das Rechteck ist in 8 gleich große Teile zerlegt worden:

$1\text{ Teil} \triangleq \frac{1}{8}$

$3\text{ Teile} \triangleq \frac{3}{8}$

Es müssen 3 Teile grau markiert werden (egal welche).

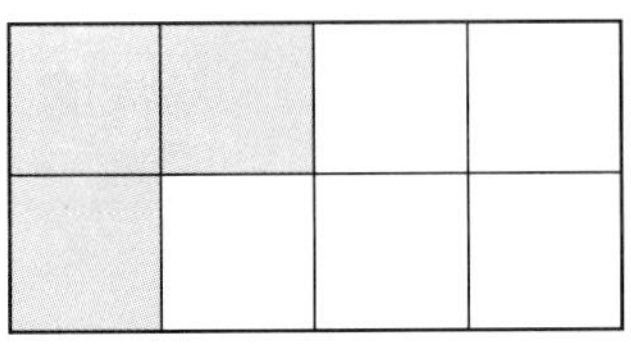

oder Das Rechteck ist in 8 gleich große Teile zerlegt worden. $\frac{3}{8}$ bedeutet „3 von 8“, deshalb müssen 3 von 8 Teilen grau markiert werden. Welche 3 Teile markiert werden, ist egal.

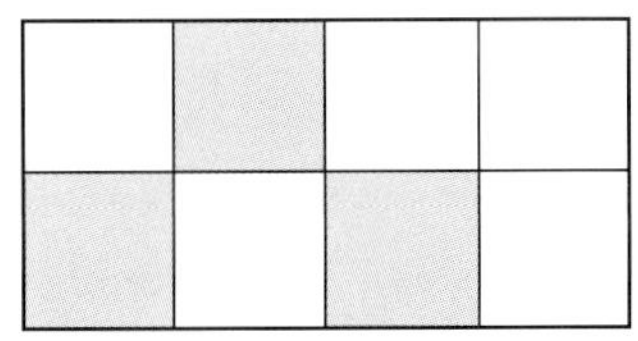

c) Lösung durch Kopfrechnen:
10 % von 550 € sind 55 €.
20 % von 550 € sind das Doppelte von 10 %, also auch das Doppelte von 55 €.
Die Lösung ist 110 €.

oder Lösung mit dem Dreisatz:

$$:100 \left(100\,\% \triangleq 550\,€ \right) :100$$
$$\cdot 20 \left(1\,\% \triangleq \frac{550}{100}\,€ \right) \cdot 20$$
$$20\,\% \triangleq 110\,€$$

oder Lösung über proportionale Zuordnung:

$$\frac{x}{20} = \frac{550}{100} \quad | \cdot 20$$
$$x = \frac{20 \cdot 550}{100}$$
$$x = 110$$

Somit gilt:

☐ 100 € ☐ 440 € ☒ 110 € ☐ 660 €

d) Der Scheitelpunkt S einer nach oben geöffneten Parabel ist der tiefste Punkt der Parabel.

☐ S(−1 | −2)
☐ S(−1 | 2)
☒ S(−2 | −1)
☐ S(2 | −1)

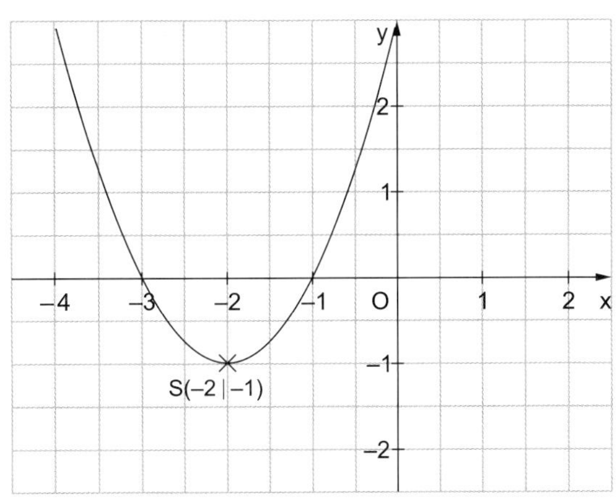

e) Die Satzteile werden der Reihe nach in eine Gleichung übersetzt:

$\underbrace{\text{Das Fünffache einer Zahl}}_{5x}\ \underbrace{\text{vermindert um 4}}_{-4}\ \underbrace{\text{ist gleich 36.}}_{=36}$

Somit gilt:

☐ $5x = -4 + 36$ ☐ $5 - 4x = 36$ ☒ $5x - 4 = 36$ ☐ $36 - 4 = 5x$

f) Der Durchschnitt (oder das arithmetische Mittel) m einer Datenreihe ist die Summe aller Werte dividiert durch die Anzahl aller Werte.

$$m = \frac{\text{Summe aller Werte}}{\text{Anzahl aller Werte}} = \frac{x_1 + x_2 + x_3 + \ldots + x_n}{n}$$

Berechnung der durchschnittlichen Weite:

$$m = \frac{4{,}08 + 3{,}88 + 3{,}92 + 4{,}12}{4} = \frac{16}{4} = 4$$

Die durchschnittliche Weite beträgt **4 m**.

g) Für die Variable a wird der Wert 8, für die Variable b der Wert –1 und für die Variable c der Wert –2 eingesetzt und das Ergebnis bestimmt. Dabei ist auf das Vorzeichen zu achten:

$$\frac{a+b}{c} = \frac{8+(-1)}{-2} = \frac{8-1}{-2} = \frac{7}{-2} = -\frac{7}{2} = \mathbf{-3{,}5}$$

h) Es handelt sich um ein rechtwinkliges Dreieck mit z als Hypotenuse.
Nach dem Satz von Pythagoras gilt:

$$z^2 = x^2 + y^2 \quad |\sqrt{}$$

$$z = \sqrt{x^2 + y^2}$$

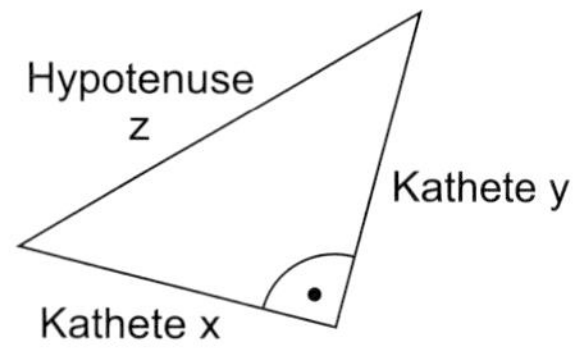

Somit gilt:

☐ $z = \sqrt{x^2 - y^2}$ ☒ $z = \sqrt{x^2 + y^2}$ ☐ $z = \sqrt{y^2 - x^2}$ ☐ $z = y^2 + x^2$

i) Es handelt sich um ein allgemeines Viereck. Die Winkelsumme im Viereck beträgt 360°. Damit gilt:

$$\alpha + \beta + \gamma + \delta = 360°$$

Einsetzen der gegebenen Winkelgrößen:

$$\alpha + 140° + 130° + 50° = 360°$$
$$\alpha + 320° = 360° \quad |-320°$$
$$\alpha = \mathbf{40°}$$

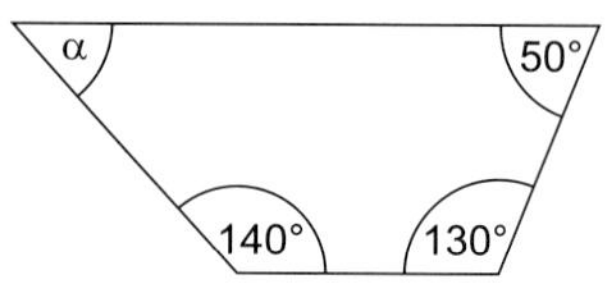

j) Eine Symmetrieachse (Spiegelachse) teilt eine Figur in zwei deckungsgleiche Hälften. Faltet man die Figur an einer Symmetrieachse, so liegen beide Hälften der Figur genau deckungsgleich aufeinander.

Die Symmetrieachsen im Quadrat sind sowohl die beiden Diagonalen als auch die beiden Mittelsenkrechten.

Somit gilt:

☐	☐	☐	☐	☒	☐
0	1	2	3	4	5

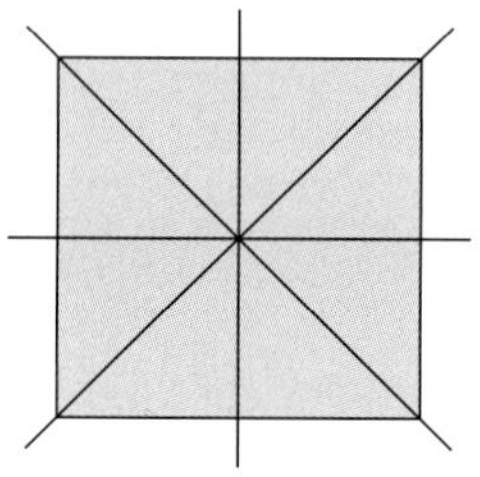

Aufgabe 2

a) Zeichnen der Geraden mithilfe des y-Achsenabschnitts und des Steigungsdreiecks:

$y = 3x + 1$

Steigung $m = 3$; y-Achsenabschnitt $n = 1$

- Den y-Achsenabschnitt $n = 1$ auf der y-Achse markieren.
- Von diesem Punkt aus das Steigungsdreieck einzeichnen, was für $m = 3 = \frac{3}{1}$ bedeutet: „1 LE nach rechts, 3 LE nach oben." Den Punkt markieren.
- Beide Punkte durch eine Gerade verbinden.

oder

Zeichnen der Geraden mit 2 Punkten:

- Zwei Wertepaare bestimmen, z. B.:

für $x = -1$:
$y = 3 \cdot (-1) + 1$
$y = -3 + 1$
$y = -2$

für $x = 1$:
$y = 3 \cdot 1 + 1$
$y = 3 + 1$
$y = 4$

Wertepaare in einer Tabelle:

x	–1	1
y	–2	4

- Die Punkte (–1 | –2) und (1 | 4) einzeichnen und durch eine Gerade verbinden.

Zeichnung:

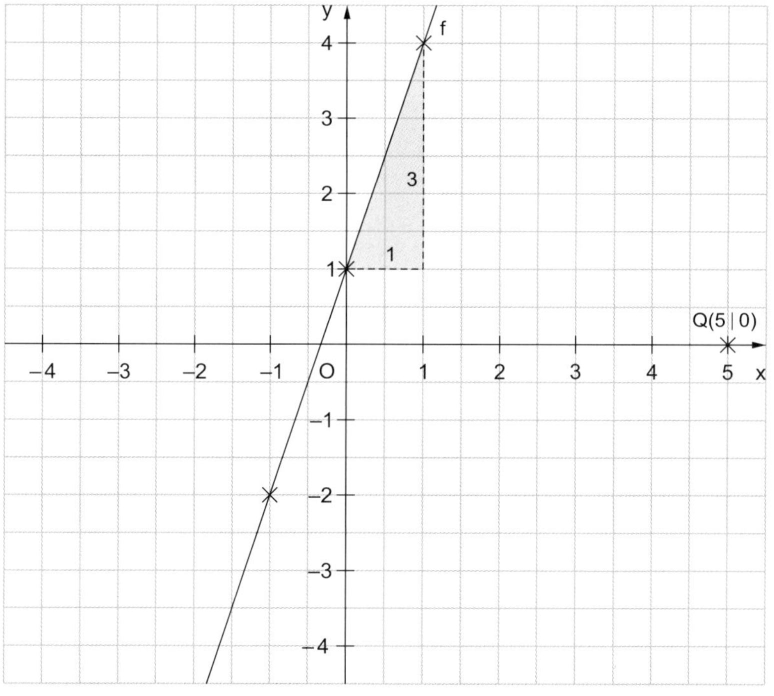

b) Angekreuzte Tabelle:

Aussage	
(1) Der Punkt Q(5 | 0) liegt auf dem Graphen der Funktion f.	☐
(2) Der Graph der Funktion f ist monoton steigend.	☒
(3) Der Graph der Funktion f schneidet die y-Achse im Punkt P(0 | 1).	☒
(4) Der Graph der Funktion f verläuft durch den Koordinatenursprung.	☐

Begründungen (nicht verlangt):

- Aussage (1) ist falsch.

Zeichnerische Begründung:
Da Q(5 | 0) bei $x = 5$ auf der x-Achse liegt, liegt der Punkt Q außerhalb des Graphen (vgl. Zeichnung bei Teilaufgabe a). Somit ist Aussage (1) falsch.

oder

Rechnerische Begründung:
Die Koordinaten von Q(5 | 0) werden in die Funktionsgleichung $y = 3x + 1$ eingesetzt und es wird überprüft, ob sich eine wahre oder eine falsche Aussage ergibt:

$0 \overset{?}{=} 3 \cdot 5 + 1$

$0 \neq 16$ (f), also liegt Q nicht auf dem Graphen von f.

- Aussage (2) ist richtig.
  Begründung:
  Der Graph einer linearen Funktion $y = mx + n$ ist eine Gerade, m gibt Auskunft über die Steigung. Ist $m > 0$, so erhält man eine steigende Gerade. Da $m = 3$ ist, handelt es sich um eine steigende Gerade. Die Aussage ist richtig.
  Anmerkung: Ein *monoton steigender* Graph kann horizontal oder steigend verlaufen, aber nie fallend.

- Aussage (3) ist richtig.
  Begründung:
  Der Graph einer linearen Funktion $y = mx + n$ ist eine Gerade, n gibt Auskunft über den y-Achsenabschnitt (= Schnittstelle mit der y-Achse). Da $n = 1$ ist, schneidet die Gerade die y-Achse im Punkt $(0 \mid 1)$. Die Aussage ist richtig.
  oder
  Der Zeichnung (siehe Teilaufgabe a) kann man entnehmen, dass die Gerade die y-Achse im Punkt $(0 \mid 1)$ schneidet. Die Aussage ist richtig.

- Aussage (4) ist falsch.
  Begründung:
  Der Graph einer linearen Funktion $y = mx + n$ ist eine Gerade, n gibt Auskunft über den y-Achsenabschnitt (= Schnittstelle mit der y-Achse). Da $n = 1$ ist, schneidet die Gerade die y-Achse im Punkt $(0 \mid 1)$ und nicht im Koordinatenursprung $(0 \mid 0)$. Die Aussage ist falsch.
  oder
  Der Zeichnung (siehe Teilaufgabe a) kann man entnehmen, dass die Gerade die y-Achse im Punkt $(0 \mid 1)$ und nicht im Koordinatenursprung $(0 \mid 0)$ schneidet. Die Aussage ist falsch.

c) Berechnung der Schnittpunkte der Graphen mit den Funktionsgleichungen $y = x^2 + 2x - 1$ und $y = 3x + 1$:
Um die Schnittpunkte zu ermitteln, werden die beiden Funktionsterme gleichgesetzt.

Berechnung der x-Koordinaten mithilfe der p-q-Formel:

$x^2 + 2x - 1 = 3x + 1 \quad | -3x - 1$ (Gleichung null setzen)
$x^2 - 1x - 2 = 0$ (Normalform: $p = -1$; $q = -2$)

p-q-Formel:

$$x_{1/2} = -\frac{p}{2} \pm \sqrt{\left(\frac{p}{2}\right)^2 - q}$$

Einsetzen in die p-q-Formel:

$$x_{1/2} = -\frac{-1}{2} \pm \sqrt{\left(\frac{-1}{2}\right)^2 - (-2)}$$

$$x_{1/2} = \frac{1}{2} \pm \sqrt{\frac{1}{4} + 2}$$

$$x_{1/2} = \frac{1}{2} \pm \sqrt{2,25}$$

$$x_{1/2} = \frac{1}{2} \pm 1,5$$

$$x_1 = \frac{1}{2} + 1,5 = 2 \quad \text{und} \quad x_2 = \frac{1}{2} - 1,5 = -1$$

Zur Berechnung der y-Koordinaten werden $x_1 = 2$ und $x_2 = -1$ nacheinander in eine der beiden Funktionsgleichungen eingesetzt.

Berechnung der y-Koordinate für $x_1 = 2$:
Einsetzen in die Funktionsgleichung $y = 3x + 1$ liefert:
$y_1 = 3 \cdot 2 + 1$
$y_1 = 7$

Berechnung der y-Koordinate für $x_2 = -1$:
Einsetzen in die Funktionsgleichung $y = 3x + 1$ liefert:
$y_2 = 3 \cdot (-1) + 1$
$y_2 = -2$

Die beiden Graphen schneiden sich in den Punkten $S_1(2 \mid 7)$ und $S_2(-1 \mid -2)$.

Aufgabe 3

a) Betrachtet wird das rechtwinklige Dreieck ABD.

Berechnung von $\overline{AB}$ mithilfe des Sinus:

$$\sin 55° = \frac{\text{Gegenkathete}}{\text{Hypotenuse}}$$

$$\sin 55° = \frac{\overline{AB}}{1\,500} \quad |\cdot 1\,500$$

$$\overline{AB} = 1\,500 \cdot \sin 55°$$

$$\overline{AB} = 1\,228{,}728\ldots$$

$$\overline{AB} \approx 1\,229$$

Die Länge der Strecke $\overline{AB}$ beträgt ca. **1 229 m**.

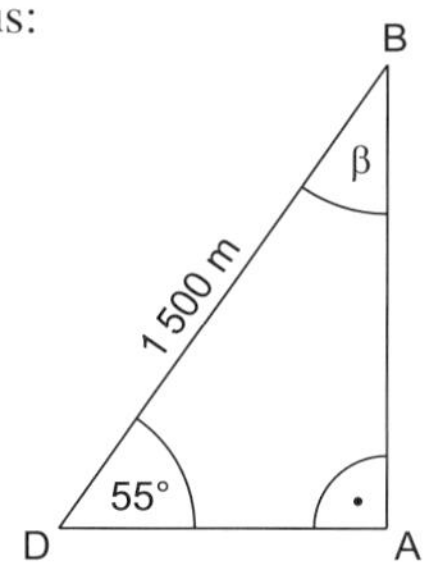

oder

Berechnung von $\overline{AB}$ mithilfe des Kosinus:
Zunächst Bestimmung von β im Dreieck ABD:
Die Winkelsumme im Dreieck beträgt 180°.
Damit gilt:

$$90° + \beta + 55° = 180°$$

$$\beta + 145° = 180° \quad |-145°$$

$$\beta = 35°$$

Es gilt:

$$\cos\beta = \frac{\text{Ankathete}}{\text{Hypotenuse}}$$

$$\cos 35° = \frac{\overline{AB}}{1\,500} \quad |\cdot 1\,500$$

$$\overline{AB} = 1\,500 \cdot \cos 35°$$

$$\overline{AB} = 1\,228{,}728\ldots$$

$$\overline{AB} \approx 1\,229$$

Die Länge der Strecke $\overline{AB}$ beträgt ca. **1 229 m**.

b) Betrachtet wird das rechtwinklige Dreieck ABD.

Berechnung von $\overline{AD}$ mithilfe der trigonometrischen Funktionen:

Berechnung von $\overline{AD}$ mithilfe des Kosinus:

$$\cos 55° = \frac{\text{Ankathete}}{\text{Hypotenuse}}$$

$$\cos 55° = \frac{\overline{AD}}{1\,500} \quad |\cdot 1\,500$$

$$\overline{AD} = 1\,500 \cdot \cos 55°$$

$$\overline{AD} = 860{,}364\ldots$$

$$\overline{AD} \approx 860{,}36$$

Die Länge der Strecke $\overline{AD}$ beträgt ca. **860,36 m**.

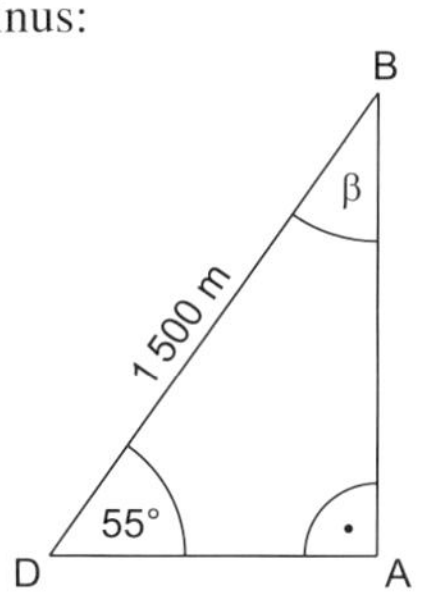

oder

Berechnung von $\overline{AD}$ mithilfe des Sinus:
Zunächst Bestimmung von β im Dreieck ABD über die Winkelsumme im Dreieck (vgl. Teilaufgabe a):
$\beta = 180° - 90° - 55° = 35°$
Es gilt:

$$\sin\beta = \frac{\text{Gegenkathete}}{\text{Hypotenuse}}$$

$$\sin 35° = \frac{\overline{AD}}{1\,500} \quad |\cdot 1\,500$$

$$\overline{AD} = 1\,500 \cdot \sin 35°$$

$$\overline{AD} = 860{,}364\ldots$$

$$\overline{AD} \approx 860{,}36$$

Die Länge der Strecke $\overline{AD}$ beträgt ca. **860,36 m**.

oder

Berechnung von $\overline{AD}$ mithilfe des Satzes von Pythagoras:
Es gilt: $\overline{AB} = 1\,229$ m (Wert ist vorgegeben in Teilaufgabe 3 a)

Satz von Pythagoras:

$$\overline{AD}^2 + \overline{AB}^2 = \overline{BD}^2$$

$$\overline{AD}^2 + 1\,229^2 = 1\,500^2$$

$$\overline{AD}^2 + 1\,510\,441 = 2\,250\,000 \quad |-1\,510\,441$$

$$\overline{AD}^2 = 739\,559 \quad |\sqrt{}$$

$$\overline{AD} = 859{,}976\ldots$$

$$\overline{AD} \approx 859{,}98$$

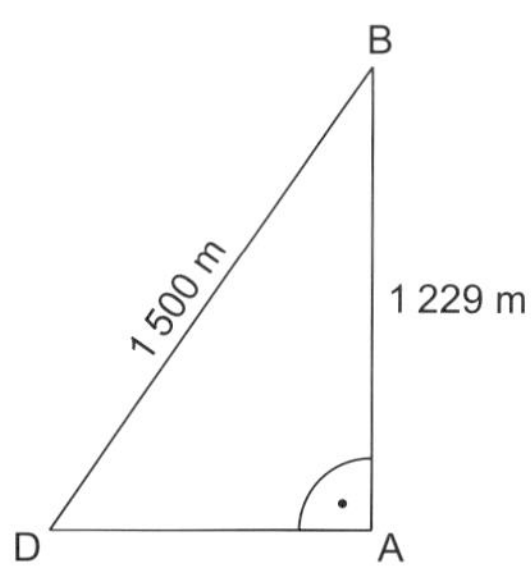

Die Länge der Strecke $\overline{AD}$ beträgt ca. **859,98 m**.

Hinweis: Die unterschiedlichen Ergebnisse sind Folge des Rechnens mit dem gerundeten Wert für $\overline{AB}$.

c) Zunächst Berechnung des Winkels γ im Viereck ABCD:
Die Winkelsumme im Viereck beträgt 360°.
Damit gilt:

$$
\begin{aligned}
90° + 109° + \gamma + (60° + 55°) &= 360° \\
90° + 109° + \gamma + 115° &= 360° \\
\gamma + 314° &= 360° \quad |-314° \\
\gamma &= 46°
\end{aligned}
$$

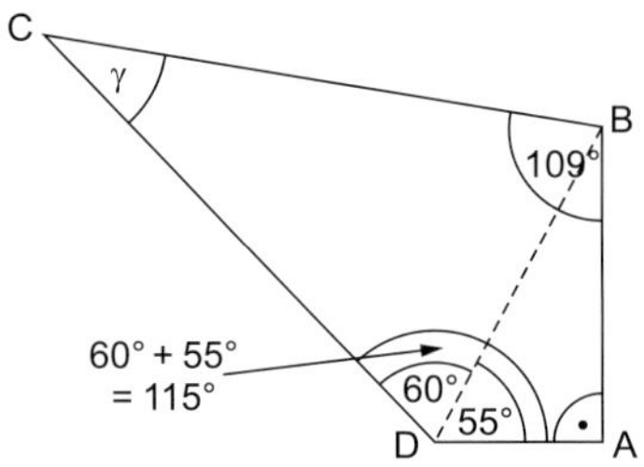

Berechnung von $\overline{BC}$ im allgemeinen Dreieck BCD mithilfe des Sinussatzes:

$$
\begin{aligned}
\frac{\overline{BC}}{\sin 60°} &= \frac{\overline{BD}}{\sin 46°} \\
\frac{\overline{BC}}{\sin 60°} &= \frac{1\,500}{\sin 46°} \quad |\cdot \sin 60° \\
\overline{BC} &= \frac{1\,500 \cdot \sin 60°}{\sin 46°} \\
\overline{BC} &= 1\,805{,}875\ldots \\
\overline{BC} &\approx 1\,805{,}88
\end{aligned}
$$

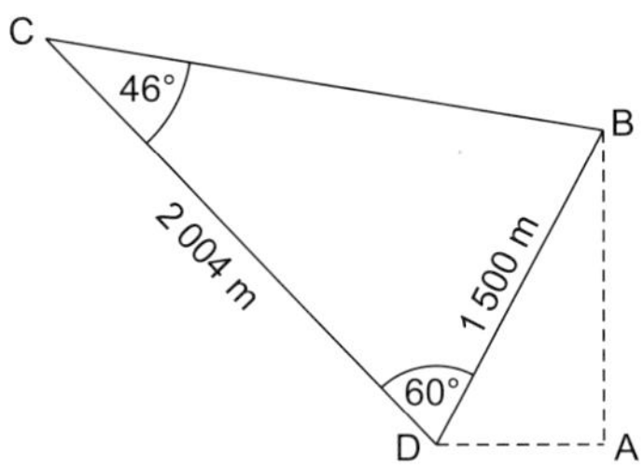

Es gilt 1 805,88 m $\neq$ 2 004 m. Somit ist $\overline{BC} \neq \overline{DC}$.
Die Aussage stimmt **nicht**.

oder
Lösung über die Eigenschaften eines gleichschenkligen Dreiecks: Wenn die Aussage $\overline{BC} = \overline{DC}$ stimmen würde, wäre das Dreieck BCD gleichschenklig. In einem gleichschenkligen Dreieck sind nicht nur zwei Seiten gleich lang (die sog. Schenkel), sondern wegen der Symmetrieeigenschaften auch die anliegenden Winkel gleich groß (die sog. Basiswinkel). Es ist also zu prüfen, ob $\beta' = 60°$ ist.

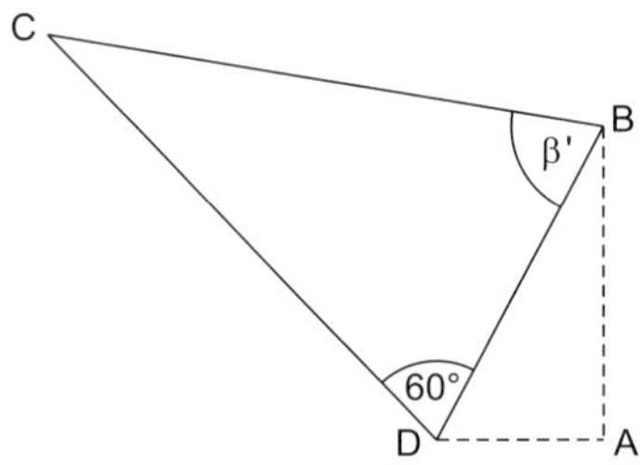

Berechnung der Winkelgröße β':
Zunächst Bestimmung von β im Dreieck ABD über die Winkelsumme im Dreieck (vgl. Teilaufgabe a):
$\beta = 180° - 90° - 55° = 35°$
Weiter gilt:

$$
\begin{aligned}
\beta' + \beta &= 109° \\
\beta' + 35° &= 109° \quad |-35° \\
\beta' &= 74°
\end{aligned}
$$

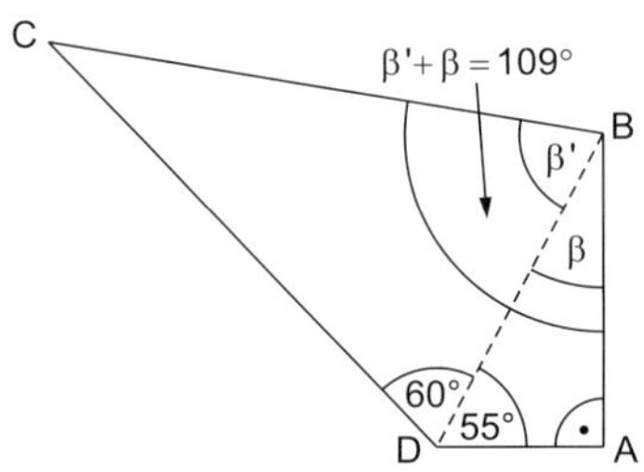

Alternative Berechnung von β':
Zunächst Bestimmung von γ im Viereck ABCD über die Winkelsumme im Viereck (vgl. oben):
$\gamma = 360° - 90° - 109° - (60° + 55°) = 46°$

Berechnung von β' im Dreieck BCD:
Die Winkelsumme im Dreieck beträgt 180°. Damit gilt:

$$
\begin{aligned}
\beta' + 60° + \gamma &= 180° \\
\beta' + 60° + 46° &= 180° \\
\beta' + 106° &= 180° \quad |-106° \\
\beta' &= 74°
\end{aligned}
$$

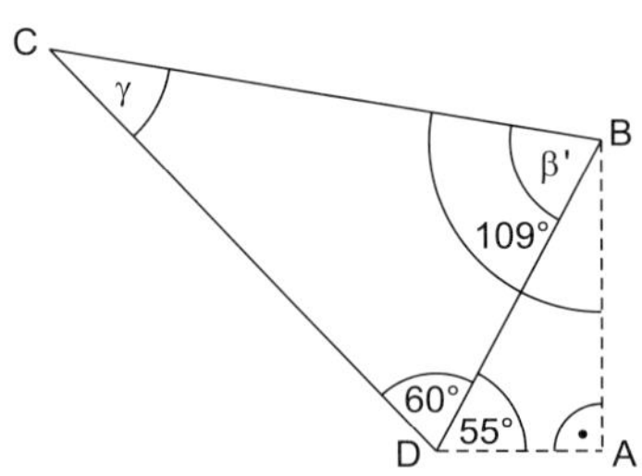

Vergleich der möglichen Basiswinkel:
$60° \neq 74° = \beta'$

Da die Größe der möglichen Basiswinkel im Dreieck BCD unterschiedlich ist, liegt kein gleichschenkliges Dreieck vor. Somit sind die Längen der Strecken $\overline{BC}$ und $\overline{DC}$ nicht gleich. Die Aussage stimmt **nicht**.

Aufgabe 4

a) Gegeben: $h = 95$ cm
$r = 29$ cm

Gesucht: V in Liter

Berechnung des Volumens in cm^3:

$V = \pi \cdot r^2 \cdot h$

$V = \pi \cdot 29^2 \cdot 95$

$V \approx 250\,997{,}55$

Das Volumen der Regentonne beträgt etwa 250 997,55 cm^3.

Umrechnung in ℓ ($1\,000\ cm^3 = 1\ dm^3 = 1\ \ell$):
$250\,997{,}55\ cm^3 = 250\,997{,}55 : 1\,000\ dm^3 = 250{,}99755\ dm^3 \approx 251\ dm^3$
$251\ dm^3 = 251\ \ell$

Es passen etwa 251 ℓ Wasser in die Regentonne, die Angabe des Herstellers stimmt.

b) Entscheidung und Begründung am konkreten Beispiel:
Maße der Regentonne mit doppeltem Radius:
$h = 95$ cm
$r_2 = 2 \cdot r = 2 \cdot 29\ cm = 58\ cm$

Berechnung des neuen Volumens V_2 in cm^3:

$V_2 = \pi \cdot {r_2}^2 \cdot h$

$V_2 = \pi \cdot 58^2 \cdot 95$

$V_2 \approx 1\,003\,990{,}18$

Umrechnung in ℓ ($1\,000\ cm^3 = 1\ dm^3 = 1\ \ell$):
$1\,003\,990{,}18\ cm^3 = 1\,003\,990{,}18 : 1\,000\ dm^3 = 1\,003{,}99018\ dm^3 \approx 1\,004\ dm^3$
$1\,004\ dm^3 = 1\,004\ \ell$

Vergleich von $V_2 = 1\,004\ \ell$ mit der Herstellerangabe $V_1 = 250\ \ell$:
Die Werte werden zueinander in Relation gesetzt, d. h., man berechnet, wie oft der kleinere Wert in den größeren Wert passt:
$V_2 : V_1 = 1\,004 : 250 = 4{,}016 \approx 4$

Die Annahme von Herrn Gärtner trifft **nicht** zu. Wenn der Radius seiner Regentonne verdoppelt wird, passt 4-mal so viel Wasser hinein.

oder
Entscheidung und allgemeine Begründung:

Ausgangswerte der Regentonne:
Radius: r
Volumen: $V_r = \pi \cdot r^2 \cdot h$

Regentonne mit doppeltem Radius:
Radius: 2r
Volumen: $V_{2r} = \pi \cdot (2r)^2 \cdot h = \pi \cdot 4r^2 \cdot h$

Vergleich der Volumina:
Die Werte werden zueinander in Relation gesetzt, d. h., man berechnet, wie oft der kleinere Wert in den größeren Wert passt:

$$\frac{V_{2r}}{V_r} = \frac{\cancel{\pi} \cdot 4 \cdot \cancel{r^2} \cdot \cancel{h}}{\cancel{\pi} \cdot \cancel{r^2} \cdot \cancel{h}} = \frac{4}{1} = 4$$

Die Annahme von Herrn Gärtner trifft **nicht** zu. Wird bei einem Zylinder der Radius verdoppelt, vervierfacht sich das Volumen.

oder
Entscheidung und Begründung durch einen Text:
Die Annahme von Herrn Gärtner trifft **nicht** zu. Bei der Berechnung des Volumens mit der Formel $V = \pi \cdot r^2 \cdot h$ wird der Wert für den Radius quadriert. Setzt man für den Radius den doppelten Wert ein (also 2r), wird dieser komplett quadriert, also $(2r)^2 = 2^2 \cdot r^2 = 4 \cdot r^2$. Verdoppelt man den Radius, vervierfacht sich somit das Volumen des Zylinders.

c) *Vorüberlegungen:*

- *zum Sachverhalt:*
  Die kreisförmige Öffnung der Regentonne hat einen Radius von $r = 29$ cm und somit einen Durchmesser von $2r = 2 \cdot 29$ cm $= 58$ cm. Der Durchmesser verläuft durch den Mittelpunkt M des Kreises und ist der längste Abstand, den zwei Punkte der Kreislinie voneinander haben. Somit sind die Punkte der Kreislinie, die durch den Durchmesser verbunden werden, immer 58 cm voneinander entfernt. Da die eine Seite des Rechtecks nur 55 cm lang ist, kann die Platte den Kreis nicht vollständig abdecken, es fehlen 3 cm.
- *zur Zeichnung:*
  Der Maßstab gibt das Verhältnis von Bildgröße zu Originalgröße an.
  Bei einem Maßstab von 1 : 10 entspricht 1 cm in der Zeichnung 10 cm im Original. Dies bedeutet für die Zeichnung: Beim Maßstab 1 : 10 wird das Rechteck mit den Maßen 5,5 cm × 8 cm und der Kreis mit dem Radius 2,9 cm gezeichnet. Die vorgegebene Zeichenfläche in der Prüfung war ca. 14 cm × 14 cm und reicht für diese Darstellung aus. Die hier in der Aufgabenstellung abgebildete Zeichenfläche ist mit 13 cm × 11 cm etwas kleiner, reicht aber ebenfalls aus.

Zeichnung im Maßstab 1 : 10:

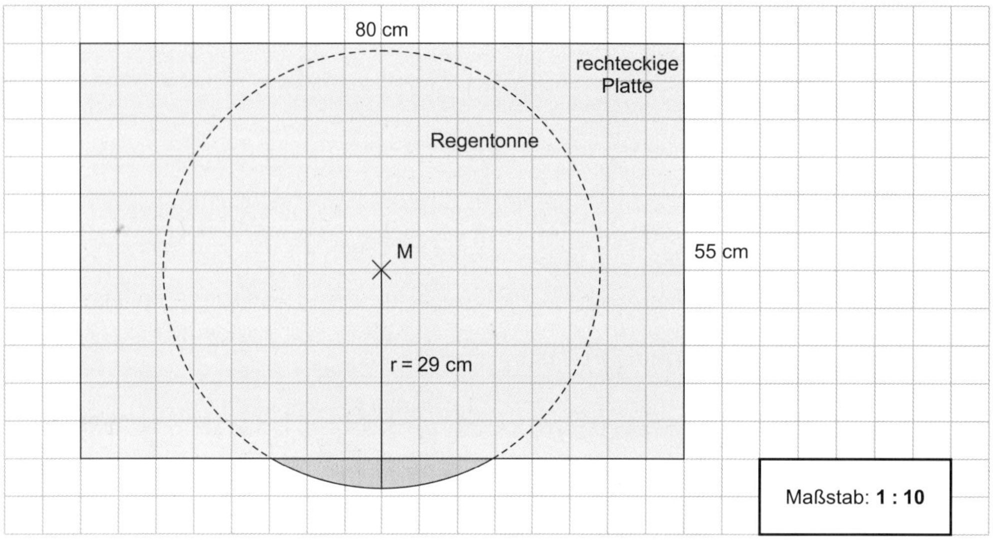

Antwort: Die Platte kann die Regentonne **nicht** vollständig bedecken.

Aufgabe 5

a) • Die Spannweite w einer Datenreihe ist die Differenz aus dem größten (x_{max}) und dem kleinsten Datenwert (x_{min}):
$w = x_{max} - x_{min}$

Datenreihe der bewegten Container (in Millionen):

7,0 7,9 9,0 8,9 9,3 **9,7** 8,8 8,9 8,8

↑ kleinster Wert: $x_{min} = 7{,}0$ Mio. $= 7\,000\,000$ ↑ größter Wert: $x_{max} = 9{,}7$ Mio. $= 9\,700\,000$

Berechnung der Spannweite:
$w = 9{,}7 \text{ Mio.} - 7{,}0 \text{ Mio.} = 2{,}7 \text{ Mio.} = 2\,700\,000$

Die Spannweite der Anzahl der bewegten Container in den Jahren 2009 bis 2017 beträgt **2,7 Mio.** oder **2 700 000**.

• Der Durchschnitt (oder das arithmetische Mittel) m einer Datenreihe ist die Summe aller Werte dividiert durch die Anzahl aller Werte.

$$m = \frac{\text{Summe aller Werte}}{\text{Anzahl aller Werte}} = \frac{x_1 + x_2 + x_3 + \ldots + x_n}{n}$$

Berechnung des Durchschnitts:

$$m = \frac{7{,}0 + 7{,}9 + 9{,}0 + 8{,}9 + 9{,}3 + 9{,}7 + 8{,}8 + 8{,}9 + 8{,}8}{9} \text{ Mio.} = \frac{78{,}3}{9} \text{ Mio.} = 8{,}7 \text{ Mio.} = 8\,700\,000$$

Die durchschnittliche Anzahl der bewegten Container in den Jahren 2009 bis 2017 beträgt **8,7 Mio.** oder **8 700 000**.

- Berechnung der prozentualen Erhöhung der Anzahl der bewegten Container im Jahr 2011 gegenüber der Zahl von 2010:
  Anzahl der bewegten Container im Jahr 2010: 7,9 Mio.
  Anzahl der bewegten Container im Jahr 2011: 9 Mio.

  Lösung mit dem Dreisatz:

  $$:7{,}9\ \Big(\ 7{,}9\text{ Mio.} \mathrel{\hat=} 100\,\%\ \Big):7{,}9$$
  $$\cdot 9\ \Big(\ 1\text{ Mio.} \mathrel{\hat=} \frac{100}{7{,}9}\,\%\ \Big)\cdot 9$$
  $$9\text{ Mio.} \mathrel{\hat=} 113{,}92\,\%$$

  oder

  Lösung über proportionale Zuordnung:

  $$\frac{x}{9} = \frac{100}{7{,}9} \quad |\cdot 9$$
  $$x = \frac{100 \cdot 9}{7{,}9}$$
  $$x \approx 113{,}92$$

  Gegenüber dem Vorjahr hat sich die Anzahl der bewegten Container im Jahr 2011 auf 113,92 % erhöht, d. h., die Anzahl ist um **13,92 %** gestiegen.

b) • Die Summe aller prozentualen Anteile in % entspricht 100 %:
  Anteil(Schrott) % + Anteil(Flüssigkeiten) % + Anteil(Container) % + Anteil(Getreide) % + Anteil(Sonstiges) % = 100 %

  Berechnung des fehlenden Wertes für „Flüssigkeiten“:

  $$17 + x + 66 + 6 + 1 = 100$$
  $$x + 90 = 100 \quad |-90$$
  $$x = 10$$

Güter	Schrott	Flüssigkeiten	Container	Getreide	Sonstiges	**Gesamt**
Angaben in %	17	**10**	66	6	1	**100**

- Im Kreisdiagramm werden prozentuale Anteile durch Kreissektoren dargestellt, deren Größe durch den Mittelpunktswinkel bestimmt wird.

  Lösung durch „Augenmaß“:
  Zuordnung:
  Da sich die Größen der fünf Kreissektoren deutlich unterscheiden, kann man ohne Rechnung zuordnen:
  größter Kreissektor → höchster Prozentsatz (66 %, Container)
  zweitgrößter Kreissektor → zweithöchster Prozentsatz (17 %, Schrott)
  drittgrößter Kreissektor → dritthöchster Prozentsatz (10 %, Flüssigkeiten)
  viertgrößter Kreissektor → vierthöchster Prozentsatz (6 %, Getreide)
  kleinster Kreissektor → kleinster Prozentsatz (1 %, Sonstiges)

  Beschriftung:

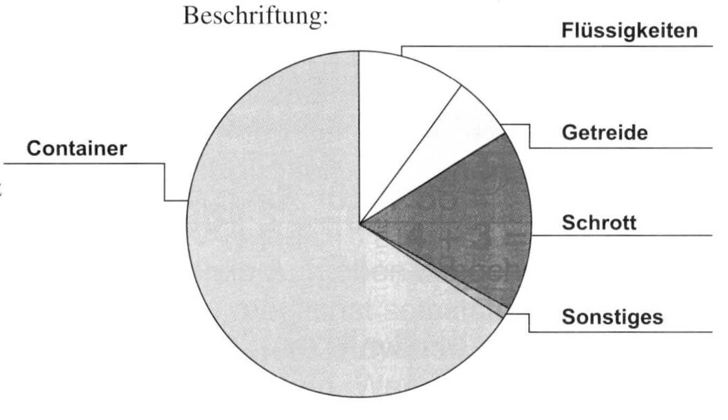

  oder

  Lösung durch Berechnen und Messen der Winkelgrößen:
  Berechnung der zu den angegebenen Prozentsätzen gehörigen Winkelgrößen:
  Zunächst Bestimmung des Umrechnungsfaktors:
  100 % entsprechen dem gesamten Kreis mit 360°.

  $$:100\ \Big(\ 100\,\% \mathrel{\hat=} 360°\ \Big):100$$
  $$1\,\% \mathrel{\hat=} 3{,}6°$$

  Berechnung der Winkelgrößen mit dem Umrechnungsfaktor:
  Schrott: $17\,\% \mathrel{\hat=} 17 \cdot 3{,}6° = 61{,}2°$
  Container: $66\,\% \mathrel{\hat=} 66 \cdot 3{,}6° = 237{,}6°$
  Getreide: $6\,\% \mathrel{\hat=} 6 \cdot 3{,}6° = 21{,}6°$
  Sonstiges: $1\,\% \mathrel{\hat=} 1 \cdot 3{,}6° = 3{,}6°$

  Messung der Mittelpunktswinkel mithilfe des Geodreiecks:

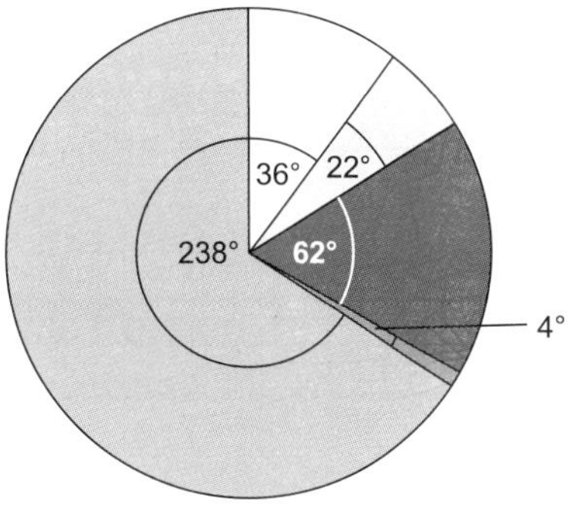

Zuordnung der berechneten Werte zu den gemessenen Werten und entsprechende Beschriftung:

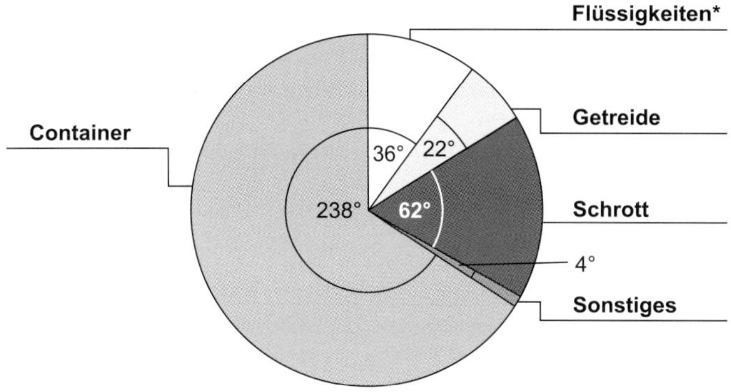

*Da der gemessene Winkel von 36° zu keinem der berechneten Werte passt, kann es sich nur um den Kreissektor für „Flüssigkeiten“ handeln.

Aufgabe 6

a) *Vorüberlegungen:*

- Es liegt eine Zuordnung vor: Die Höhe einer brennenden Kerze wird der Zeit, in der die Kerze brennt, zugeordnet.
- Die Zeit wird in Minuten angegeben und steigt in der Tabelle gleichmäßig in Schritten von 10 Minuten an.
- Die Höhe der Kerze wird in cm angegeben und verringert sich gleichmäßig.
- In jeder Zeiteinheit von 10 Minuten verkleinert sich die Höhe der Kerze um 2 cm.
- Die Höhe der Kerze beim Anzünden wird mit 40 cm angegeben.

Bestimmung der beiden fehlenden Werte in der Tabelle:

1. Wert: Höhe der Kerze nach 0 Minuten Brenndauer

Lösung über die vorgegebenen Informationen:
Beim Anzünden, was 0 Minuten Brenndauer entspricht, beträgt die Höhe der Kerze 40 cm.
Der gesuchte Wert ist **40**.

oder

Lösung über eine Gleichung:
Nach 10 Minuten beträgt die Höhe 38 cm. Da sich die Höhe der Kerze pro 10 Minuten um 2 cm verringert, gilt für den gesuchten vorherigen Wert h:

$$h - 2 = 38 \quad |+2$$
$$h = \mathbf{40}$$

2. Wert: Höhe der Kerze nach 80 Minuten Brenndauer

Lösung über Ergänzungen in der Tabelle:
Die fehlenden Tabellenwerte für 50, 60, 70 und 80 Minuten werden schrittweise ergänzt. Mit jedem Zeitschritt von 10 Minuten wird die Kerze um 2 cm kürzer.

					+10	+10	+10	+10
Zeit in Minuten	0	10	20	30	40	50	60	70	80
Höhe der Kerze in cm	40	38	36	34	32	30	28	26	**24**
						−2	−2	−2	−2

Nach 80 Minuten Brenndauer hat die Kerze noch eine Höhe von 24 cm. Der gesuchte Wert ist **24**.

oder

In 10 Minuten brennt die Kerze 2 cm herunter. Außerdem ist bekannt, dass die Kerze nach 40 min Brenndauer noch eine Höhe von 32 cm hat. Zu berechnen ist also, wie viele cm davon in 80 min − 40 min = 40 min herunterbrennen.

+40

40	…	80
32	…	24

−x cm

Die Lösung erfolgt über den Dreisatz oder über proportionale Zuordnung:

Dreisatz:

$$\cdot 4 \left(\begin{array}{l} 10\text{ min} \mathrel{\hat{=}} 2\text{ cm} \\ 40\text{ min} \mathrel{\hat{=}} 8\text{ cm} \end{array} \right) \cdot 4$$

oder

proportionale Zuordnung:

$$\frac{x}{40} = \frac{2}{10} \quad |\cdot 40$$
$$x = \frac{40 \cdot 2}{10}$$
$$x = 8$$

Somit beträgt die Kerzenhöhe nach 80 Minuten Brenndauer 32 cm − 8 cm = 24 cm. Der gesuchte Wert ist **24**.

Ausgefüllte Tabelle:

Zeit in Minuten	0	10	20	30	40	…	80
Höhe der Kerze in cm	**40**	38	36	34	32	…	**24**

b) *Vorüberlegungen:*

- *Einteilung der x-Achse:* Es stehen 22 Kästchen für Zeit-Werte von 0 bis 80 Minuten mit der Schrittweite 10 zur Verfügung. Es bietet sich die Einteilung „2 Kästchen ≙ 10 Minuten" an.
- *Einteilung der y-Achse:* Es stehen 21 Kästchen für Höhenwerte von 0 bis 40 cm zur Verfügung. Es bietet sich die Einteilung „2 Kästchen ≙ 5 cm" an.
- Beim Einzeichnen der Punkte muss beachtet werden, dass für $x = 50$, $x = 60$ und $x = 70$ Lücken entstehen, weil keine y-Werte vorhanden sind.
- Da die Höhe der Kerze gleichmäßig um 2 cm pro 10 Minuten abnimmt, ist der Graph eine Gerade.

Einzeichnen der Punkte, die durch eine Gerade verbunden werden:

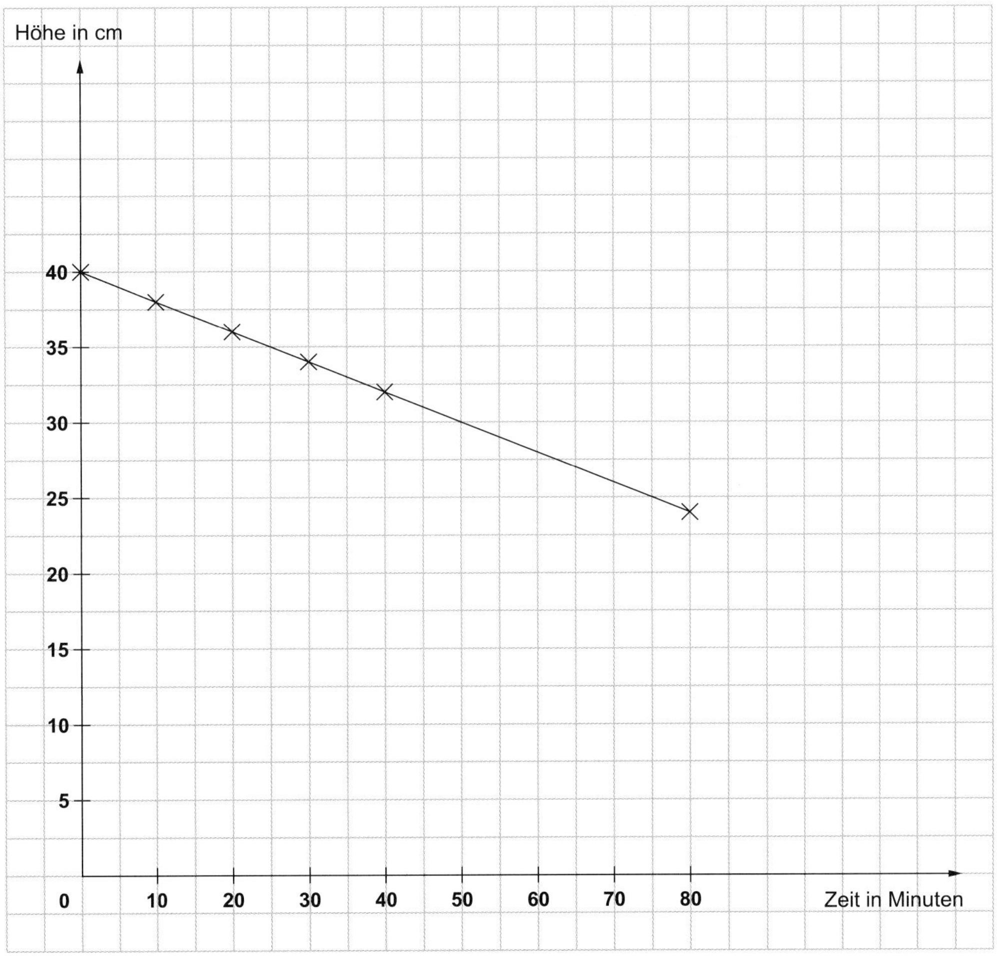

c) *Hinweis:* Die Funktionsgleichung $y = -0{,}2x + 40$ beschreibt das Abbrennen der Kerze **pro Minute** und nicht mehr, wie in den Teilaufgaben zuvor, das Abbrennen der Kerze **pro Zeitspanne von 10 Minuten**.

Bedeutung der Bestandteile:

y	**Höhe der Kerze in cm in Abhängigkeit von der Brenndauer in min**
−0,2	In einer Minute brennt die Kerze um 0,2 cm ab.
x	**Anzahl der Minuten, in denen die Kerze brennt** *oder* **Dauer des Abbrennens**
40	**Höhe der Kerze zum Zeitpunkt null** *oder* **Anfangswert**

d) Lösung über die vorgegebene Funktionsgleichung $y = -0{,}2x + 40$:
Das vollständige Abbrennen der Kerze bedeutet, dass ihre Höhe null wird. Da y für die Höhe der Kerze und x für die Brennzeit steht, wird $y = 0$ gesetzt:

$$\begin{aligned} 0 &= -0{,}2x + 40 \quad &|+0{,}2x \\ 0{,}2x &= 40 \quad &|:0{,}2 \\ x &= 200 \end{aligned}$$

Es dauert **200 Minuten**, bis die Kerze vollständig heruntergebrannt ist.

oder

Lösung über den Dreisatz oder über proportionale Zuordnung:
In 10 Minuten brennt die Kerze um 2 cm herunter. Zu berechnen ist, wie lange es dauert, bis 40 cm heruntergebrannt sind.

Dreisatz: **oder** proportionale Zuordnung:

Dreisatz:

$$\begin{aligned} &2\text{ cm} \mathrel{\hat{=}} 10\text{ min} \\ :2 \quad &1\text{ cm} \mathrel{\hat{=}} 5\text{ min} \quad :2 \\ \cdot 40 \quad &40\text{ cm} \mathrel{\hat{=}} 200\text{ min} \quad \cdot 40 \end{aligned}$$

proportionale Zuordnung:

$$\begin{aligned} \frac{x}{40} &= \frac{10}{2} \quad &|\cdot 40 \\ x &= \frac{40 \cdot 10}{2} \\ x &= 200 \end{aligned}$$

Es dauert **200 Minuten**, bis die Kerze vollständig heruntergebrannt ist.

Aufgabe 7

a) Bei den drei Gleichungen handelt es sich um Funktionsgleichungen linearer Funktionen der Form $y = mx + n$. Dabei ist y die abhängige Variable und x die unabhängige Variable.

Sachverhalt 1:
Der Fahrpreis (y) ist abhängig von der Anzahl der gefahrenen Kilometer (x).
Achtung: Es werden unterschiedliche Einheiten angegeben. Da nur Werte mit gleicher Einheit addiert werden dürfen, werden zunächst Cent (ct) in Euro (€) umgewandelt:
20 ct = 0,20 €

Nun werden die Satzteile in eine Gleichung übersetzt:

$$\underbrace{\text{Der Fahrpreis}}_{y}\ \underbrace{\text{setzt sich aus}}_{=}\ \underbrace{5\text{ € Grundgebühr}}_{5}\ \underbrace{\text{und}}_{+}\ \underbrace{0{,}20\text{ €}}_{0{,}20}\ \underbrace{\text{pro}}_{\cdot}\ \underbrace{\text{gefahrenen Kilometer}}_{x}\ \text{zusammen.}$$

Damit lautet die zugehörige Gleichung:
$y = 0{,}20x + 5$

Sachverhalt 2:
Der Monatspreis (y) ist abhängig von der Anzahl der gebuchten Kurse (x).
Die Satzteile werden in eine Gleichung übersetzt:

$$\underbrace{\text{Der Monatspreis}}_{y}\ \underbrace{\text{setzt sich aus}}_{=}\ \underbrace{20\text{ € Grundgebühr}}_{20}\ \underbrace{\text{und}}_{+}\ \underbrace{5\text{ €}}_{5}\ \underbrace{\text{pro}}_{\cdot}\ \underbrace{\text{gebuchten Kurs}}_{x}\ \text{zusammen.}$$

Damit lautet die zugehörige Gleichung:
$y = 5x + 20$

Somit ergibt sich folgende Zuordnung:

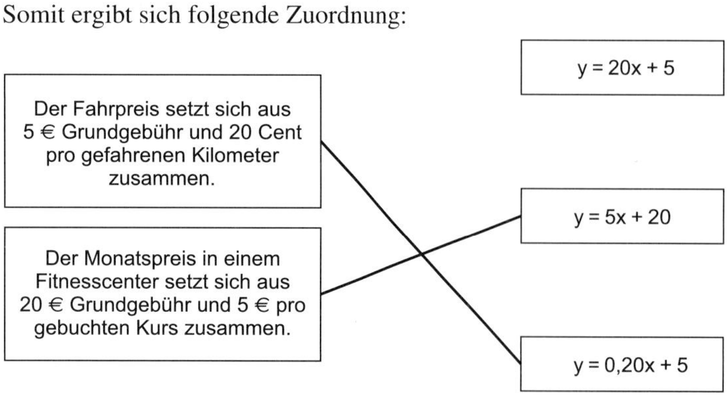

b) • Es handelt sich um ein lineares Gleichungssystem mit zwei Unbekannten. Als Unbekannte werden der Eintrittspreis für Erwachsene und der Eintrittspreis für Kinder gesucht. Um die Übersicht zu behalten, legt man vor dem Aufstellen der Gleichungen fest, welche Variable für welchen unbekannten Wert stehen soll.

Festlegen der Variablen x und y:
Eintrittspreis für Erwachsene: x
Eintrittspreis für Kinder: y

Anhand der Sachverhalte werden nun die Gleichungen aufgestellt:

Sachverhalt I:

Familie Beyer	(zwei Erwachsene	und	zwei Kinder)	zahlt	77,80 €.
	2-mal Eintrittspreis für Erwachsene	+	2-mal Eintrittspreis für Kinder	kosten	77,80 €.
	$2 \cdot x$	+	$2 \cdot y$	=	77,80 €

Sachverhalt II:

Familie Gouvan	(ein Erwachsener	und	drei Kinder)	zahlt	64,90 €.
	1-mal Eintrittspreis für Erwachsene	+	3-mal Eintrittspreis für Kinder	kosten	64,90 €.
	$1 \cdot x$	+	$3 \cdot y$	=	64,90 €

Somit lauten die Gleichungen:
(I) $\mathbf{2x + 2y = 77{,}80}$
(II) $\mathbf{x + 3y = 64{,}90}$

• Lösen des Gleichungssystems:
Lineare Gleichungssysteme werden über das Additions-, das Einsetzungs- oder das Gleichsetzungsverfahren gelöst. Hier bieten sich das Additions- oder das Einsetzungsverfahren an. Zur Anwendung des Gleichsetzungsverfahrens müssten beiden Gleichungen durch mehrere Umformungsschritte nach einer Variablen umgestellt werden.

1. Schritt: Lösen
Additionsverfahren:

(I) $2x + 2y = 77{,}80$
(II) $x + 3y = 64{,}90 \quad |\cdot(-2)$

Eine Gleichung (oder wenn nötig beide Gleichungen) so mit bestimmten Zahlen multiplizieren, dass beim Addieren der beiden Gleichungen eine Variable wegfällt.

(I) $2x + 2y = 77{,}80$
(II) $-2x - 6y = -129{,}80$ } +

Die Gleichungen addieren, eine Variable (hier: x) entfällt.

(I) + (II) $-4y = -52 \quad |:(-4)$
$y = 13$

Entstandene Gleichung lösen.

$y = 13$ einsetzen in Gleichung (II):
(II) $x + 3 \cdot 13 = 64{,}90$
$x + 39 = 64{,}90 \quad |-39$
$x = 25{,}90$

Die Lösung für die erste Variable in eine der beiden Ausgangsgleichungen einsetzen (hier: II) und die andere Variable berechnen.

oder

Einsetzungsverfahren:

(I) $2x + 2y = 77{,}80$
(II) $x + 3y = 64{,}90 \quad |-3y$

Eine der beiden Gleichungen (hier: II) nach einer Variablen (hier: x) umstellen.

(I) $2x + 2y = 77{,}80$
(II) $x = 64{,}90 - 3y$

Einsetzen des Terms für die Variable (hier: x) in die andere Gleichung (hier: I).

(II) in (I) $2 \cdot (64{,}90 - 3y) + 2y = 77{,}80$
$129{,}80 - 6y + 2y = 77{,}80 \quad |-129{,}80$
$-4y = -52 \quad |:(-4)$
$y = 13$

Entstandene Gleichung lösen.

$y = 13$ einsetzen in Gleichung (I):
(I) $2x + 2 \cdot 13 = 77{,}80$
$2x + 26 = 77{,}80 \quad |-26$
$2x = 51{,}80 \quad |:2$
$x = 25{,}90$

Die Lösung für die erste Variable in eine der beiden Ausgangsgleichungen einsetzen (hier: I) und die andere Variable berechnen.

2. Schritt: Probe am Text
Sachverhalt I:
Familie Beyer (zwei Erwachsene und zwei Kinder) zahlt 77,80 €.

$$2 \cdot 25{,}90\,€ + 2 \cdot 13\,€ \stackrel{?}{=} 77{,}80\,€$$
$$51{,}80\,€ + 26\,€ \stackrel{?}{=} 77{,}80\,€$$
$$77{,}80\,€ = 77{,}80\,€$$

Sachverhalt II:
Familie Gouvan (ein Erwachsener und drei Kinder) zahlt 64,90 €.

$$1 \cdot 25{,}90\,€ + 3 \cdot 13\,€ \stackrel{?}{=} 64{,}90\,€$$
$$25{,}90\,€ + 39\,€ \stackrel{?}{=} 64{,}90\,€$$
$$64{,}90\,€ = 64{,}90\,€$$

3. Schritt: Antwort
Der Eintrittspreis beträgt 25,90 € für Erwachsene und 13 € für Kinder.

c) Es handelt sich bei beiden Gleichungen um quadratische Gleichungen.

- *Überlegungen:*

Überprüfung der 1. Aussage:
Lösung mithilfe der Produkt-Null-Regel:
Ein Produkt ist genau dann null, wenn mindestens einer der Faktoren null ist.

Umwandlung der Potenz in ein Produkt:

$$(x+7)^2 = 0$$
$$(x+7) \cdot (x+7) = 0$$

Zur Ermittlung der Lösungen werden die einzelnen Faktoren nacheinander gleich null gesetzt. Da hier beide Faktoren identisch sind, nämlich $(x+7)$, gibt es nur eine Lösung:

$$x + 7 = 0 \quad |-7$$
$$x = -7$$

Die Aussage ist **wahr**.

oder

Lösung mithilfe der p-q-Formel:
Umformen der Gleichung auf Normalform:

$$(x+7)^2 = 0 \quad |\text{1. binomische Formel}$$
$$x^2 + 14x + 49 = 0 \quad (\text{Normalform: } p = 14;\ q = 49)$$

p-q-Formel:

$$x_{1/2} = -\frac{p}{2} \pm \sqrt{\left(\frac{p}{2}\right)^2 - q}$$

Einsetzen in die p-q-Formel:

$$x_{1/2} = -\frac{14}{2} \pm \sqrt{\left(\frac{14}{2}\right)^2 - 49}$$
$$x_{1/2} = -7 \pm \sqrt{49 - 49}$$
$$x_{1/2} = -7 \pm \sqrt{0}$$
$$x = -7$$

Es gibt nur eine Lösung, die Aussage ist **wahr**.

Überprüfung der 2. Aussage:
Lösung durch Einsetzen der Werte in die Gleichung:
Es werden für x die Werte 4 und 12 in die Gleichung $(x+8)^2 = 16$ eingesetzt und überprüft, ob sich eine wahre oder falsche Aussage ergibt.

Überprüfung für $x_1 = 4$:

$$(4+8)^2 \stackrel{?}{=} 16$$
$$12^2 \stackrel{?}{=} 16$$
$$144 \neq 16$$

Überprüfung für $x_2 = 12$:

$$(12+8)^2 \stackrel{?}{=} 16$$
$$20^2 \stackrel{?}{=} 16$$
$$400 \neq 16$$

Die Aussage ist **falsch**.

oder

Lösung mithilfe der p-q-Formel:
Umformen der Gleichung auf Normalform:

$$(x+8)^2 = 16 \quad |\text{1. binomische Formel}$$
$$x^2 + 16x + 64 = 16 \quad |-16$$
$$x^2 + 16x + 48 = 0 \quad (\text{Normalform: } p = 16;\ q = 48)$$

p-q-Formel:

$$x_{1/2} = -\frac{p}{2} \pm \sqrt{\left(\frac{p}{2}\right)^2 - q}$$

Einsetzen in die p-q-Formel:

$$x_{1/2} = -\frac{16}{2} \pm \sqrt{\left(\frac{16}{2}\right)^2 - 48}$$
$$x_{1/2} = -8 \pm \sqrt{64 - 48}$$
$$x_{1/2} = -8 \pm \sqrt{16}$$
$$x_{1/2} = -8 \pm 4$$

$x_1 = -8 + 4 = -4$ und $x_2 = -8 - 4 = -12$

Die Aussage ist **falsch**.

Ausgefüllte Tabelle:

Aussage		wahr	falsch
$(x+7)^2=0$	Diese Gleichung hat genau eine Lösung.	☒	☐
$(x+8)^2=16$	Die Zahlen 4 und 12 sind Lösungen dieser Gleichung.	☐	☒

- Bestimmung einer quadratischen Gleichung, die keine Lösung hat:
  Eine quadratische Gleichung hat keine Lösung, wenn beim Lösungsschritt „Wurzelziehen" der Ausdruck unter der Wurzel (Diskriminante) kleiner als null, also negativ ist.

  Bestimmung von nicht lösbaren reinquadratischen Gleichungen der Form $x^2=q$:

  $x^2=q \quad |\sqrt{}$

  $x_{1/2}=\sqrt{q}$

  Wenn $q<0$ ist, ist die Gleichung nicht lösbar.

  Somit haben folgende quadratische Gleichungen keine Lösung:

  $x^2=-1$

  oder $x^2=-2$

  oder $x^2=-7{,}5$

  etc.
  (beispielhaft für unendlich viele Angaben)

  oder

  Bestimmung von nicht lösbaren allgemeinen quadratischen Gleichungen der Form $x^2+px+q=0$:

  Lösungsformel ist die p-q-Formel:

  $$x_{1/2}=-\frac{p}{2}\pm\sqrt{\left(\frac{p}{2}\right)^2-q}$$

  Wird der Ausdruck $\left(\frac{p}{2}\right)^2-q$ unter dem Wurzelzeichen kleiner als null, so ist die quadratische Gleichung nicht lösbar:

  $$\left(\frac{p}{2}\right)^2-q<0$$

  Ermittlung von p und q für nicht lösbare Gleichungen:
  p wird willkürlich gewählt und daraus wird q bestimmt.

  1. Beispiel: $p=2$
  Einsetzen liefert:

  $$\left(\frac{2}{2}\right)^2-q=1^2-q=1-q$$

  Für $p=2$ und $q=2, 3, 4, \ldots$ wird der Term $\left(\frac{p}{2}\right)^2-q$ unter der Wurzel negativ.

  Somit haben folgende quadratische Gleichungen keine Lösungen:

  $x^2+2x+2=0$

  oder $x^2+2x+5=0$

  oder $x^2+2x+8{,}5=0$

  etc.
  (beispielhaft für unendlich viele Angaben)

  oder

  2. Beispiel: $p=10$
  Einsetzen liefert:

  $$\left(\frac{10}{2}\right)^2-q=5^2-q=25-q$$

  Für $p=10$ und $q=26, 27, 28, \ldots$ wird der Term $\left(\frac{p}{2}\right)^2-q$ unter der Wurzel negativ.

  Somit haben folgende quadratische Gleichungen keine Lösungen:

  $x^2+5x+26=0$

  oder $x^2+5x+30=0$

  oder $x^2+5x+32{,}7=0$

  etc.
  (beispielhaft für unendlich viele Angaben)

Mittlerer Schulabschluss und erweiterte Berufsbildungsreife 2022

Um dir die Lösungen zur Prüfung 2022 schnellstmöglich zur Verfügung stellen zu können, bringen wir sie in digitaler Form heraus.

Sobald die Original-Prüfungsaufgaben 2022 zur Veröffentlichung freigegeben sind, können sie als PDF auf der Online-Plattform *MyStark* heruntergeladen werden (Zugangscode vgl. Umschlaginnenseite).

Prüfung 2022

www.stark-verlag.de/mystark